U0658896

国 家 科 学 技 术 学 术 著 作 出 版 基 金

中国棉花有害生物图鉴

Illustrated Handbook of Cotton Pests in China

陆宴辉　主编

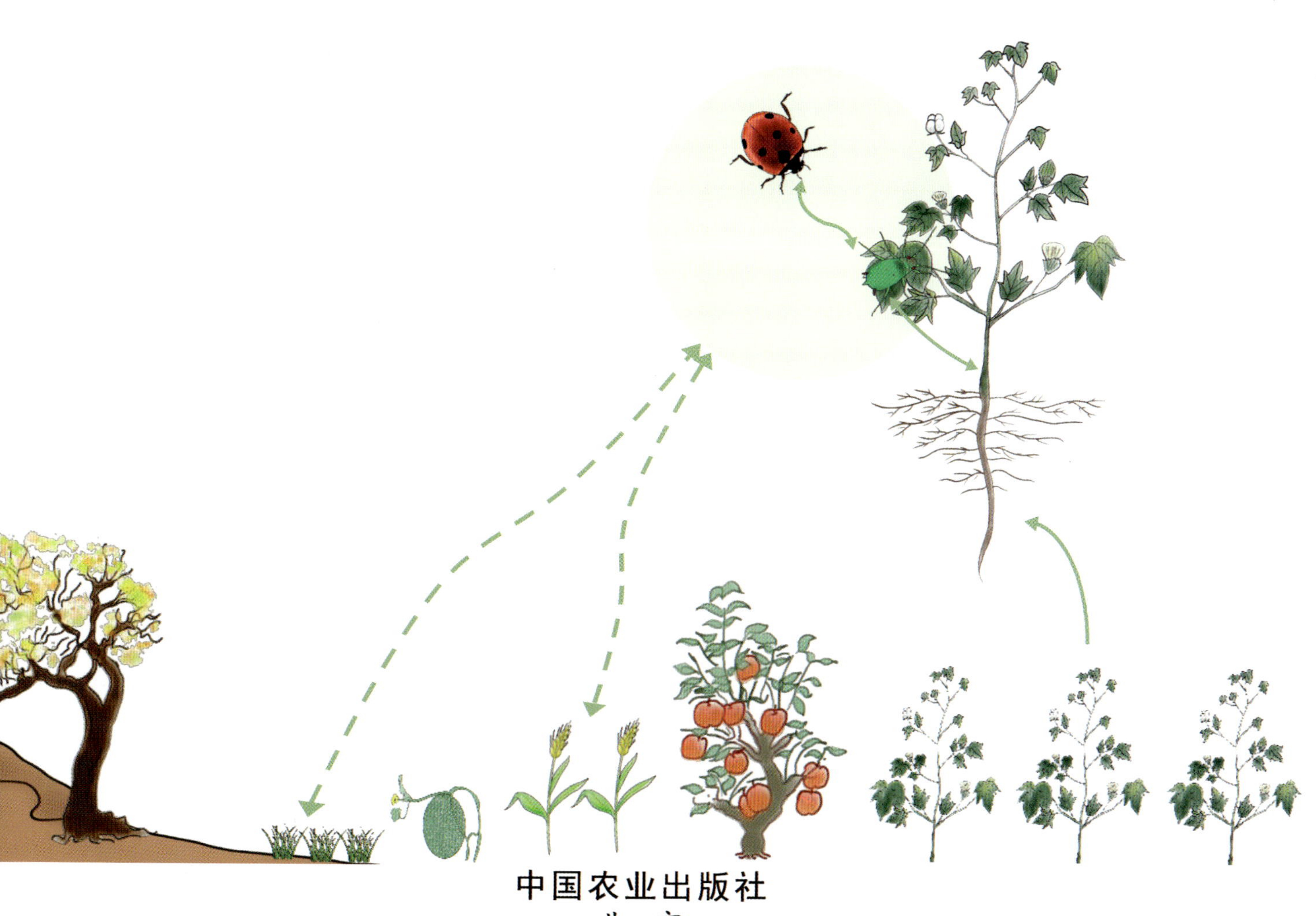

中国农业出版社
北　京

编辑委员会

序

棉花是关乎国计民生的重要经济作物，有害生物的危害是影响我国棉花生产的重要因素。面对国家棉花种植区域调整新格局、产业转型升级的新形势和绿色高质量发展的新要求，高标准做好有害生物治理工作是棉花植保科技工作者新时代的重要使命。

《中国棉花有害生物图鉴》立足于解决基层农技推广人员和棉花种植者对棉花有害生物识别的实际需求，由中国农业科学院植物保护研究所陆宴辉研究员组织国内棉花病虫草害知名专家编写而成。以丰富的图片、简练的文字，全面系统记录了我国棉花有害生物的形态特征、为害症状、发生规律和防控要点，并系统梳理了棉田生态系统有害生物和有益天敌之间的复杂网络关系，它的出版为棉花科研和基层植保工作人员提供了一本权威工具书。

历史上，我国棉花主产地区集中在黄河流域和长江流域，当前新疆已成为我国棉花产业发展的主战场，棉花产量占全国总产量的90%以上。希望棉花有害生物治理科技工作者继承和发扬科学家扎根生产一线的奉献精神，牢记初心使命、不断攻坚克难，通过科技创新服务支撑国家棉花产业的高质量发展。

中国农业科学院院长
中国工程院院士 吴孔明

2024年1月

前　言

棉花是我国重要的经济作物，棉花的安全生产关系着棉花种植区的农业增效和农民增收，以及全国纺织工业与纺织品出口贸易的健康发展，在我国国民经济中占有重要战略地位。有害生物是影响棉花生产的关键性因素，一般年份造成10%～20%的产量损失，严重年份可达30%以上。因此，开展棉花有害生物精准监测与科学治理，对保障棉花产业安全和绿色可持续发展具有重要意义。

自2010年起，中国农业科学院植物保护研究所与全国农业技术推广服务中心每年联合组织棉花有害生物防控科技培训活动。在培训与交流中，我们深切感受到基层农技人员和棉农对棉花有害生物识别和治理知识的强烈需求，自然萌生了出版一本种类齐全、图文并茂、通俗易懂、方便查阅的棉花有害生物图鉴的想法。令人兴奋的是，这一想法提出后，得到了同行专家和农技人员的一致肯定和支持，更加坚定了我们的信心与决心。

2013年，接到中国农业出版社编撰《中国棉花有害生物图鉴》的邀请后，我们第一时间组织相关专家进行研讨交流，拟定形成图鉴编写大纲及计划，并广泛联系全国棉花有害生物治理领域的专家和农技人员进行图片等素材收集。但没想到的是，图片收集整理过程漫长而艰辛，图鉴主题凝练更需循序渐进，编写过程前后历时近十年，几易其稿，才最终形成现有书稿。

《中国棉花有害生物图鉴》共收录193种（类）棉花有害生物、29种非侵染性病害和12种（类）天敌，共234种（类）对象的2 000余幅图片。最早的照片拍摄于20世纪90

年代初，既有田间、实验室有害生物形态特征与发生为害的一手照片，也有体现有害生物典型特征的手绘图，全面系统展示了我国棉花病害、害虫及其天敌、草害的形态特征、为害特征和田间表现。同时，注重以图片展示、图表对比等方式直观形象地展示近似种类区分和辨识特征。全书汇集了棉花有害生物治理的新理论及新技术，以期为棉花种植者、管理者、科研工作者提供一本系统全面的工具书，特别是解决长期以来基层农技人员和棉花种植者的急难愁盼。

棉花有害生物多数寄主范围广泛。因此，本书一个重要特点是，不仅重点记载棉田内有害生物的发生为害情况，同时收录了其在棉田外其他寄主植物上发生为害的大量图片，以及有益天敌的相关资料，还介绍了棉花非侵染性病害，以求立足于农田生态系统的高度，全面认识棉田内与棉田外之间的有机联系、有害生物与有益天敌之间的紧密关系，旨在为棉花有害生物治理理论及技术的创新与应用提供科学指导。

本书编写过程中，全国200多位专家和技术人员慷慨提供了万余张照片及各类资料，多位专家学者提出了诸多宝贵建议，得到了国家科学技术学术著作出版基金的资助，并入选“十四五”国家重点出版物出版规划项目，在此一并致以谢意！

由于编者知识和经验有限，书中难免存在疏漏和不足之处，敬请读者指正。

陆宴辉

2024年9月

目　录

第一章　病　　害

Ⅰ　侵染性病害

Ⅱ　非侵染性病害

第二章　害虫及天敌

Ⅰ 害　虫

Ⅱ 天 敌

第三章 杂 草

第一章 病害

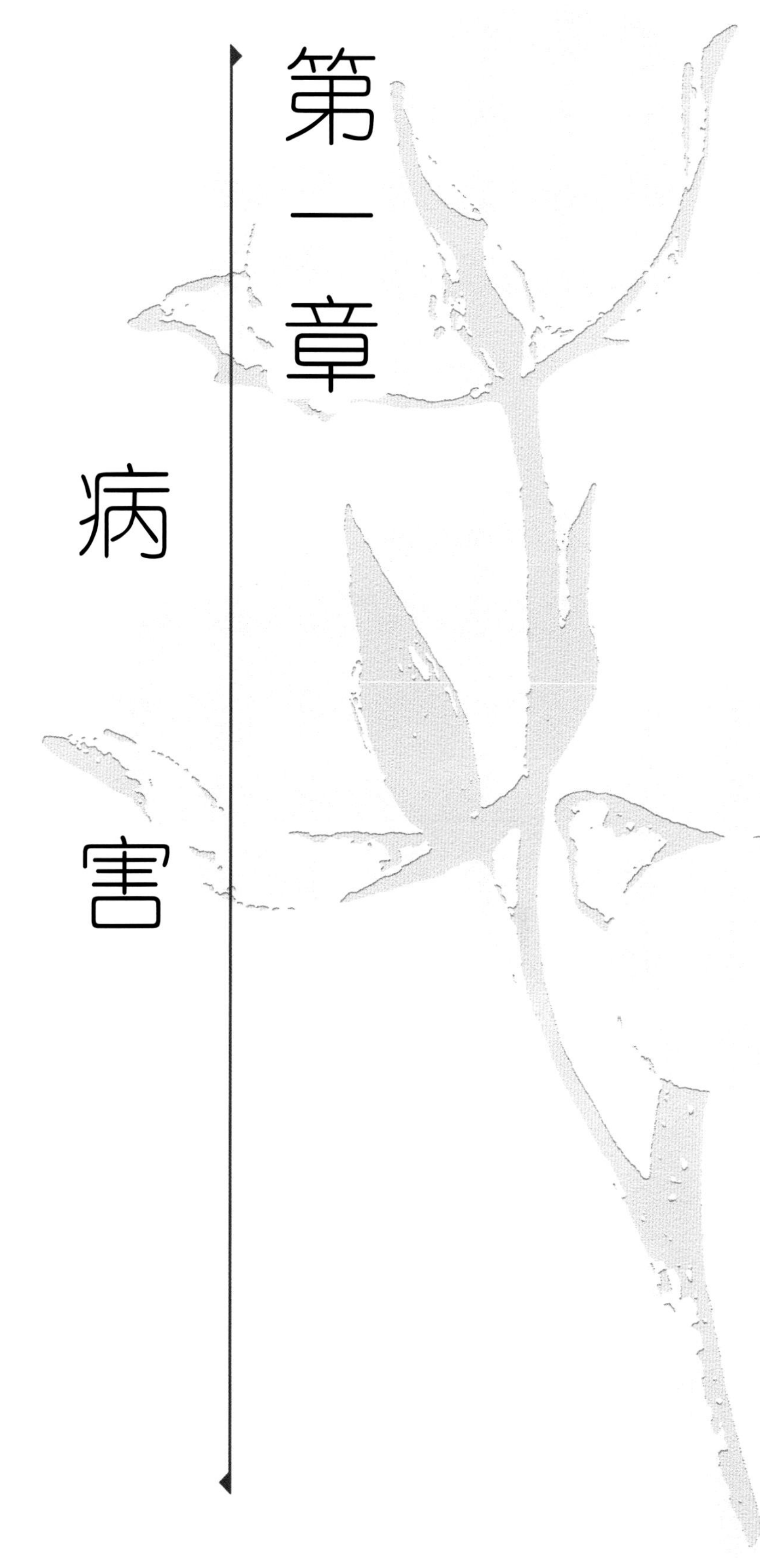

I

侵染性病害

第一节 维管束病害

1. 棉花黄萎病

分布与危害

棉花黄萎病是一种严重为害棉花的土传或种传维管束真菌病害，目前除部分新开垦滩涂棉田和少数偏远棉田外，黄河流域、长江流域和西北内陆棉区绝大部分棉田均有黄萎病发生。一般造成减产15%～20%，严重可达50%以上，甚至绝收。

症状

棉花黄萎病一般在成株期发生，由植株下部叶片开始发病，逐渐向上发展至整株。发病初期叶片边缘失水变软，萎蔫下垂；稍严重时病叶边缘向下卷曲，叶脉间产生淡黄色不规则斑块，称掌状花斑，类似西瓜皮状；有时叶脉间出现紫红色失水萎蔫不规则斑块，斑块逐渐扩大，变成褐色枯斑，甚至整个叶片枯焦，脱落成光秆。在棉花铃期，盛夏久旱后遇暴雨或大水漫灌时，棉田易出现急性萎蔫型黄萎病株，先是棉叶呈水烫样，继而突然萎垂，整株枯死。感染黄萎病的棉花茎秆、枝条以及叶柄维管束现黄褐色条纹。

棉花黄萎病和枯萎特征比较

特征	棉花黄萎病	棉花枯萎病
发生时间和部位	蕾期和花铃期，从下部叶片开始发病	苗期和蕾期，从上部叶片开始发病
植株表现	正常	矮化
叶片症状	黄斑、变软	皱缩、紫红、黄化、黄色网纹
维管束颜色	黄褐色，变色浅	深褐色，变色深

病原

棉花黄萎病由大丽轮枝菌（*Verticillium dahliae* Kleb.）引起。病菌菌落呈圆形或椭圆形，毛毡状或棉絮状。分生孢子椭圆形，单细胞；分生孢子梗常由2～4层轮生瓶梗及上部的顶枝构成，基部略膨大、透明，每轮层通常有3～5根。菌丝体常呈膨胀状，可单根或数根菌丝芽殖为微菌核。

发病规律

棉花黄萎病发病的最适温度为25～28℃，低于25℃或者高于30℃时发病缓慢，超过35℃时发生隐症现象。6—9月是病害发生的关键时期，特别是夏季多雨且温度略低时，更有利于发病。棉花黄萎病发生轻重与菌源量、品种、气候、栽培条件等密切相关。黄萎病菌的寄主范围很广，在184种寄主作物中除侵染棉花外，还可侵染茄子、马铃薯、向日葵、番茄、辣椒、草莓、烟草等。

防治要点

调查测报：参考《棉花黄萎病测报技术规范》（NY/T 3700—2020）。

生态调控：种植抗（耐）病品种。实行轮作换茬，与水稻、麦类、玉米、高粱、谷子等禾谷类作物轮作。加强田间管理，包括清洁棉田、深翻、及时排除积水、合理灌溉等。改善土壤生态条件，重施绿肥、农家肥、微生物有机肥等有机改良剂和磷、钾肥。诱导棉株提高抗病性，叶面喷施抗病诱导剂或磷酸二氢钾。

生物防治：在棉花播种前，可用枯草芽孢杆菌或解淀粉芽孢杆菌等微生物菌剂处理种子；有滴灌条件的棉区，可随水滴施枯草芽孢杆菌或解淀粉芽孢杆菌等微生物菌剂。

科学用药：在棉花黄萎病发生前或发生初期，叶面喷施乙蒜素、三氯异氰尿酸等。

症 状

棉花黄萎病严重发病田（①刘政提供，②马平提供）

棉花黄萎病点片发病田（马平提供）

棉花黄萎病非落叶型症状（①、②鹿秀云提供，③、④马平提供）
①严重发病株 ②～④病株

棉花黄萎病落叶型症状（①刘政提供，②马平提供，③、④鹿秀云提供）

①、②严重发病株 ③发病植株落叶前症状 ④发病植株落叶后症状

棉花黄萎病从植株下部叶片开始发病（鹿秀云提供）

棉花黄萎病从植株下部叶片逐渐向上发展

（鹿秀云提供）

棉花黄萎病叶片萎蔫型症状（鹿秀云提供）
①发病初期 ②发病中期

高温干燥条件下棉花黄萎病叶片萎蔫型症状（鹿秀云提供）
①发病初期 ②发病中期 ③发病后期

棉花黄萎病叶片鸡爪叶型症状（鹿秀云提供）
①～③发病中期 ④发病后期

棉花黄萎病急性萎蔫型症状（朱先敏提供）

①严重发病田 ②发病植株

棉花黄萎病病株下部主茎维管束变色（鹿秀云提供）
（左：健株；中：轻病株；右：重病株）

棉花黄萎病病株上部主茎维管束变色（马平提供）

棉花黄萎病造成侧枝维管束变色（鹿秀云提供）

棉花黄萎病造成叶柄维管束变色（鹿秀云提供）

病 原

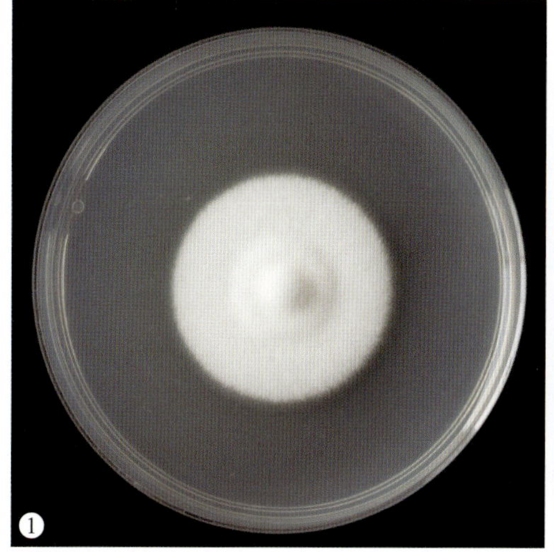

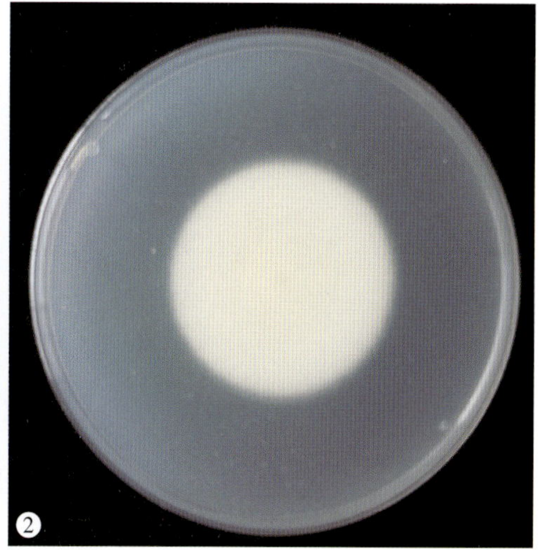

棉花黄萎病病原菌菌丝型培养特征（陈捷胤提供）
①菌落正面 ②菌落背面

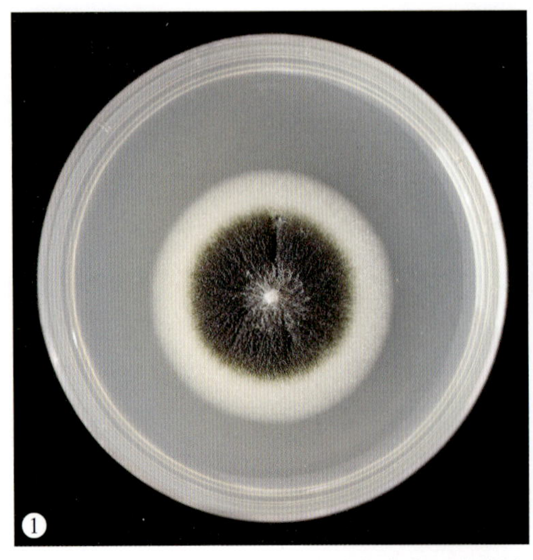
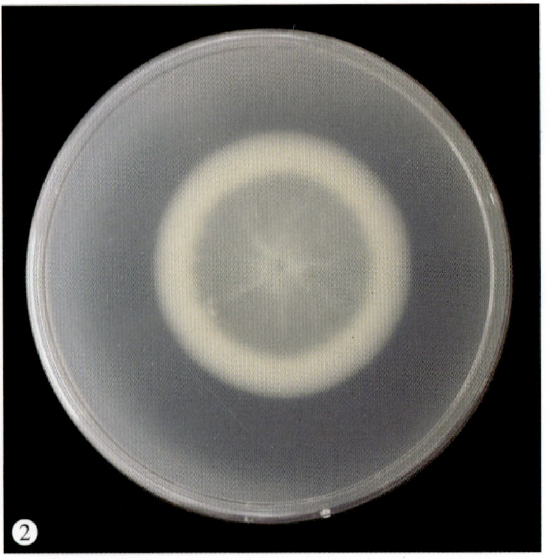

棉花黄萎病病原菌菌核型培养特征（陈捷胤提供）
①菌落正面 ②菌落背面

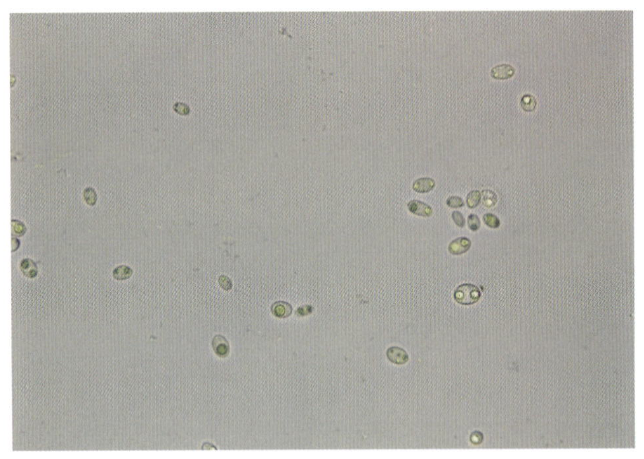

棉花黄萎病病原菌分生孢子（鹿秀云提供）

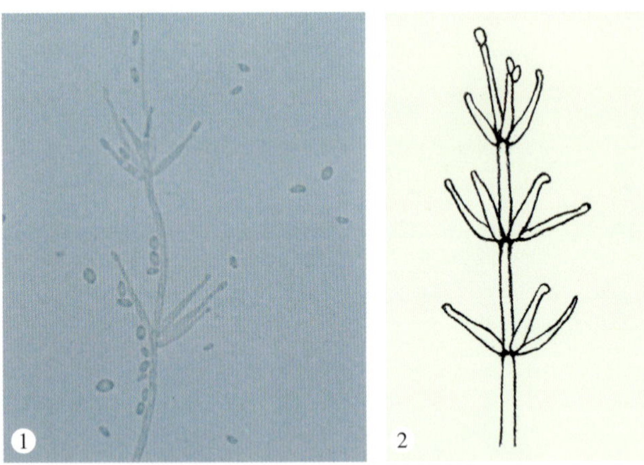

棉花黄萎病病原菌轮状分生孢子梗
（①鹿秀云提供，②陈捷胤提供）
（仿Hillocks，1992；陈利锋和徐敬友，2009）

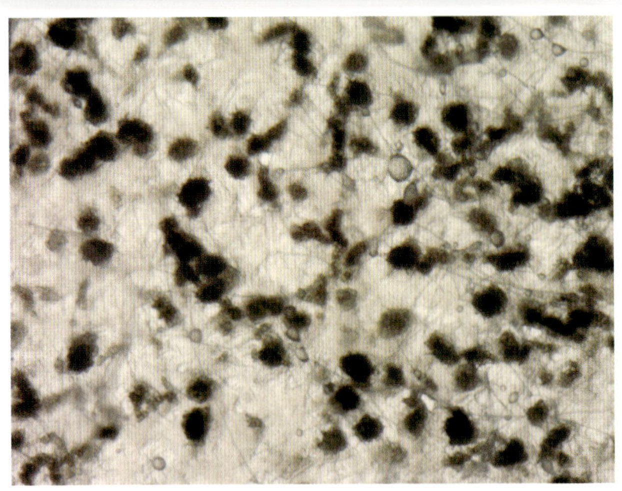

棉花黄萎病病原菌微菌核（陈捷胤提供）

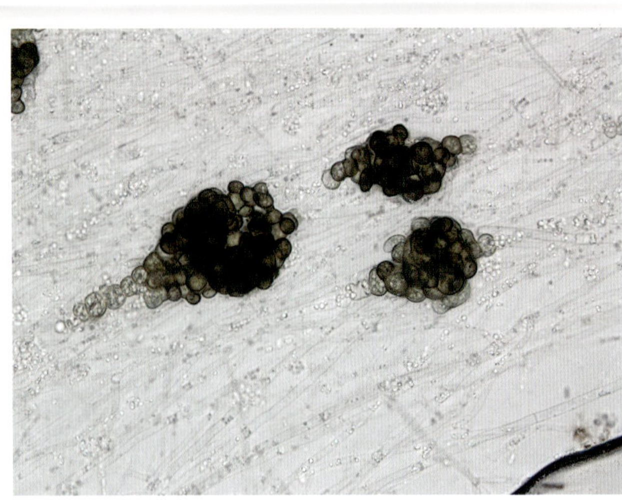

棉花黄萎病病原菌微菌核放大（鹿秀云提供）

大丽轮枝菌在其他寄主植物上的发生与为害

引起棉花黄萎病的病原大丽轮枝菌寄主范围很广，可为害38科660余种植物，包括锦葵科、菊科、葫芦科、茄科、豆科、十字花科等，涉及大田作物、果树、蔬菜、药用植物、花卉以及林木等。在各种寄主植物上，黄萎病主要导致叶片斑驳黄化、萎蔫下垂、脱落或不脱落，茎秆以及枝条维管束变褐等症状。

茄子黄萎病症状（①、③～⑦鹿秀云提供，②曲红云提供）

①严重发病田 ②严重发病株 ③病株萎蔫 ④发病株与正常株 ⑤病株叶片褪绿、萎蔫 ⑥病株叶片褪绿、黄化 ⑦病株主茎维管束变色

马铃薯黄萎病症状（①～⑤马平提供，⑥～⑧鹿秀云提供）

①严重发病田 ②～④严重发病株 ⑤病株叶片边缘黄化焦枯 ⑥、⑦病株叶片萎蔫黄化 ⑧薯块维管束变色

向日葵黄萎病症状（①、②王东提供，③马平提供）
①严重发病田 ②、③严重发病株

西瓜黄萎病症状（鹿秀云提供）
①严重发病田 ②病株叶片萎蔫 ③病株叶片萎蔫，边缘焦枯 ④病株维管束变色

萝卜黄萎病症状（鹿秀云提供）
①发病株 ②病叶萎蔫黄化 ③病叶局部发病

秋葵黄萎病症状（鹿秀云提供）

①发病株 ②病叶边缘黄化

黄栌黄萎病症状（李会平提供）

①病株叶片萎蔫干枯 ②病株整株叶片萎蔫干枯 ③病株整株叶片黄化干枯 ④发病株（左）与正常株（右） ⑤、⑥病株维管束变色

甜叶菊黄萎病症状（①～③马平提供，④鹿秀云提供）
①病株黄化 ②发病株与正常株 ③病株叶片黄化 ④病株叶片萎蔫黄化

黄芪黄萎病症状（①陈爱昌提供，②胡小平、陈爱昌提供）
①发病株 ②病株维管束变色

草莓黄萎病症状（张小菊提供）
①发病田 ②病株叶片萎蔫黄化 ③病株茎基部变褐

甜瓜黄萎病症状（何苏琴提供）

①发病株 ②病株下部叶片萎蔫黄化 ③、④病茎维管束变色（示横切面） ⑤病茎维管束变色（示纵切面）

绿豆黄萎病病株叶片萎蔫黄化（李国英提供）

红花黄萎病病株叶片黄化（李国英提供）

紫荆黄萎病症状（鹿秀云提供）

①、②病株枝干萎蔫干枯 ③病株叶片萎蔫黄化 ④病叶黄化 ⑤病株维管束变色（左：病株维管束；右：健株维管束）

2. 棉花枯萎病

分布与危害

棉花枯萎病是严重为害棉花的土传或种传维管束真菌病害之一，黄河流域、长江流域和西北内陆棉区均有发生。一般造成减产10%～20%，减产严重的达50%以上。20世纪80年代中期以后，随着抗病品种的推广，枯萎病在我国各棉区基本得到控制。但由于气候变化和强致病力菌株的出现，棉花枯萎病在局部地区呈现加重趋势。目前，枯萎病仍是棉花生产上的一个重要问题。

症状

枯萎病症状分为5种类型。①黄色网纹型：叶片局部或全部呈黄色网纹状；②黄化型：子叶或真叶变黄，有时叶缘呈局部枯死斑；③紫红型：子叶或真叶出现红色或紫红色斑，叶片逐渐萎蔫枯死：④青枯型：子叶或真叶突然失水，色稍变深绿，叶片萎垂，猝倒死亡，有时全株青枯，有时半边萎蔫；⑤皱缩型：叶片皱缩、畸形，棉株节间缩短，叶色变深，比健康株矮小。棉花枯萎病常2～3种症状混合发生。感染枯萎病的棉花茎秆、枝条维管束组织出现深褐色条纹。

病原

棉花枯萎病病原为尖镰孢萎蔫专化型［*Fusarium oxysporum* f. sp. *vasinfectum*（Atk.）Snyder et Hansen］。病菌菌丝初期白色，后期淡紫色。菌丝体透明，有分隔。产生3种类型的孢子，大型分生孢子镰刀形，常见3个分隔；小型分生孢子多数为单胞，少数有1个分隔，通常为卵形；厚垣孢子通常单生，有时双生，球形至卵圆形，浅黄至黄褐色。

发生规律

棉花苗期和蕾期均可发生枯萎病。发病最适温度为25～30℃，土温低于17℃、湿度低于35%或高于95%都不利于枯萎病的发生。蕾期土温上升到30℃以上时枯萎病菌生长受到抑制，病状趋于隐蔽，部分病株能恢复生长，抽出新枝叶。棉花枯萎病菌除侵染棉花外，还可侵染大麻槿、决明、秋葵和咖啡黄葵等。

防治要点

生态调控：种植抗病品种。实行轮作换茬，如在黄河流域棉区采取小麦—玉米—棉花两年三茬轮作，在长江流域棉区采取水旱轮作。加强田间管理，包括清洁棉田、深翻、及时排除积水、合理灌溉等。改善土壤生态条件，重施绿肥、农家肥、微生物肥等有机肥和磷、钾肥。诱导棉株提高抗病性，叶面喷施抗病诱导剂或磷酸二氢钾。

科学用药：在棉花枯萎病发生前或发生初期，叶面喷施乙蒜素、三氯异氰尿酸、辛菌胺醋酸盐等。

症 状

棉花枯萎病严重发病田（鹿秀云提供）

棉花枯萎病紫红型病株（① 肖留斌提供，② 鹿秀云提供，③ 马平提供）

棉花枯萎病黄色网纹型病株（鹿秀云提供）

棉花枯萎病黄化型病株（鹿秀云提供）

棉花枯萎病青枯型病株（鹿秀云提供）

棉花枯萎病紫红—黄化混生病株（鹿秀云提供）

棉花枯萎病皱缩型病株（鹿秀云提供）

棉花枯萎病皱缩—黄色网纹混生病株（鹿秀云提供）

棉花蕾期枯萎病皱缩型叶片症状（鹿秀云提供）

棉花枯萎病病株维管束变色（马平提供）

病　原

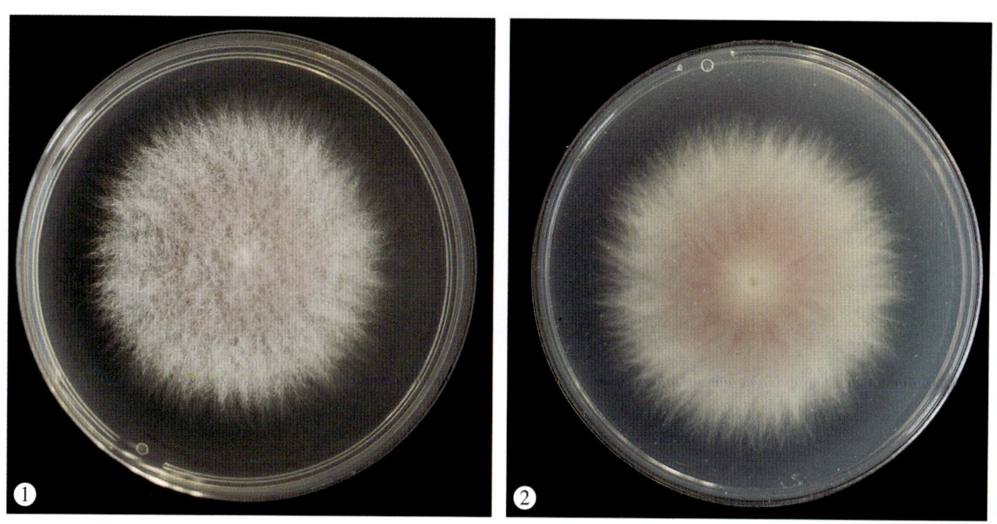

棉花枯萎病病原菌培养特征（陈捷胤提供）

①菌落正面　②菌落背面

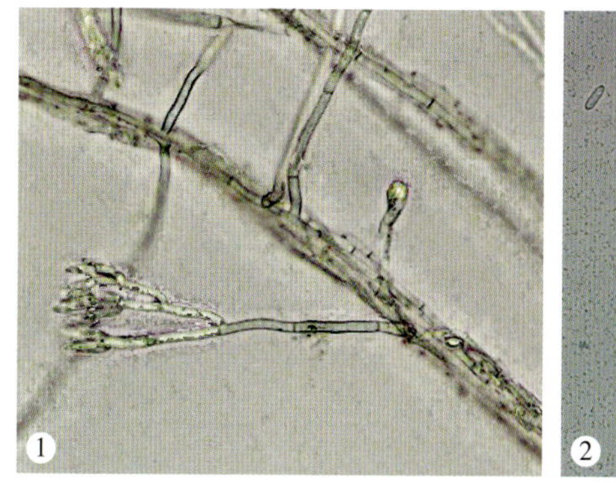
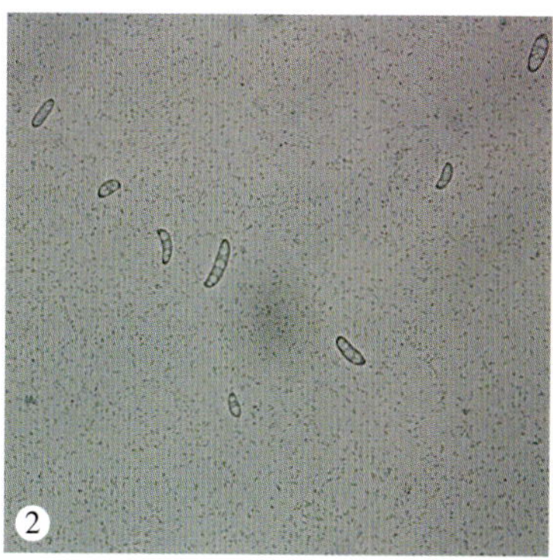
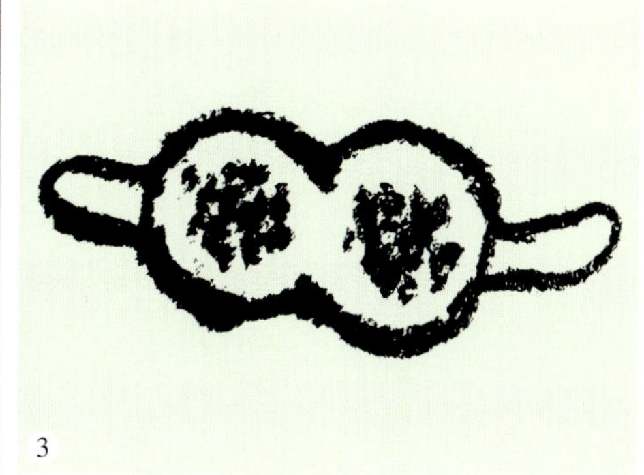

棉花枯萎病病原菌形态（①、②郭庆港提供，③陈捷胤提供）（③仿Hillocks，1992；陈利锋和徐敬友，2009）

①菌丝体及分生孢子梗　②大型分生孢子和小型分生孢子　③厚垣孢子

第二节 棉苗病害

3. 棉苗立枯病

分布与危害

棉苗立枯病是棉花生产上重要的苗期真菌病害之一，在黄河流域、长江流域和西北内陆棉区均有分布。一般造成减产10%～20%，严重的达50%以上，甚至毁种。

症状

幼苗出土前可造成烂籽和烂芽。幼苗出土后，在幼茎基部产生褐色凹陷病斑；病斑向四周发展，逐渐变成黑褐色，病斑扩大并缢缩，子叶下垂萎蔫，最终幼苗枯倒。

棉花苗期病害症状比较

病害名称	主要发生部位	是否烂种或烂芽	典型症状
棉苗立枯病	茎基部	是	幼茎基部褐色凹陷病斑，缢缩，幼苗枯倒
棉苗炭疽病	茎基部，子叶	是	幼茎基部红褐色梭形稍凹陷病斑，子叶褐色病斑
棉苗红腐病	根部	是	病斑不凹陷，土面以下受害的嫩茎和幼根变粗
棉苗猝倒病	整株	是	幼茎基部黄色水渍状病斑，不凹陷
棉苗褐斑病	子叶	否	子叶上形成紫红色斑点
棉苗疫病	子叶	否	子叶水渍状，青褐色至黑色，似水烫状

病原

棉苗立枯病病原为立枯丝核菌（*Rhizoctonia solani* Kühn）。病菌菌丝体初期无色，后期黄褐色。菌丝多隔膜，直径5～12μm，直角或锐角分枝，分枝处缢缩。菌丝生长适温为25℃。菌丝生长后期可聚集成小菌核。小菌核褐色至黑褐色，表面粗糙，直径0.55～1.00mm，生成的最适温度为18～21℃。

发生规律

低温高湿均利于棉苗立枯病发生。棉苗立枯病菌在15～23℃时最易侵害棉苗。棉苗出土后，长期阴雨是引起死苗的重要因素，雨量多的年份死苗重。棉苗立枯病主要在5月上中旬发病。

防治要点

生态调控：选用高质量棉种，适当晚播，适期播种。深耕冬灌，精细整地。雨后及时中耕，提高地温。

科学用药：在棉花播种前，应用咯菌腈、吡唑醚菌酯、萎锈·福美双、精甲霜灵·咯菌腈·嘧菌酯等处理种子。

症 状

棉苗立枯病严重发病株（鹿秀云提供）

棉苗立枯病病株茎基部症状（鹿秀云提供）

①健株（左）和病株（右） ②健株（左）和病株（右） ③病株茎基部变褐缢缩凹陷

病　原

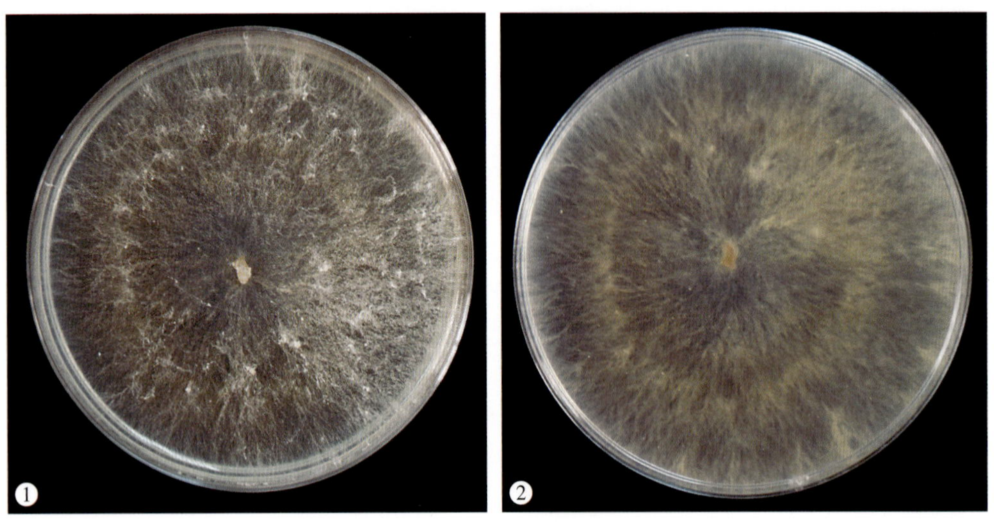

棉苗立枯病病原菌培养特征（鹿秀云提供）

①菌落正面 ②菌落背面

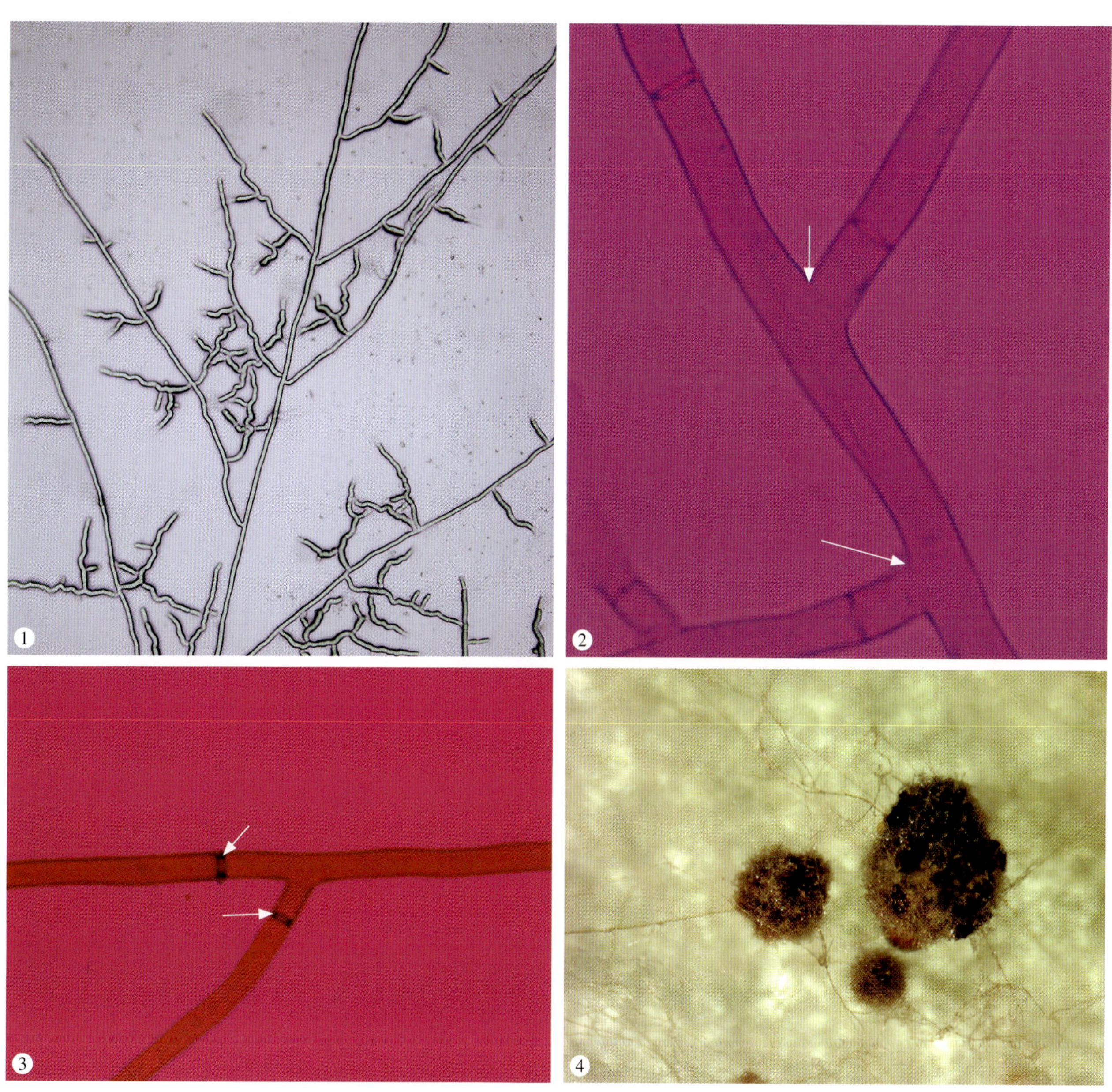

棉苗立枯病病原菌形态（①～③王伟娟提供，④陈捷胤提供）
①菌丝形态 ②菌丝锐角分枝 ③菌丝具桶状隔膜 ④菌核形态

4. 棉苗炭疽病

分布与危害

棉苗炭疽病是棉花苗期的重要真菌病害之一，在黄河流域、长江流域和西北内陆棉区均有分布。棉苗炭疽病大流行年份可使棉苗大面积死亡，减产30%左右。20世纪90年代以来，棉苗炭疽病为害减轻。

症状

棉苗炭疽病菌既为害棉苗根和幼嫩叶片，也为害成株期叶片和棉铃等器官。幼苗出土前可造成棉籽水渍状腐烂；幼苗出土后在茎基部产生红褐色梭形稍凹陷病斑，严重时皮层腐烂，幼苗枯萎。炭疽病常在子叶边缘形成半圆形褐色病斑，棉苗在多雨潮湿低温时最易发病。

病原

棉苗炭疽病病原为棉炭疽菌（*Colletotrichum gossypii* Southw.）和印度炭疽菌（*C. indicum* Dast.），我国棉苗炭疽病主要由前者引起。棉炭疽菌分生孢子单胞，长椭圆形，无色，着生于分生孢子盘上；分生孢子盘内排列有不整齐的褐色刚毛。

发生规律

棉苗炭疽病菌主要以菌丝及分生孢子在种子外短绒内潜伏越冬，种子内及土壤中病残体也能带菌。病害发生与土壤温度关系十分密切，棉籽发芽时遇到低于10℃的土温，会增加出苗前的烂籽和烂芽率；病菌在15 ~ 23℃时最易侵害棉苗，在晚播棉田或棉苗长出真叶后仍继续受害。棉苗炭疽病菌主要为害棉花，少数小种也可侵染为害大麦、黑麦和一些禾本科杂草。

防治要点

参见“棉苗立枯病”。

症 状

棉苗炭疽病发病田（马平提供）

棉苗炭疽病发病植株（马平提供）

棉苗炭疽病叶部褐色病斑（简桂良提供）

棉苗炭疽病病株根茎部呈紫红色梭状腐烂凹陷（简桂良提供）

病　原

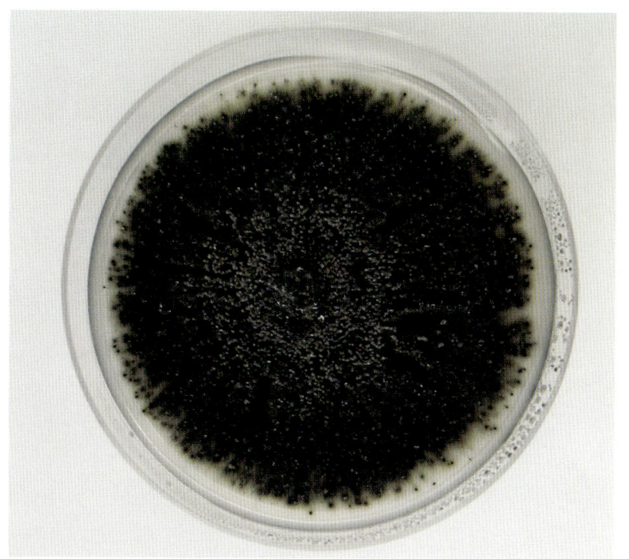

棉苗炭疽病病原菌培养特征（鹿秀云提供）

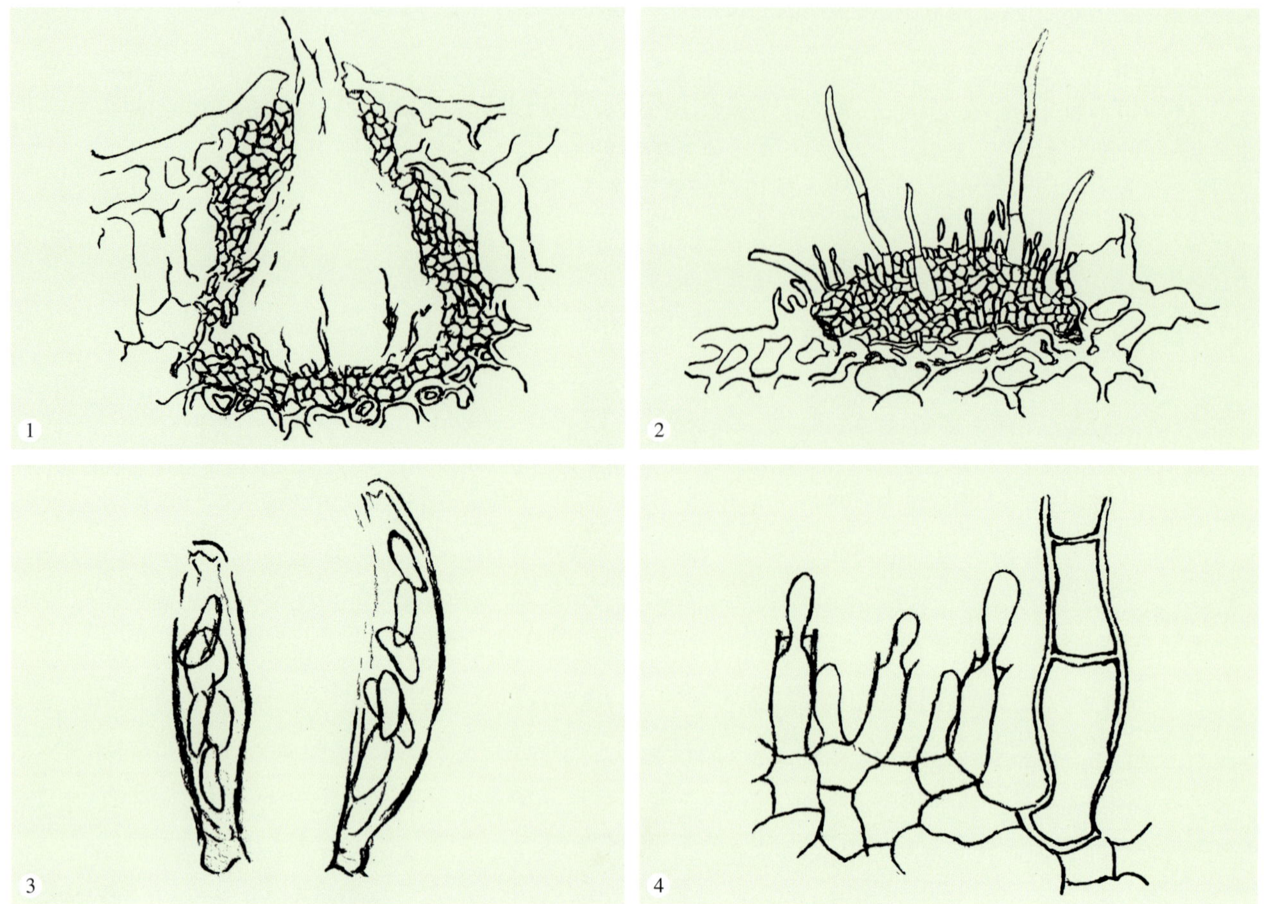

棉苗炭疽病病原菌形态（陈捷胤提供）（仿 Hillocks，1992；陈利锋和徐敬友，2009）
①子囊壳 ②分生孢子盘 ③子囊和子囊孢子 ④分生孢子梗及分生孢子

5. 棉苗红腐病

分布与危害

棉苗红腐病是棉花苗期的重要病害之一，在黄河流域、长江流域和西北内陆棉区均有分布，尤其在黄河流域和西北内陆棉区是棉花苗期的主要根部病害。棉苗红腐病多与其他苗期病害混合发生。

症状

棉苗红腐病侵害棉苗根部，先在靠近主根或侧根尖端处形成黄色至褐色伤痕，使根部腐烂，受害重时也会蔓延至幼茎。得病棉苗的子叶边缘常常出现较大的灰红色圆斑，在湿润气候条件下，病斑表面产生一层粉红色孢子。感染红腐病的幼苗通常生长迟缓，发病严重的也会造成子叶萎黄，叶缘干枯，以致死亡。

病原

棉苗红腐病病原主要为拟轮枝镰孢 [*Fusarium verticillioides* (Sacc.) Nirenberg]。病菌菌丝白色，菌落淡粉色或暗紫罗兰色。产生大型分生孢子和小型分生孢子，大型分生孢子镰刀形或不对称拟纺锤形，直或稍弯曲，纤细，无色透明，具有尖而弯曲的顶细胞和具有小柄的基细胞，有3 ~ 7个分隔。小型分生孢子锥形、卵形或椭圆形，单胞，无色，串生或成堆聚生。

发生规律

棉种由播种到出苗，均可受到棉苗红腐病菌为害。出苗期间如遇低温阴雨，棉苗红腐病将严重发生。棉籽发芽时遇到低于10℃的土温，会增加出苗前的烂籽和烂芽；病菌在15 ~ 23℃时最易侵害棉苗。高湿有利于病菌的传播。棉苗红腐病菌寄主植物范围广，可侵染各种农作物和杂草等。

防治要点

参见“棉苗立枯病”。

症 状

棉苗红腐病严重发病株（雷斌提供）

棉苗红腐病病株根和茎基部腐烂变色（① ~ ③简桂良提供，④芦屹提供）

病 原

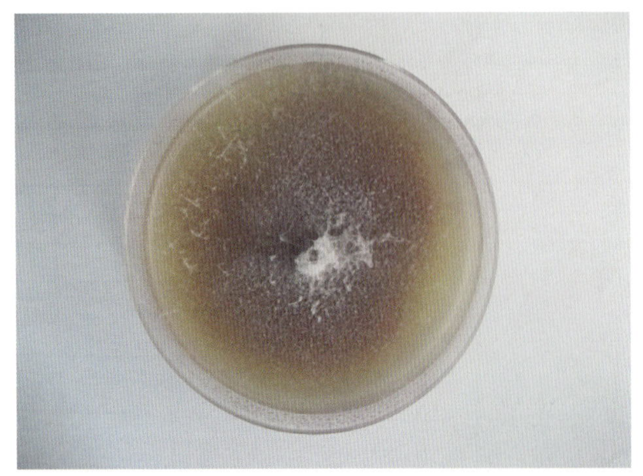

棉苗红腐病病原菌培养特征（鹿秀云提供）

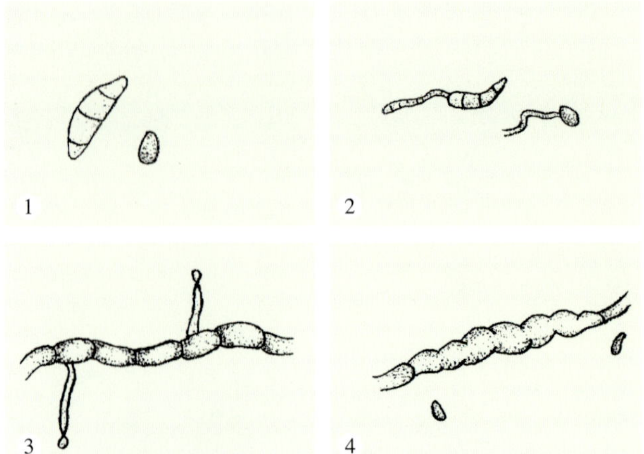

棉苗红腐病病原菌形态（陈捷胤提供）
（仿Hillocks，1992；陈利锋和徐敬友，2009）
①分生孢子 ②萌发的分生孢子 ③菌丝 ④菌丝球状膨大结构

6. 棉苗猝倒病

分布与危害

棉苗猝倒病在黄河流域、长江流域和西北内陆棉区均有分布，特别在潮湿多雨地区发生严重，是一种常见的棉苗根部卵菌病害。该病易造成缺苗断垄，严重影响棉花苗期正常生长。

症状

棉苗感病后，常造成幼苗成片青枯倒伏死亡。最初在茎基部出现黄色水渍状病斑，严重时呈水肿状，并变软腐烂，颜色转成黄褐色，棉苗迅速萎蔫倒伏。在高湿条件下，棉苗上常产生白色絮状物。

病原

棉苗猝倒病病原为瓜果腐霉［*Pythium aphanidermatum*（Eds.）Fitzp.］。病菌菌丝发达，呈纯白色绒毛状，菌丝体无色透明；孢子囊长圆筒状，形状不规则；游动孢子肾形，有2根侧生鞭毛；藏卵器球形，顶生或间生；雄器为桶形、圆形或宽棒形，有柄；卵孢子球形，光滑。发病适温为20～25℃，有利于发病的土壤湿度为70%～80%。

发生规律

对棉苗猝倒病发生起决定作用的是温度和湿度，棉苗出土后1个月内是棉苗最易感病时期。若土壤温度低于15℃，萌动的棉籽出苗慢，就容易发病；地温超过20℃，病势停止发展，但若降雨多又会加重病情。棉苗猝倒病菌除侵染棉花外，还能为害多种作物，如黄瓜、烟草、茄子、西瓜、甜菜、马铃薯和麦类等。

防治要点

参见“棉苗立枯病”。

症 状

棉苗猝倒病苗床严重发病状（李恺球摄）

棉苗猝倒病发病植株（李恺球摄）

病 原

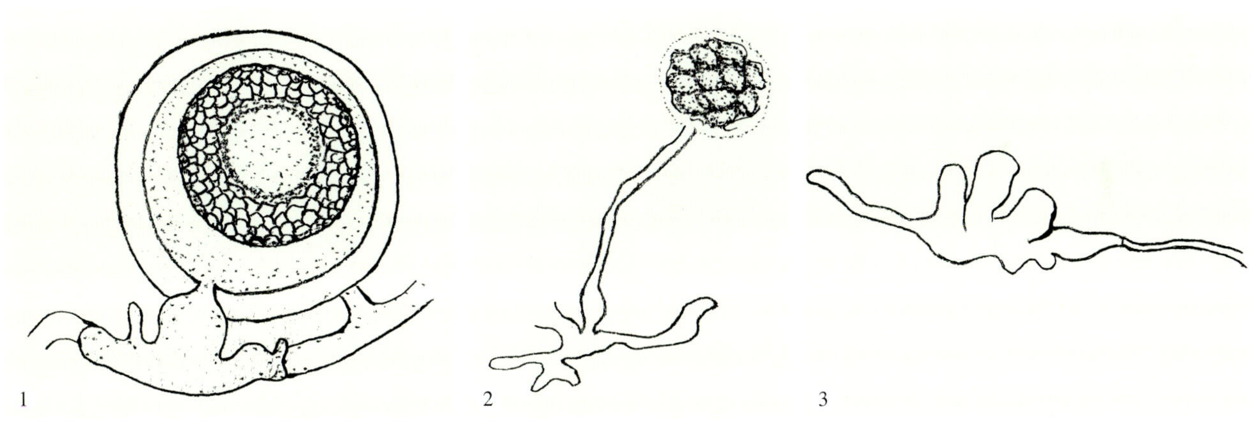

棉苗猝倒病病原菌形态（陈捷胤提供）（仿 Hillocks，1992；陈利锋和徐敬友，2009）
①雄器和藏卵器 ②孢子囊萌发形成出管与囊泡 ③姜瓣状孢子囊

7. 棉苗褐斑病

分布与危害

棉苗褐斑病在黄河流域、长江流域和西北内陆棉区均有发生，是棉花上最常见的叶部真菌病害之一。

症状

发病初期子叶上形成紫红色斑点，后扩大成圆形或不规则形黄褐色病斑，边缘为紫红色，稍有隆起。发病重时子叶和真叶布满斑点，引起凋落，影响幼苗生长。

病原

棉苗褐斑病病原是棉小叶点霉（*Phyllosticta gossypina* Ell. et Mart.）。病菌分生孢子器埋藏在叶组织内，球形，暗褐色；分生孢子卵圆形至椭圆形，单胞，无色，以菌丝及分生孢子器在病组织内越冬。

发生规律

在5—6月棉花幼苗生长期间，如果遇到连续阴雨低温或高湿低温天气，利于病菌侵染为害，特别是温度先高后骤然降低时，棉苗褐斑病等叶部苗病发生往往比较严重。

防治要点

生态调控：深耕冬灌，精细整地。深沟高畦，排除明涝暗渍，防病保苗。雨后及时中耕，提高地温。

科学用药：棉苗出土后及时喷施保护性化学杀菌剂多抗霉素等保护棉苗，预防褐斑病。

症　状

棉苗褐斑病发病叶片（郑曙峰提供）

病　原

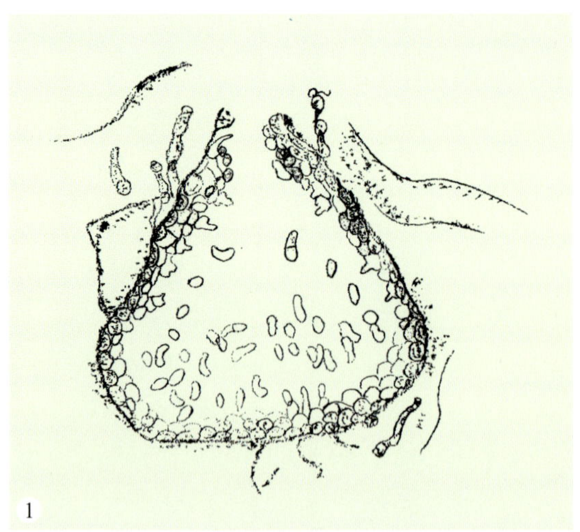

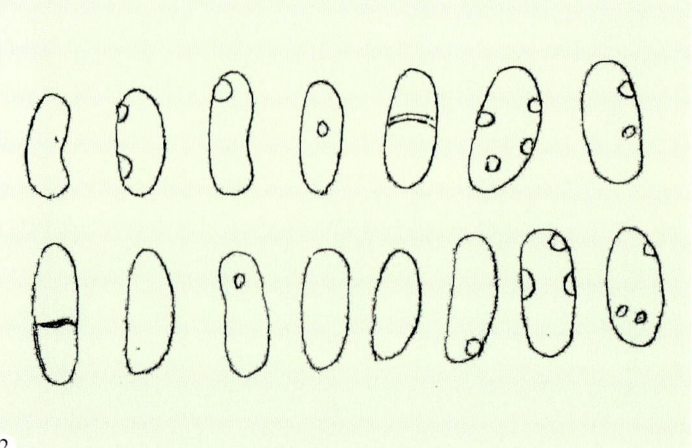

棉苗褐斑病病原菌形态（陈捷胤提供）（仿Hillocks，1992；陈利锋和徐敬友，2009）

①分生孢子器　②分生孢子

8.棉苗疫病

分布与危害

棉苗疫病为卵菌病害，在黄河流域、长江流域和西北内陆棉区均有分布，长江流域棉区比较流行，一些年份可造成较大损失，但进入21世纪后，该病已比较少见。

症状

棉苗疫病病斑圆形或不规则形，水渍状，发病之初病斑略显暗绿色，与健康部分差别不大，之后渐变为青褐色，最后甚至转成黑色。在高湿条件下，子叶水渍状，如被水烫过，导致子叶凋枯脱落。真叶期症状与子叶期相同，严重时子叶和真叶一片乌黑，全株枯死。

病原

棉苗疫病病原为苎麻疫霉（*Phytophthora boehmeriae* Sawada）。病菌菌丝无色无隔；孢囊梗无色，单生或呈假轴状分枝；孢子囊初期无色，成熟后无色或淡黄色，卵圆形或近球形，顶端有一个明显的半球形乳头状突起，偶尔2个，具脱落性；孢囊柄短，遇水后释放游动孢子。游动孢子肾形，侧生2根鞭毛。静止孢子球形或近球形；藏卵器球形，光滑，初无色，成熟后黄褐色；同宗配合；雄器绝大多数围生，少数侧生，椭圆或近圆形；卵孢子球形，成熟后黄褐色；厚垣孢子很少产生。

发生规律

棉苗疫病菌能在土壤中长期存活，以卵孢子和厚垣孢子在土壤中越冬。多雨高湿是该病的重要发生条件，温度15～30℃均可发病。该病原菌寄主范围广，还可侵害黄瓜、辣椒、苹果、梨及林木等。

防治要点

生态调控：培育壮苗，增强抗病能力。清洁田园，减少侵染源。间种套作。

科学用药：棉花苗期喷施三乙膦酸铝保护棉苗，预防棉苗疫病。

症　状

棉苗疫病叶片发病形成暗绿色水渍状不规则病斑（马平提供）

高湿条件下棉苗疫病病株叶片凋萎脱落（马平提供）

棉苗疫病发病株（①马平提供，②简桂良提供）

病　原

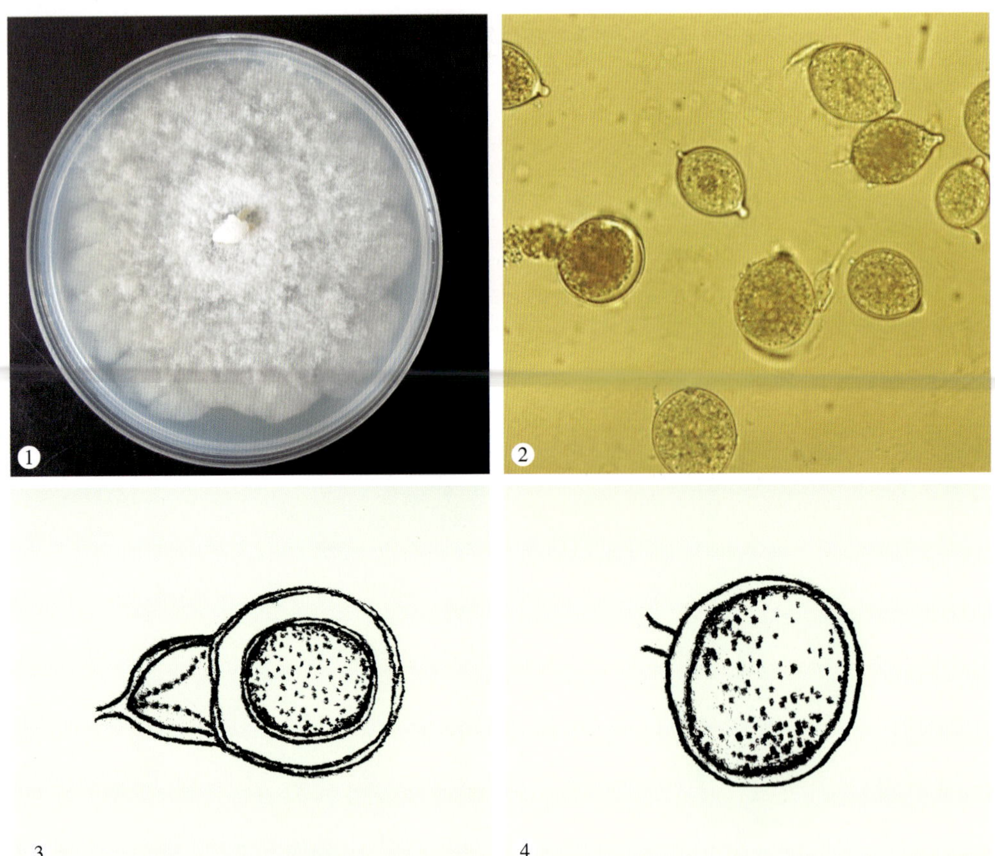

棉苗疫病病原菌形态（①鹿秀云提供，②简桂良提供，③、④陈捷胤提供）（③、④仿Hillocks，1992；陈利锋和徐敬友，2009）

①菌落培养特征　②孢子囊　③雄器、藏卵器和卵孢子　④厚垣孢子

第三节 棉铃病害

9. 棉铃疫病

分布与危害

棉铃疫病是棉花铃期的主要病害，为卵菌病害，其发病率及危害性居各种棉铃病害的首位。棉铃疫病在黄河流域、长江流域和西北内陆棉区均有分布，以长江流域和黄河流域棉区比较常见，西北内陆棉区少见。棉铃感病后，轻的形成僵瓣，重的全铃烂毁。一般棉田烂铃率为5%～10%，多雨年份可达30%～40%，严重影响棉花产量和质量。

症状

棉铃疫病多为害棉株下部的成铃。病斑先从棉铃基部或从铃缝开始出现，青褐色至青黑色，水渍状。起初病斑表面光亮，健部与病部界限清晰，随着病斑向全铃扩展，逐渐变成中间青黑色、边缘青褐色，健部与病部界限模糊不清。单纯疫病为害的棉铃，发病后期在铃壳表面产生一层霜霉状物，即病菌的孢子囊和菌丝体。

棉铃病害症状比较

病害名称	典型症状
棉铃疫病	病斑青褐色至青黑色，水渍状，油亮，后期铃表有白色霜霉状物
棉铃炭疽病	病斑褐色凹陷，边缘紫红色；气候潮湿时，在病斑中央有红褐色的分生孢子堆
棉铃红腐病	病铃表面覆盖浅红色的粉状孢子或白色的菌丝体，不能开裂或只半开裂，纤维干腐
棉铃红粉病	病铃壳及棉瓤上布满淡红色粉状物，粉层较红腐病厚而成块状，病铃不能开裂，棉瓤干腐
棉铃黑果病	病铃发黑，僵硬，多不能开裂；后期铃表覆盖绒状黑粉
棉铃软腐病	病铃软腐，上生灰白色毛，干枯时变成黑色
棉铃曲霉病	病铃黑褐色，不能开裂
棉铃角斑病	病铃先出现油渍状绿色小点，逐渐扩大成圆形病斑并变成黑色，中央下陷；可为害幼铃造成腐烂脱落；成铃受害，一般只烂1～2室
细菌性烂铃病	病铃铃缝上出现褐色条形水渍状病斑，种子和棉纤维变褐，呈水渍状，后期棉铃变软腐烂；棉花吐絮后，感病铃壳扭曲变形，吐絮不畅，呈僵瓣状

病原

棉铃疫病病原为苎麻疫霉（*Phytophthora boehmeriae* Sawada）。其形态特征见“棉苗疫病”。

发生规律

棉铃疫病菌主要以孢子囊和卵孢子存活于棉田土壤中的病残体上，其中孢子囊可存活3～4个月，在棉花生长季节病原菌再侵染过程中起着重要的作用。棉铃疫病受气候条件（主要是降雨）、棉株生育期和栽培管理措施、棉花品种等多种因素的影响。其中，降雨和棉株生育期的配合，对疫病的发生和流行起着决定性的作用。棉铃疫病一般开始发生于7月下旬，8月上旬以后迅速增加，8月下旬为发病盛期。棉铃疫病与8、9月间的降雨有密切关系，8月中旬至9月中旬的降水量和雨日的多少是决定全年棉铃疫病轻重的重要因素，降雨越多，田间湿度越大，棉铃疫病越严重。棉铃疫病发生最适温度为22 ~ 23.5℃，致病适温为24 ~ 27℃。

防治要点

生态调控：人工阻隔，即在棉田行间铺设麦秆、塑料薄膜阻隔土壤中的病原菌随水流向上飞溅。全程化控结合栽培措施合理控塑棉花株型。间作套作。

科学用药：棉花铃期喷施三乙膦酸铝、多抗霉素、氨基寡糖素等保护棉铃，预防棉铃疫病。

症　状

棉铃疫病严重发病田（张谦提供）

棉铃疫病严重发病株（①、③鹿秀云提供，②马平提供，④李恺球提供）

棉铃疫病病铃（鹿秀云提供）

棉铃疫病病铃（①～⑨鹿秀云提供，⑩马平提供）

①棉铃疫病初期病铃（从铃缝开始发病）②棉铃疫病中期病铃（从铃缝开始发病）③棉铃疫病初期病铃（从铃尖开始发病）
④棉铃疫病初期病铃（从铃底部开始发病）⑤棉铃疫病中期病铃（从铃底部开始发病）⑥～⑩棉铃疫病后期病铃

10. 棉铃炭疽病

分布与危害

棉铃炭疽病为真菌病害，在黄河流域、长江流域和西北内陆棉区均有发生，长江流域棉区一般发生较重。棉铃受害后，常使内部烂毁或成为僵瓣，铃重下降，品质变劣。

症状

棉铃炭疽病病铃最初在铃尖附近发生暗红色小点，逐渐扩大成褐色凹陷病斑，边缘紫红色，稍隆起；气候潮湿时，病斑中央可见红褐色分生孢子堆。受害严重的棉铃整个溃烂或不能开裂。棉铃炭疽病菌还可为害苞叶、枝干和叶片。

病原

我国棉铃炭疽病主要由棉炭疽菌（*Colletotrichum gossypii* Southw.）引起，其培养特征见“棉苗炭疽病”。

发生规律

在棉花苗期炭疽病发生严重的地方，棉株生长后期棉铃炭疽病发生也较重。病菌可以直接侵染无损伤的棉铃，在棉铃受疫病等病害侵害或有虫伤时，炭疽病较易发生。棉铃炭疽病与8—9月间的降雨有密切关系，降雨越多，田间湿度越大，棉铃炭疽病越严重。棉铃炭疽病菌最适致病温度为25 ~ 30℃，在15 ~ 30℃范围内都能侵染棉铃，湿度85%以上持续时间长时，该病可能严重发生。

防治要点

参见“棉铃疫病”。

症 状

棉铃炭疽病病铃（①、②鹿秀云提供，③简桂良提供）

棉铃炭疽病为害棉铃苞叶（鹿秀云提供）

棉铃炭疽病为害棉株枝干（鹿秀云提供）

棉铃炭疽病为害叶片（鹿秀云提供）

11. 棉铃红腐病

分布与危害

棉铃红腐病是腐生性烂铃真菌病害，在我国每年都有不同程度的发生和危害。感病棉铃腐烂，棉纤维质量变劣，棉籽不能利用。

症状

棉铃红腐病多发生在受疫病、炭疽病、虫伤或有自然裂缝的棉铃上。病斑没有明显的界限，常扩展到全铃，在铃表面长出一层浅红色粉状孢子或满覆白色的菌丝体。病铃铃壳不能开裂或只半开裂，棉瓤紧结，不吐絮，纤维干腐。

病原

棉铃红腐病病原主要为拟轮枝镰孢［*Fusarium verticillioides* (Sacc.) Nirenberg］，其培养特征见“棉苗红腐病”。

发生规律

棉铃红腐病是一种依靠气流和雨水飞溅、种子带菌等复合传播的病害。棉铃红腐病的发生与8、9月间的降雨有密切关系，降雨越多，田间湿度越大，棉铃红腐病发生越严重。棉铃红腐病生长最适温度为19～24℃，湿度80%以上持续时间长，该病可严重发生。棉铃红腐病菌的寄主范围很广，除为害棉花外，还可为害绿豆、蚕豆、豌豆、茄子、番茄、辣椒、西瓜、油菜、萝卜、小麦、大麦、玉米、高粱、甘蔗等多种农作物以及禾本科杂草、花卉等。

防治要点

生态调控：培育抗病品种。清洁田园，减少初始菌量。全程化控结合栽培措施合理控塑棉花株型。抢摘病铃，减少损失。

科学用药：棉花铃期喷施三乙膦酸铝、多抗霉素、氨基寡糖素等保护棉铃。

症　状

棉铃红腐病病铃（①简桂良提供，②鹿秀云提供）

12. 棉铃黑果病

分布与危害

棉铃黑果病是腐生性烂铃真菌病害，在黄河流域、长江流域和西北内陆棉区均有发生。

症状

棉铃黑果病病铃通常发黑，僵硬，多不能开裂。棉铃受害后期出现一层绒状黑粉，是分生孢子器散发的分生孢子。

病原

棉铃黑果病病原为可可毛壳单隔孢［*Lasiodiplodia theobromae*（Pat.）Griffon et Maubl.］。病菌菌落圆形，深褐色。菌丝淡褐色，呈锐角分枝。分生孢子器球形，黑褐色，往往埋生于铃壳表皮下，顶端有乳头状孔口；分生孢子梗细，不分枝；分生孢子椭圆形，初无色、单胞，成熟后变褐色、双胞。

发生规律

多在结铃后期发病，一般从伤口侵染，病菌也可直接穿透铃壳果皮为害棉铃。棉铃黑果病发生与8、9月间的降雨有密切关系，8月中旬至9月中旬的降水量和雨日的多少是决定全年棉铃黑果病轻重的重要因素。棉铃黑果病最适致病温度为25℃左右，在15 ~ 30℃都能侵染棉铃，湿度85%以上持续4 d以上时，可能严重发病。

防治要点

参见“棉铃红腐病”。

症状及病原

棉铃黑果病病铃（简桂良提供）

棉铃黑果病病原菌形态（陈捷胤提供）
（仿Hillocks，1992；陈利锋和徐敬友，2009）
①产孢细胞 ②成熟的分生孢子

13. 棉铃红粉病

分布与危害

棉铃红粉病是腐生性烂铃真菌病害，在黄河流域、长江流域和西北内陆棉区均有分布，以长江流域和黄河流域棉区比较常见。

症状

棉铃红粉病为害棉铃，症状略似红腐病。铃壳及棉瓤上布满淡红色粉状物，粉层较红腐病厚而呈块状，略带黄色，天气潮湿时呈绒毛状。棉铃不能开裂，棉瓤干腐。

病原

棉铃红粉病病原是粉红单端孢［*Trichothecium roseum*（Pers. ex Fr.）Link］。病菌分生孢子梗直立，线状，有2 ~ 3个隔膜，大小为（84.5 ~ 189.5）μm×（2.6 ~ 3.8）μm。分生孢子簇生于分生孢子梗的先端，梨形或卵形，无色或淡红色，双胞，中间分隔处稍缢缩，一端有乳头状突起。

发生规律

棉铃红粉病发病率的年际间差异较大，多在结铃后期发病，一般从伤口侵染。棉铃红粉病发生严重与否与8—9月的降雨有密切关系，降雨越多，棉铃红粉病发生越重。棉铃红粉病发生最适温度为19～25℃，湿度85%以上持续时间长，则该病可严重发生。

防治要点

参见“棉铃红腐病”。

症　状

棉铃红粉病病铃（鹿秀云提供）

病　原

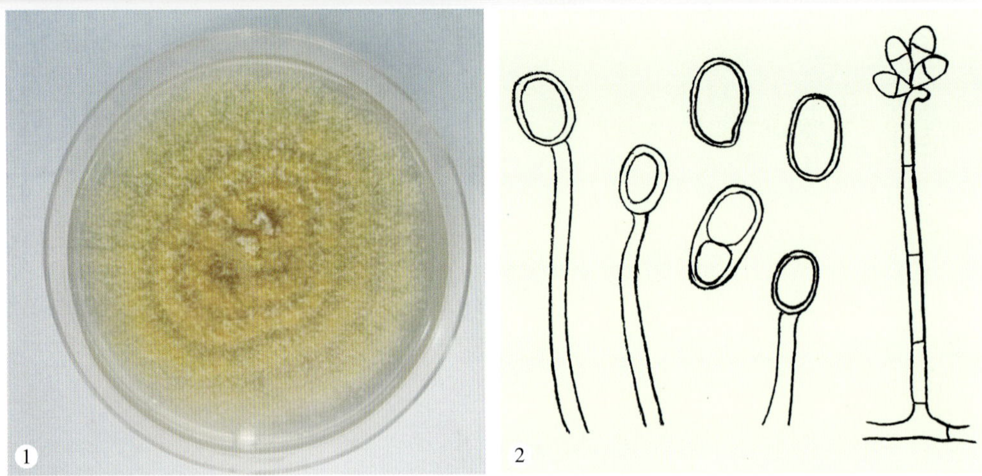

棉铃红粉病病原菌形态（①鹿秀云提供，②陈捷胤提供）（②仿Hillocks，1992；陈利锋和徐敬友，2009）
①菌落培养特征　②分生孢子梗和分生孢子

14. 棉铃软腐病

分布与危害

棉铃软腐病是腐生性烂铃真菌病害，分布于全国各棉区，以长江流域和黄河流域棉区比较常见，西北内陆棉区少见。

症状

受害棉铃最初出现深蓝色伤痕，有时呈现叶轮状褐色病斑，以后病斑扩大，发展成软腐状，上生灰白色毛，干枯时变成黑色。

病原

棉铃软腐病病原为黑根霉（*Rhizopus nigricans* Ehrb.）。在培养基上菌丝生长茂盛，发达，有分枝，但一般无分隔；在病铃上有匍匐菌丝与假根。孢囊梗小，3根丛生，近褐色，顶端膨大，形成暗绿色球形的孢子囊，内生许多球形、单胞、浅灰色的孢囊孢子。孢囊孢子最适萌发温度为26～29℃。接合孢子黑色，球形，表面有突起，最适生长温度为23～25℃。

发生规律

棉铃软腐病菌一般从伤口侵染或从棉铃壳裂缝处侵染，腐生为害，发病迅速，造成棉铃软腐，多在结铃后期发病。该病严重与否与8月至9月上旬的降雨有密切关系，降水量和雨日的多少是决定全年该病轻重的重要因素。棉铃软腐病发生最适温度为26～29℃，湿度85%以上持续时间长时，则该病可严重发生。

防治要点

参见“棉铃红腐病”。

症　状

棉铃软腐病病铃（简桂良提供）

病 原

棉铃软腐病病原菌形态（陈捷胤提供）（仿 Hillocks，1992；陈利锋和徐敬友，2009）

15. 棉铃曲霉病

分布与危害

棉铃曲霉病是腐生性烂铃真菌病害，在黄河流域、长江流域和西北内陆棉区均有分布，以黄河流域棉区和西北内陆棉区比较常见。

症状

病原菌侵染棉铃后，先在铃壳裂缝处产生黄褐色霉状物，以后变成黑褐色，将裂缝塞满，病铃不能开裂。

病原

棉铃曲霉病病原为曲霉属（*Aspergillus* spp.）真菌，其中黑曲霉（*A. niger* V Tiegh.）、黄曲霉（*A. flavus* Link）比较常见。黄曲霉菌落起初略带黄色，最终成为褐绿色。分生孢子梗直立，不分枝，顶端膨大成圆形和椭圆形，上面着生1 ~ 2层瓶状小梗，呈放射状分布。分生孢子成串产生于小梗上，单胞，粗糙，球形，直径3 ~ 5μm。

发生规律

棉铃曲霉病是次生性病害，病原菌在伤口或铃壳缝处腐生为害，发病迅速，多在结铃后期发病。棉铃曲霉病发病率的年际间差异较大，该病严重与否与8月至9月上旬的降雨有密切关系，降水量和雨日的多少是决定全年该病轻重的重要因素。棉铃曲霉病发病最适温度为26 ~ 33℃，湿度85%以上延续时间长时，尤其在8月中旬至9月中旬遇到台风等强降雨后，又接着高温高湿天气的年份，该病可严重发生。

防治要点

参见“棉铃红腐病”。

症　状

棉铃曲霉病病铃（①芦屹提供，②、③鹿秀云提供）

病　原

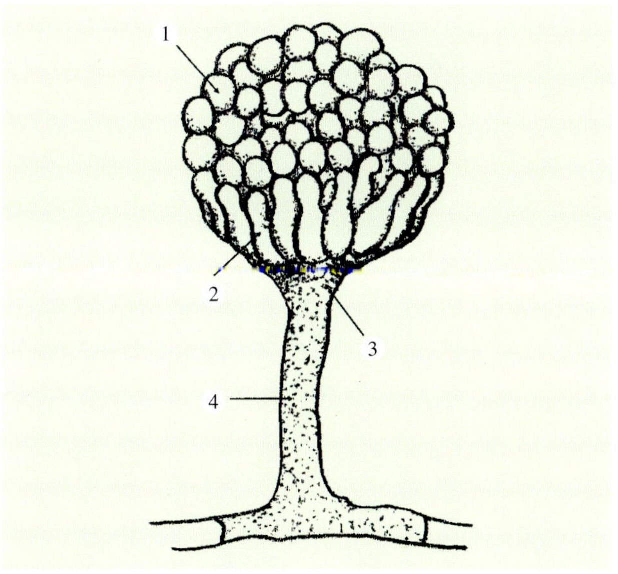

棉铃曲霉病病原菌形态（陈捷胤提供）（仿Hillocks，1992；陈利锋和徐敬友，2009）

①分生孢子　②瓶状小梗　③泡囊　④分生孢子梗

16. 棉铃角斑病

分布与危害

棉铃角斑病为真菌病害，分布于黄河流域、长江流域和西北内陆棉区，以西北内陆棉区比较常见，长江流域和黄河流域棉区少见。

症状

棉铃角斑病发病初期在铃柄附近出现油渍状绿色小点，逐渐扩大成圆形病斑，并变成黑色，中央部分下陷，有时几个病斑连成不规则形的大斑。棉铃角斑病为害幼铃，常导致幼铃腐烂脱落；成铃受害，一般只烂1～2室，但亦可诱发其他病害侵染而使整个棉铃腐烂。

病原

同“棉角斑病”。

发生规律

棉铃角斑病发病率在年际间差异较大，多在结铃后期发病。棉铃角斑病严重与否与8—9月的降雨有密切关系，降水量和雨日的多少是决定全年该病轻重的重要因素。该病发生最适温度为24～28℃，湿度85%以上持续时间长，则该病可严重发生。

防治要点

参见“棉铃红腐病”。

症　状

棉铃角斑病病铃（①简桂良提供，②李国英提供）

17. 棉花细菌性烂铃病

分布与危害

棉花细菌性烂铃病是棉花上的一种新病害。2006—2007年该病在新疆普遍发生，在某些品种上发病严重，平均发病率20.6%，平均造成减产10%～20%，严重影响棉花产量和质量。

症状

棉花细菌性烂铃病症状有两类，一类是发病初期棉铃表面无明显的症状或仅在铃缝上出现褐色条形水渍状病斑，棉铃内部种子和棉纤维变褐，呈水渍状，发病后期整个棉铃变软腐烂；另一类症状主要表现在棉花吐絮后，感病铃壳扭曲变形，吐絮不畅，呈僵瓣状，棉纤维部分或全部呈黄褐色，病棉铃比正常棉铃小，种子小或干瘪。

病原

棉花细菌性烂铃病由成团泛菌（*Pantoea agglomerans* Gavini）和菠萝泛菌（*P. ananatis* Corrig.）引起。病菌为弱寄生的致病菌，棉花不同品种间发病情况有明显的差别。单个菌体直杆状，有鞭毛，无荚膜，不产生芽孢，菌体往往15 ~ 28个聚集成团，革兰氏反应阴性，最适生长温度28℃。

发生规律

新疆棉区棉花细菌性烂铃病主要由牧草盲蝽［*Lygus pratensis*（L.）］和苜蓿盲蝽［*Adelphocoris lineolatus*（Goeze）］传播。幼铃更容易感染该病，老熟棉铃则较抗病；带菌牧草盲蝽的数量或其田间种群密度与棉花细菌性烂铃病的发生存在显著的正相关。棉田农事操作造成的机械伤等对病菌侵入有利。

防治要点

加强棉田盲蝽防治，减少棉花生长后期的机械损伤。化调结合农业措施塑造棉花理想株型，促进植株健康生长。

症　状

棉花细菌性烂铃病病铃（任毓忠提供）

①初期症状　②后期症状　③内部症状

第四节 其他叶、茎病害

18. 棉花轮纹叶斑病

分布与危害

棉花轮纹叶斑病又称棉花黑斑病，为真菌病害，在黄河流域、长江流域和西北内陆棉区均有分布，常年发生，前期为害可使棉花生长受阻，棉苗滞长，甚至引起死苗；后期为害则使铃重下降，成铃数降低。

症状

棉花轮纹叶斑病多发生在衰老的子叶和棉花生长后期的叶片上。被害子叶最初发生针头大小的红色斑点，逐渐扩展成黄褐色圆形至椭圆形病斑，边缘为紫红色，一般具有同心轮纹。发病严重时，子叶上出现大型褐色枯死斑块，造成枯死脱落。成株期叶片发病同心轮纹更明显，严重时整个叶片枯焦脱落。

病原

棉花轮纹叶斑病病原以大孢链格孢（*Alternaria macrospora* Zimm.）为主。病菌菌落墨绿色，菌丝致密；分生孢子倒棒形，基部圆，嘴胞短，有横隔3 ~ 13个，纵隔3 ~ 5个；顶嘴胞细长、透明、丝状。

发生规律

棉花轮纹叶斑病是一种气流传播病害，病菌分生孢子是主要侵染源，其萌发的适宜温度为10 ~ 35℃，侵染最适温度为27 ~ 30℃。相对湿度是孢子萌发和侵染的决定因素，高湿有利于棉花轮纹叶斑病的发生和传播。棉花轮纹叶斑病多在棉苗后期发生，为害衰老子叶和感染初生真叶。棉苗出土后，长期阴雨可诱发棉花轮纹叶斑病流行。

防治要点

生态调控：选用高质量棉种，适期播种。深耕冬灌，精细整地。雨后及时中耕，提高地温。

科学用药：喷施代森锌、多菌灵、克菌丹等化学药剂保护棉花叶片，预防棉花轮纹叶斑病。

症　状

棉花轮纹叶斑病严重发病田

（简桂良提供）

棉花轮纹叶斑病症状（①李恺球提供，②刘政提供，③、④鹿秀云提供，⑤李社增提供，⑥简桂良提供）

①苗期病叶　②～⑤成株期病叶　⑥发病后期叶片症状

病　原

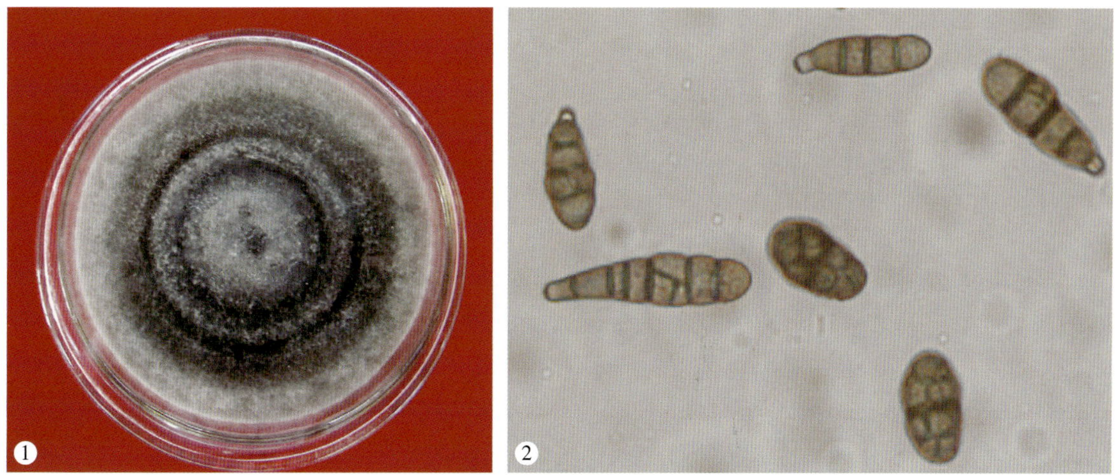

棉花轮纹叶斑病病原菌形态（简桂良提供）

①菌落培养特征　②分生孢子

19. 棉花茎枯病

分布与危害

棉花茎枯病为真菌病害，在我国分布比较广。棉花感病后，生理机能遭到干扰和破坏，生长受到影响，甚至导致棉株死亡，造成绝收。

症状

以为害棉花叶片为主，有时也为害茎秆、叶柄和蕾铃。成株期急性症状为害最重，初期叶片出现失水褪绿病状，随后变成开水烫过一样的灰绿色大型病斑，大多从接近叶尖和叶缘处开始，然后沿着主脉急剧扩展，1 ~ 2d内可遍及叶片甚至全叶变黑。严重时还会造成顶芽萎垂，病叶脱落成光秆；茎秆发病严重时病斑扩大，包围或环割发病部位，外皮纵裂，内部维管束外露；受害青铃铃壳上先出现黑褐色病斑，后病斑迅速扩大，使棉铃腐烂或开裂不全，铃壳和棉纤维上有时产生许多小黑粒。

病原

棉花茎枯病病原为棉壳二孢（*Ascochyta gossypii* Syd.）。病菌分生孢子器近球形，黄褐色，顶端有稍突起的圆形孔口。分生孢子卵形，无色，单胞或双胞。在马铃薯琼脂蔗糖培养基上，病菌不产生孢子，菌落橄榄色，菌丝衰老呈深褐色。

发生规律

种子、土壤及病残体上的菌体和孢子是茎枯病的初侵染源，并借风雨和蚜虫传播。相对湿度在90%以上持续4 ~ 5d，日平均气温20 ~ 25℃，可引起茎枯病大流行。大风、暴雨造成棉株枝叶损伤以及蚜虫为害的伤口均可使茎枯病发生加重。

症　状

棉花茎枯病发病植株（鹿秀云提供）

防治要点

生态调控：与稻、麦等禾谷类作物轮作换茬。清洁棉田，秋冬深耕。全程化控塑造合理株型。

科学用药：在气候条件适合茎枯病发生的时期，关注天气变化，抢在雨前喷施百菌清、代森锌、多菌灵等保护棉株并注意防治蚜虫。

病 原

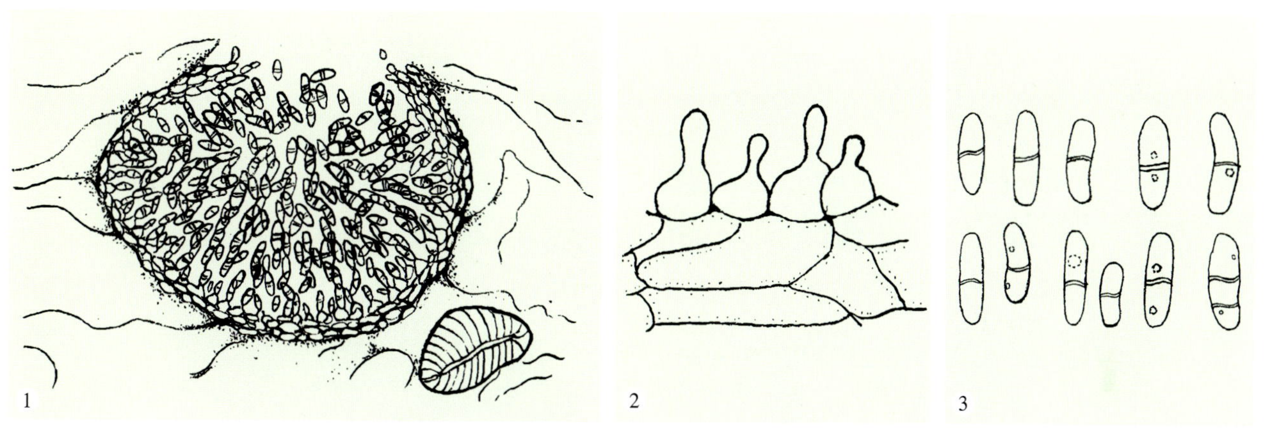

棉花茎枯病病原菌形态（陈捷胤提供）（仿 Hillocks，1992；陈利锋和徐敬友，2009）

①分生孢子器 ②产孢细胞 ③分生孢子

20. 棉花角斑病

分布与危害

棉花角斑病是棉花苗期和成株期均可发生的一种细菌性病害，在黄河流域、长江流域和西北内陆棉区均有发生，尤其在西北内陆棉区的海岛棉上比较常见，其他棉区的陆地棉上比较少见。棉花角斑病不仅侵害棉苗，也侵害成株的茎、叶及发育中的棉铃。

症状

棉花角斑病以为害棉花叶片和棉铃为主，有时也为害叶柄、茎秆和铃柄。发病初期在子叶背面出现水渍状透明斑点，逐渐转成黑色，严重时子叶枯落。如遇多雨天气，病菌可自叶柄侵入幼茎，形成黑绿色油浸状长形条斑，严重时幼茎中部变细，棉株折断死亡。

病原

棉花角斑病病原为地毯草黄单胞菌锦葵变种［*Xanthomonas axonopodis* pv. *malvacearum*（Smith）Vauterin，Hoste，Kersiers et al.］。病菌菌落圆形，淡黄色，有光泽，边缘整齐，革兰氏阴性，菌体短杆状，两端钝圆，大小为（1.2～2.4）μm×（0.4～0.6）μm，极生单鞭毛，常成对聚成短链状。

发生规律

以棉籽短绒带菌为主，土壤中的病残体也可带菌。棉花角斑病发生与流行的决定因素是品种抗病性和环境条件。陆地棉品种大部分对该病抗性比较好。棉花成株期如遇低温多雨，尤其是遇台风、暴风雨天气，致使棉株叶片或茎秆出现大量伤口，随后又有低温高湿天气的气象条件，则该病易流行。

防治要点

生态调控：选用抗（耐）病丰产良种。采用深耕冬灌、精细整地等农业措施。

科学用药：生长期合理喷施化学药剂预防棉花角斑病。

症　状

棉花角斑病病叶（①朱荷琴提供，②李国英提供，③、④简桂良提供）

21.棉花曲叶病

分布与危害

棉花曲叶病是棉花的一种毁灭性病毒病害，在巴基斯坦、印度、苏丹、埃及、南非等国家均有发生，我国于2009年和2013年分别在广西和广东观察到该病。

症状

病株叶片边缘向上或向下卷缩，叶脉膨大、增厚、暗化，叶脉表面突起并发展成杯状叶耳，植株矮化。感病植株一般只有健株高度的40%～60%，棉纤维低产。

病原

棉花曲叶病由木尔坦棉曲叶病毒（*Cotton leaf curl Multan virus*，CLCuMuV）等双生病毒引起。病毒基因组仅含有A组分（DNA-A），为单链环状，大小约为2.7kb，病毒链上编码衣壳蛋白（CP）、移动蛋白（MP），互补链上编码复制相关蛋白（Rep）、转录激活蛋白（TrAP）和复制增强蛋白（REn）。伴随的β卫星分子大小为1.3～1.4kb，单链环状，其互补链上有一个开放阅读框（ORF），编码βC1蛋白。

发生规律

棉花曲叶病最先是由烟粉虱或棉花苗带毒传到大田，形成一个或多个发病中心；烟粉虱是棉花曲叶病的唯一传播介体，病毒通过烟粉虱从发病中心向四周扩散，在大田病株与健株间辗转侵染为害。棉花曲叶病的危害程度与烟粉虱种群密度密切相关，还与棉花品种抗性相关。棉花曲叶病毒寄主范围相对较窄，除侵染棉花外，还侵染朱槿、黄秋葵、红麻、垂花悬铃木等4种锦葵科植物。

防治要点

生态调控：选育和种植抗病毒品种。防控传毒介体烟粉虱。与非寄主植物轮作。消除病毒中间寄主和带毒寄主植物。

症 状

棉花曲叶病发病植株（何自福提供）

棉花曲叶病病株的杯状叶耳（何自福提供）

II

非侵染性病害

第五节　生理性病害

22. 早衰

分布与危害

棉花早衰是一类非侵染性病害，包括生理性早衰、一些病虫害侵害诱发的早衰、肥水管理失调导致的早衰等。棉花早衰的发生和危害已遍及黄河流域、长江流域和西北内陆棉区，在黄河流域和长江流域棉区发生普遍而严重，易早衰棉花品种早衰发生率达到100%，一般造成减产15%～20%，严重的减产达50%以上。

症状

早衰以为害棉叶片为主，连片发生或全田发生。在棉花进入花铃期后，叶片叶肉自下而上均匀地黄化失绿，叶功能丧失，后期叶焦枯，有铃无叶，光秆无秋桃，植株矮小，提前衰老、枯萎，蕾、铃脱落严重，僵瓣、干铃增加，果枝果节少，封顶早，生长无后劲，上部空果枝多，提前吐絮，棉品质下降。茎秆和叶柄维管束不变色。

发生原因

早衰是一类非侵染性病害，没有病原，但一些病虫害侵染对其有诱发作用，如黄萎病、黑斑病、轮纹叶斑病侵染均会促发和加重早衰。

发生规律

高温、低温及高低温交替易引发早衰。过高的温度影响棉花授粉受精，对坐伏桃不利，相当一部分坐桃较多的棉田都在此段时间落叶垮秆，造成早衰；连续低温导致棉花叶片发红发紫，随后枯萎脱落，不能进行正常光合作用，从而影响植株正常生长发育，形成大面积早衰；温度急剧变化导致早衰大面积发生，表现为叶片变黑焦枯、脱落，棉株死亡。

预防及补救措施

预防措施：种植抗衰品种。平衡施肥，施足底肥，增施有机肥，重施花铃肥，补施钾肥。全程化控培育理想株型。及时回收残膜，促进棉根正常生长，减轻早衰发生。

补救措施：及时喷施适量叶面肥能有效缓解早衰发生。

症　状

棉花早衰严重发病田（①王树林提供，②鹿秀云提供）

正常棉田（左）与早衰棉田（右）（鹿秀云提供）

棉花早衰病叶
（鹿秀云提供）

棉花早衰病株（鹿秀云提供）

棉花早衰田间症状（鹿秀云提供）

第六节 缺 素

23. 缺氮

发生原因

氮素是棉花生长不可缺少的主要营养成分，氮素供应不足时，蛋白质、核酸、叶绿素等的合成受阻，进而影响棉花的生长发育和器官形成。土壤中可供态氮素（有效氮）的丰缺程度是诊断棉田土壤氮素水平的主要指标。棉株缺氮的原因有5点：①土壤瘠薄，有机质贫乏，供氮能力低。②土壤理化性状不良，土温低，有机质分解缓慢。③施用的基肥（包括有机肥）和追施的氮素化肥量偏少。④施用的有机肥碳氮比过高，致使土壤出现暂时性缺氮。⑤氮肥施用方法不当，利用率低。

症状

棉花苗期缺氮表现为叶片小，植株生长缓慢而矮小，叶色变化过程为淡绿—黄色—暗绿，红茎比例大于50%，根系入土浅。现蕾期缺氮棉株叶片均匀失绿，褪色从老叶开始，逐渐向中、上部叶片扩展。下部叶片黄红色，中脉淡黄，中部叶片黄绿色，上部新叶淡绿，叶柄和基部茎秆呈暗红或红色，红茎比例大，幼蕾脱落多。盛蕾期缺氮棉株瘦小，顶心上窜，叶片较小且叶色淡绿。盛花期缺氮棉株生长势弱，棉田群体小，大行不封垄，漏光带明显。

预防及补救措施

预防措施：重施基肥，种植绿肥，增施有机肥，提高土壤供肥水平。秸秆还田时配施一定量的有效性氮肥。合理轮作，深翻耕，勤中耕。推广测土配方施肥技术，实现氮、磷、钾和微肥科学搭配。氮肥深施及施后立刻覆土，提高氮肥利用率。

补救措施：出现缺氮症状时，应及时喷施叶面氮肥。

症 状

不同施氮水平下棉花叶片表现（陈兵林提供）

从左至右分别为施氮量0、75、150、300 kg/hm²

低氮条件下出苗后60d的棉花叶片（孙红春提供）

低氮条件下出苗后70d的棉花叶片（孙红春提供）

低氮条件下出苗后80d的棉花叶片（孙红春提供）

低氮条件下出苗后90d的棉花叶片（孙红春提供）

棉花生长期缺氮状（①孙红春提供，②～④王树林提供）
①缺氮株（左）与正常株（右）对比 ②、③中期缺氮状 ④后期缺氮状（右）

24. 缺钾

发生原因

钾是植物生长必需的三大元素之一，棉花是喜钾作物。缺钾可引起棉花中后期早衰。棉花植株缺钾的原因有4点：①土壤供钾不足或土壤钾素的有效性差。②农田耕作层浅，土壤板结；长期干旱或渍水，影响根系对钾元素的吸收。③偏施氮肥，钾肥及有机肥施用少，导致棉株体内氮钾比例失调，诱发缺钾。④前茬作物耗钾量大，土壤有效钾严重亏缺而未能及时补充钾肥。

症状

棉花蕾期缺钾，棉株生长显著延迟，茎秆柔弱，叶片细小，叶缘向上或向下卷，根系不发达，侧根少、短，白根量少。花铃期缺钾，棉株中、下部叶片从叶尖、叶缘开始叶肉变白、变黄至变褐（焦边），叶缘下卷，叶脉不黄，脉间组织褪绿，出现黄白色斑块，对光透视可见许多褐色小斑点。发展严重时，全叶呈褐色、红色、橘红色坏死，叶片全部脱落，通常称为红叶茎枯病。棉铃瘦小，吐絮不畅。缺钾症状一般从中、下部老叶开始，自下向上发展。

预防及补救措施

预防措施：冬季翻耕晒土，促进土壤中钾的风化，增加速效钾含量。在缺钾的土壤中增施钾肥，加大基肥中钾的比例，现蕾—结铃期增加钾肥的追施量。

补救措施：出现缺钾症状时，及时喷施叶面钾肥。

症 状

棉花植株缺钾状（王树林提供）

缺钾棉田（左）与正常棉田（右）对比（王树林提供）

25. 缺磷

发生原因

磷是棉花所需要的大量元素之一。缺磷对棉花的生长发育和产量、品质都有明显影响。土壤有效磷的水平是土壤磷素供应的主要指标。在多数情况下，当土壤有效磷（P_2O_5）< 10 mg/kg时为缺乏。造成棉花植株缺磷的原因有4点：①有机质贫乏、熟化程度低的土壤，有效磷含量低，供磷能力弱。②氮肥用量

过大，而磷肥用量偏少致使氮磷比例失调，诱发缺磷。③土壤理化性状不良，土温过低，棉株根系活力弱，吸收磷素少。④磷肥的施用方法不当，致使利用率低。

症状

由于磷素供应不足，导致棉株细胞发育不良，棉株生长缓慢，矮小、苍老，茎秆细而脆弱，叶片小，根系发育差且易老化，现蕾、开花延迟。叶色暗绿带黄，缺乏光泽，严重时叶片和茎秆均呈紫红色。症状一般从老叶开始逐渐向上发展。子叶期，当100片子叶干重为4.3g左右，子叶纵长为3.1cm，横宽为5.6cm左右时，可诊断为棉苗早期缺磷。

预防及补救措施

预防措施：重施基肥，增施有机肥，提高土壤的供磷水平。合理轮作，深翻耕，勤中耕，增强棉株根系的吸收能力。应用平衡施肥技术，合理搭配施用氮、磷、钾肥和微肥，但应注意磷肥不可与锌肥混施。

补救措施：发现棉株缺磷症状，及时喷施叶面磷肥。

症 状

棉花植株缺磷状（红框示缺磷植株）（孙红春提供）

26. 缺硼

发生原因

棉株缺硼原因有：①土壤硼素供应不足或有效性差。如耕层浅、质地粗、有机质贫乏的砂砾质土壤、石灰质土壤等易缺硼。②少雨、干旱的棉区，土壤中硼的移动性小，根系吸收受阻，棉株易缺硼。③偏施氮肥或有机肥施用不足，会加剧缺硼。④棉花是需硼较多的作物，长期连作带走过多的硼素而又未能有效地补充也会造成缺硼。

症状

棉花苗期缺硼，顶部幼嫩组织先发病，顶芽受损，腋芽大量发生形成多头棉，果枝短而果节多；新叶一般较小，边缘及主脉失绿，叶片上卷呈杯状；下部叶片大而肥厚，且脆，色泽暗绿无光泽，叶脉突出，叶面皱缩，凹凸不平，向下弯曲。棉花蕾期缺硼，现蕾少而小且易脱落或苞叶张开，蕾而不花。棉花花铃期缺硼，花小，花冠短，花药空瘪，花瓣不能完全张开，开花后几天内即自行脱落；铃少铃小，发育缓慢，铃顶端较尖，呈钩状；侧根少，总根量少，根色变褐。叶柄增粗并出现数量不等的暗绿色环带是潜在性缺硼的典型症状。

预防及补救措施

预防措施：土壤缺硼时，结合秋季施肥施入硼砂，施用时将硼砂与有机肥充分混合。未用硼肥作基肥的棉田，可在生长期喷施硼肥，滴灌棉田可随水滴施硼肥。发生潜在性缺硼时，分别于蕾期、初花期、盛花期叶面喷施硼肥各1次。

补救措施：发现缺硼症状，及时叶面喷施硼肥。

症　状

缺硼棉株叶柄增粗并出现数量不等的暗绿色环带（刘兴利提供）

27. 缺锌

发生原因

棉株缺锌原因有：①土壤锌含量不足或有效性差。②连年单施无机肥，土壤锌得不到补充。③过量施用磷肥（或磷肥与锌肥混合施用），降低了锌的有效性和棉株对锌的吸收。

症状

缺锌棉花植株表现矮小，主茎节间短，现蕾节位高，蕾少，叶片小，叶色淡黄，此后叶脉间失绿变为黄色，叶脉两侧出现坏死褐色斑点，并可发展到整个叶片，叶片增厚、变脆，叶缘上卷呈瓢形，俗称“瓢形叶”。一般下部老叶先发病。

预防及补救措施

预防措施：对于土壤缺锌的棉田应增施锌肥，将锌肥与有机肥拌匀作基肥，于冬耕前均匀撒于地表，深翻入土。

补救措施：苗期或蕾期发现缺锌症状，可叶面喷施锌肥；滴灌棉田可于蕾期随水滴施锌肥。

症　状

缺锌棉花植株叶缘上卷形成“瓢形叶”（陈冠文提供）

缺锌棉花植株（陈冠文提供）

第七节　环境伤害

28. 干旱

发生原因

通常将农作物生长期内因缺水而影响正常生长称为受旱，受旱减产三成以上称为旱灾。旱灾的形成主要取决于气候，通常将年降水量少于250mm的地区称为干旱地区，年降水量为250 ～ 500mm的地区称为半干旱地区。这些地区常年降水量稀少而且蒸发量大，常常会造成干旱，甚至形成旱灾。棉花虽然耐旱，但在我国西北内陆棉区和华北地下水漏斗区，干旱年份也经常受旱成灾。

症状

干旱棉田死苗率增多，受旱棉株侧根数量少且弱小，浅层根系少。植株生长瘦弱矮小，叶色发黄，生长发育延缓，蕾铃脱落多，单株成铃率降低。棉田养分失衡，易脱肥早衰。

预防及补救措施

预防措施：秋耕冬灌的基础上适当增加春灌，增加土壤底墒，底墒不足水源短缺的棉区应利用雪水或雨水及时抗旱播种，并实行宽膜覆盖、中耕蓄水等措施进行补水，增强棉株抗旱能力。推广滴灌等节水精准灌溉技术。旱地棉田增施深施底肥，以肥调水，提高根系从深层摄取和转运水分和养分的能力。

补救措施：干旱发生时，及时浇水缓解旱情。

 症　状

干旱棉田棉花生长状况（刘政提供）

干旱条件下棉花生长状况（鹿秀云提供）

29.洪涝

发生原因

在黄河流域棉区和长江流域棉区，受台风带来的强降雨和大风影响，以及长江流域棉区受梅雨季节影响，降水量大而集中，这种超大的降水量和长时间的阴雨天气致使棉田长时间处于受涝、受渍的状态，严重影响棉花出苗和生长，给棉花生产带来巨大损失。

症状

棉花出苗前受涝害，导致延迟出苗，棉苗瘦弱甚至不能出苗。棉花苗期受涝害，棉苗生长缓慢，极易发生棉苗病害，导致棉苗死亡，造成缺苗断垄。棉花蕾铃期受涝害，棉株严重发育不良，轻者株型矮小、叶片小而发黄、蕾铃大量脱落、病虫害严重，重者棉株死亡溃烂。

预防及补救措施

预防措施：加强高标准农田建设，提高棉田平整度，完善排灌设施，提高棉花生产抗涝减害能力。

补救措施：涝灾后及时排水，清除地膜，补施肥料；适时化控，防止棉花植株二次生长。涝害造成缺苗断垄或每行连续缺株2株以上的株间补种玉米、大豆等其他作物，以减少棉农损失。

症　状

洪涝造成棉田不能出苗（赵鸣提供）

洪涝造成棉田死苗（赵鸣提供）

洪涝造成棉田严重缺苗断垄（赵鸣提供）

洪涝造成棉株长势缓慢（赵鸣提供）

洪涝造成棉田积水（①耿亭提供，②鹿秀云提供）

洪涝造成棉株早衰（鹿秀云提供）

洪涝造成棉株死亡（刘兴利提供）

洪涝造成棉花绝收（耿亭提供）

30. 盐碱胁迫

发生原因

盐碱土壤在我国黄河流域棉区、长江流域棉区和西北内陆棉区均有分布，尤以西北内陆棉区分布广泛。土壤中盐分含量过高时，由于过量的Na^{+}、Cl^{-}和Ca^{2+}渗入植物细胞内，导致离子胁迫，破坏原有的离子平衡，同时由于土壤溶液的渗透压增大，导致细胞失水，造成植物呼吸受阻、营养亏缺、光合作用下降，从而在田间产生缺苗断垄或成片死苗现象，对棉花生产影响很大。

症状

出苗时棉田出现椭圆形或不规则形的缺苗地段或地块，出苗较正常棉田晚，棉苗矮小、长势弱，叶片暗绿无光泽。盐碱重的地段，棉花叶片出现褐色枯斑，地表有白色粉状物覆盖。生长期低洼且盐碱较重地段的棉株易出现急性萎蔫枯死现象。

预防及补救措施

预防措施：通过建设完善的棉田排灌系统、平整土地、增施有机肥等措施改良盐碱害土壤。在最适期播种，有条件的棉区应尽量采用干播湿出，保证播后7d左右出苗。

补救措施：加强苗期中耕，减缓表层土壤的积盐速度。棉花生长期，可采用少量多次的滴灌方式及时灌水降低土壤中盐碱浓度，促进棉花根系生长。

症 状

盐碱胁迫下土壤黏重造成棉花出苗困难（高志建提供）

盐碱胁迫造成棉田缺苗断垄（高志建提供）

盐碱胁迫造成棉田僵苗不长（高志建提供）

盐碱胁迫造成棉田缺苗断垄以及僵苗不长（李青军提供）

盐碱胁迫造成棉田不规则形缺苗地段（李青军提供）

受盐碱胁迫的棉田典型症状（鹿秀云提供）

受盐碱胁迫的棉花生长状况（李青军提供）

受盐碱胁迫的棉花生长状况（李青军提供）

31. 低温冻害

发生原因

低温冻害是主要气象灾害之一，是指农作物在生育期间，遭受低于其生长发育所需的环境温度，引起生育期延迟，或使其生殖器官的生理机能受到损害，导致减产。我国主产棉区经常因春、秋季气温不稳定，低温时段长，降水偏多，导致棉花苗期（4月中旬至5月中旬）和吐絮期（9—10月）遭低温冻害，对棉花保苗率、苗期生长发育、正常成熟和吐絮造成一定影响。

症状

棉花播种以后遭受低温冻害会造成烂种、烂芽或烂根现象；棉花苗期遭受低温冻害，叶片萎蔫发红，植株生长缓慢；棉花吐絮期遇到低温冻害，棉花器官发育不健全，结实率低，吐絮不畅，棉种成熟度不够。

预防及补救措施

预防措施：选择早熟、丰产和抗逆性强的品种。采用双膜覆盖播种方式。

补救措施：对遭受冻害的棉田，应抓好水肥管理、适时中耕。加强生长后期低温冻害的防御，喷施乙烯利等，促进棉铃加快成熟，完全吐絮。

症 状

棉花苗期低温冻害田（刘政提供）

遭受低温冻害的棉苗（鹿秀云提供）

32. 风害

发生原因

风害是新疆棉田的主要气象灾害之一。新疆多山环绕，当冷空气入侵经过山口、河谷及近山口的戈壁时，由于狭管效应和翻山后下滑加速作用等原因，产生大风，大风的平均风力达6级或以上，瞬时风力达8级或以上时，在风力作用下，棉株枝叶折断，造成伤口，诱发病害，或地膜被撕裂甚至掀起，导致棉株受冻失水而影响正常生长。

症状

风害为害棉田多发生在春、夏季，以春季为主。风害会影响棉花播种进度和播种质量，已播种的棉田地膜被撕裂或整幅被掀起，造成出土棉叶片损伤、失水、萎缩，棉秆无叶、干枯死亡，导致棉田缺苗断垄、大幅减产甚至绝收；还可能吹毁地膜、滴灌带等棉田设施。同时，风害均伴随着较长时间低温，导致烂种、死苗、僵苗不发等。

预防及补救措施

预防措施：播种时压土带防风。

补救措施：人工压膜，受灾较轻且地膜损坏不大的棉田，及时人工还原压实地膜。查苗补种，灾后立刻检查棉田受损情况，及时补种原品种或早熟品种。水肥管理，风灾后棉株不同程度受损，吸水吸肥能力下降，应按照适量多次的原则滴水施肥。

症 状

风害过后棉田地膜被掀起状（①王振堂提供，②刘政提供）

风害造成棉株倒伏
（刘兴利提供）

33. 雹害

发生原因

冰雹灾害是一种地域性强、季节性明显、来势凶猛、持续时间短的气象灾害，冰雹袭击棉株并伴有大风、短时强降雨，损伤棉株，诱发病害，造成棉花减产或绝收，从而带来较重的经济损失。

症状

根据棉花雹害受害程度，一般将其分为3个等级。1级为有顶部生长点，留有部分残损叶片，简称有头有叶；2级为顶部生长点已折断，但留有部分残损叶片，简称无头有叶；3级为顶部生长点已折断，整株无叶片，简称无头无叶。棉株生长点和叶片受损越少，受害级别越低，棉花恢复生长的可能性越大。

预防及补救措施

预防措施：在雹害常发季节，关注天气预测预报，依靠当地气象部门采用高炮作业、火箭发射等人工影响天气的手段来抑制冰雹对棉花的危害。

补救措施：雹害发生后及时排水，中耕培土，促使根系恢复正常生长。科学追施速效肥。受灾严重棉田，尽早复播早熟玉米、早熟西瓜以及短季叶菜类等。

症　状

棉田遭受严重雹害后棉株断头断枝（①、③刘兴利提供，②、④任景河提供）

直播棉田遭受轻度雹害后棉株枝叶破损（刘兴利提供）

直播棉田遭受中度雹害后棉株断头或断枝（耿亭提供）

第八节 除草剂药害

化学除草是目前最高效、使用最广泛的杂草防治技术，然而生产中常因除草剂使用不当使棉花产生药害甚至绝收。产生药害的主要原因包括不合理混合用药、过量用药、药液飘移、用错药、未清洗喷药器械、天气因素等。除草剂药害症状根据作用机理及施药方式不同而呈现多样性，经常与病害、肥害、缺素等症状相混淆而不易区分。

一、常见茎叶处理除草剂药害

前期土壤封闭除草效果不好的棉田可在棉花3 ～ 5叶期进行茎叶喷雾除草，但常因药液飘移、误用、残留以及防护不当等使棉株产生药害；棉田周围其他作物田进行茎叶喷雾防治杂草时，由于棉花对所用除草剂敏感也会导致药害。

常见茎叶处理除草剂药害症状及原因

作用机制	除草剂名称	药害症状		药害原因
		叶片症状	其他症状	
合成激素类	2,4-滴	子叶下垂皱缩；叶片变窄、背向翻卷，扭曲呈鸡爪状	顶芽坏死，幼蕾开裂	飘移、未清洗喷药器械
	2甲4氯	叶片皱缩增厚，幼叶向上卷曲呈杯状，叶色变浅，苞叶变红；幼芽坏死	棉铃脱落	飘移、未清洗喷药器械
EPSP合成酶抑制剂	草甘膦	中上部叶片萎蔫下垂，干枯	呈丛生状多头棉，根系黑褐色，须根少或无	防护不当，飘移
原卟啉氧化酶抑制剂	乳氟禾草灵	叶片灼伤	生长缓慢	误用或飘移
羟基苯基丙酮酸酯双氧化酶抑制剂	烟嘧磺隆	叶片失绿黄化	生长缓慢，棉株矮小	残留、飘移药害
	硝磺草酮	叶片失绿黄化、发白	生长缓慢，棉株矮小	残留、飘移药害
乙酰乳酸合成酶抑制剂	苯磺隆	新叶发黄、畸形	生长缓慢，根系弱小，棉株矮小	残留药害
	氯吡嘧磺隆	新叶发黄、畸形	生长缓慢，根系弱小，棉株矮小	残留药害
	嘧草硫醚	新叶发黄、畸形	生长缓慢，棉株矮小	用药量过大

34.2,4-滴药害

发生原因

2,4-滴为苯氧羧酸类除草剂，主要防除小麦和玉米田阔叶杂草，生产上因为2,4-滴飘移对棉花造成药害的事故经常发生，是棉花最常见的药害之一。棉花对于2,4-滴极其敏感，生产中常因为使用了喷过2,4-滴的喷雾器械、飘移以及使用了被2,4-滴污染的水源而造成棉花药害。

症状

棉花幼苗期接触2,4-滴产生药害，子叶下垂、皱缩，叶片背向翻卷，严重时叶背变红，顶芽坏死。棉花现蕾期受飘移药害，棉株叶片变小、变窄，叶脉扭曲畸形，叶片常常呈鸡爪状并翻卷，叶片上有黄绿相间的条纹。药害严重时会引起棉铃脱落，幼蕾顶部开裂，呈开花状，幼铃变形。

预防及补救措施

预防措施：严禁使用喷过2,4-滴的喷雾器械；棉田相邻的作物田使用含2,4-滴成分的除草剂时，选择无风天气，避免药液飘移到棉花上；装过2,4-滴类除草剂的药瓶不可随意丢弃，更不能扔入水中污染水源。

补救措施：发生2,4-滴药害后，可将受害叶片或枝条摘除，配合喷施赤霉酸进行缓解，喷完后立即灌水，药害轻的棉田喷施2次可缓解药害。

症　状

2,4-滴引起棉株叶片皱缩（①、②路征提供，③刘莉提供）

2,4-滴引起棉株叶片变窄并背向翻卷（鹿秀云提供）

2,4-滴引起棉株叶片鸡爪状并扭曲（①、②张建萍提供，③徐永伟提供，④路征提供）

2,4-滴引起棉株叶片鸡爪状并扭曲（①李保俊提供，②路征提供）

2,4-滴引起棉苗叶片皱缩（①沈建知提供，②卡德尔提供）

2,4-滴引起棉株叶片鸡爪状及顶芽坏死（杨俊杰提供）

大田棉株2,4-滴药害症状（路征提供）

大田棉株2,4-滴飘移药害症状（①张建萍提供，②沈建知提供）

35.2甲4氯药害

发生原因

2甲4氯为苯氧羧酸类除草剂，主要防治小麦、玉米、水稻等作物田阔叶杂草和莎草。棉花对2甲4氯极为敏感，使用喷过2甲4氯的喷雾器械、飘移、残留以及使用被2甲4氯污染的水源等都会造成棉花药害。

症状

棉花受2甲4氯药害后，嫩茎和叶柄弯曲，叶片变小，叶色变浅，叶质变脆，叶脉突出，叶片皱缩增厚，并变窄呈带状，幼叶叶缘上卷呈杯状，苞叶变红，棉铃大量脱落，茎下部与根形成瘤节。幼芽凋萎，组织坏死。

症 状

2甲4氯引起棉株叶片皱缩且叶脉突出（鲜君花提供）

2甲4氯引起棉株叶片皱缩且变窄呈带状（鲜君花提供）

预防及补救措施

预防措施：严禁使用喷过2甲4氯的喷雾器械；棉田周围作物田使用含2甲4氯的除草剂时，应注意选择无风天气，防止产生飘移药害。

补救措施：若发生2甲4氯药害，可喷施赤霉酸进行缓解，喷完后立即灌水，药害轻的棉田喷施2次可缓解药害。

36.草甘膦药害

发生原因

草甘膦为有机磷类内吸传导性除草剂，为棉田免耕栽前和行间茎叶处理剂，施药时需定向保护性喷雾，用于防治一年生禾本科杂草和阔叶杂草。草甘膦药害主要是在除草过程中操作不当或风速较大而使药液飘移至棉花叶片与幼茎上而产生；或由于施药时土壤墒情大，或施药后出现降雨，药液渗透至根部，通过根系吸收输导而产生药害。

症状

草甘膦药害表现为棉株矮小，顶芽停滞生长，倒数1～3叶褪绿变黄（飘移型药害叶片上常有黄白色斑点），叶小皱缩，叶腋中有小枝条萌发，呈丛生状多头棉。节间短，叶柄粗而长，根系不发达，呈黑褐色，须根少或无，药害较重时不结桃，甚至药后棉株枯死。棉花顶尖及中、上部叶片萎蔫、下垂，部分下部叶片有浸湿状斑，上部叶片背面失绿，后期叶片发红，部分叶片干枯，植株矮小，造成生长停滞，推迟生育期。

预防及补救措施

预防措施：棉花蕾期对草甘膦反应敏感，喷施草甘膦时喷头需要加保护罩进行定向喷雾，避免药液飘移到棉株叶片上产生药害；土壤含水量过大时不能喷施草甘膦。棉花免耕移栽前用草甘膦除草时，需药后1周以上才能移栽棉苗，多雨季节不宜使用草甘膦进行行间除草。

补救措施：棉花受草甘膦药害后，需尽快采取补救措施，可采用浑浊水冲洗，然后喷施芸薹素内酯，促进棉株生长。

症 状

草甘膦引起棉花叶片褪绿并干枯（杨俊杰提供）

草甘膦引起棉花植株矮小（杨俊杰提供）

37. 乳氟禾草灵药害

发生原因

乳氟禾草灵为二苯醚类触杀型选择性苗后茎叶处理剂，用于防治大豆和花生田阔叶杂草，生产中因为误用、用量大，或因为棉花与大豆套种时喷施乳氟禾草灵而造成棉花药害。

症状

乳氟禾草灵药害症状表现为棉花叶片产生接触性灼斑，失绿，严重时药斑连片，叶片皱缩，甚至干枯而死。

预防及补救措施

预防措施：棉田不使用乳氟禾草灵，棉田周围作物使用乳氟禾草灵时应避免在大风天气施药，防止药液飘移到棉株上。

补救措施：出现药害后可采用芸薹素内酯、赤霉酸、吲哚乙酸、氨基寡糖素等茎叶喷雾，提高棉苗抗逆性。

症 状

乳氟禾草灵引起棉株叶片接触性灼斑

（袁立兵提供）

38. 烟嘧磺隆药害

发生原因

烟嘧磺隆为磺酰脲类除草剂，用于防治玉米田一年生禾本科杂草和部分阔叶杂草，土壤残留或飘移可引起棉株药害。

症状

棉花受到药害后表现为叶片失绿、黄化，顶芽褪绿转黄，棉花生长缓慢，棉株矮小。

预防及补救措施

预防措施：棉花前茬为玉米时一定要严格按照推荐剂量使用烟嘧磺隆，不可随意加大用量；用过烟嘧磺隆的地块需间隔12个月以上才能种植棉花。

补救措施：棉花受药害后及时浇水施肥，促进根系生长；或叶面喷施磷酸二氢钾和芸薹素内酯，促进棉花生长，缓解药害。

症 状

烟嘧磺隆引起棉花叶片黄化（鲜君花提供）

烟嘧磺隆引起棉花顶芽黄化（张新民提供）

39. 硝磺草酮药害

发生原因

硝磺草酮为三酮类除草剂，用于玉米田防除阔叶杂草和部分禾本科杂草。土壤残留量超标或种植棉花时使用了被硝磺草酮污染的水均可导致棉花药害。

症状

棉花受到硝磺草酮药害后叶片失绿发白，棉株生长缓慢，严重者整株枯死。

预防及补救措施

预防措施：玉米田应严格按照推荐剂量使用硝磺草酮，不可随意加大药量；使用过硝磺草酮的田块后茬避免种植棉花。

补救措施：发生药害后可使用萘二甲酸酐+芸薹素内酯灌根处理，加以缓解。

症 状

硝磺草酮引起棉花叶片失绿、植株生长缓慢（王建峰提供）

硝磺草酮引起棉花叶片发白（王建峰提供）

硝磺草酮引起棉花植株枯死（高永健提供）

40. 苯磺隆药害

发生原因

苯磺隆为磺酰脲类除草剂，主要用于防治小麦田阔叶杂草，在黄淮海棉区有冬小麦—棉花套种的栽培模式，小麦返青后如施用苯磺隆防治麦田阔叶杂草，由于苯磺隆在土壤中残效期较长，在用药过晚、用量较大且棉花播种较早的情况下，容易产生残留药害。

症状

棉花受到苯磺隆药害后新叶发黄、畸形，生长缓慢，根系弱小，棉株矮小，发生严重的会导致棉花缓慢死亡。

预防及补救措施

预防措施：麦套棉栽培模式在进行小麦田阔叶杂草防除时应尽早用药，棉花种植不要过早，应留一定的安全间隔期，防止因残效导致的药害发生；或选用氯氟吡氧乙酸、2甲4氯进行麦田阔叶杂草的防除。

补救措施：苯磺隆药害较为缓慢，但不易缓解。药害发生早期喷施芸薹素内酯或磷酸二氢钾可进行部分缓解。

症 状

苯磺隆棉花药害症状（雷勇刚提供）

41.氯吡嘧磺隆药害

发生原因

氯吡嘧磺隆为磺酰脲类长残效除草剂，用于防治小麦、玉米、水稻等作物田阔叶杂草及莎草科杂草，麦套棉栽培模式下，小麦田施用氯吡嘧磺隆过晚或棉花移栽过早，容易产生残留药害。

症状

棉花受到氯吡嘧磺隆药害后新叶失绿发黄，生长停滞，根部坏死。

预防及补救措施

预防措施：麦套棉栽培模式下防治小麦田阔叶杂草应尽早用药，棉花种植不要过早，施用氯吡嘧磺隆后需要间隔4个月移栽棉花，防止发生药害。

补救措施：发生药害后可喷施芸薹素内酯或赤霉酸等进行缓解。

症　状

氯吡嘧磺隆药害引起棉花叶片失绿发黄（袁立兵提供）

42. 嘧草硫醚药害

发生原因

嘧草硫醚为一种嘧啶水杨酸类新型除草剂，可于棉花苗前或苗后使用，用于防治大多数阔叶杂草和部分单子叶杂草。推荐剂量下对棉花安全，用量过大会造成棉花药害。

症状

棉花受到嘧草硫醚药害后心叶发黄，叶片黄化、卷曲。

预防及补救措施

预防措施：有机质含量低的土壤避免使用，应严格按照推荐剂量使用，不可随意加大用量。

补救措施：出现药害后可采用芸薹素内酯、赤霉酸、吲哚乙酸、氨基寡糖素等茎叶喷雾，提高棉苗抗逆性。

症　状

嘧草硫醚药害造成棉花叶片扭曲（袁立兵提供）

二、常见土壤处理剂药害

在棉花播种前进行土壤封闭处理是有效控制棉田杂草发生危害的重要措施，棉田常用土壤处理除草剂药效的发挥通常与施药技术、土壤环境和气候因素等相关，生产中常因为土壤有机质含量低、土壤墒情大、混土过深以及药后多雨等因素造成棉花药害。

常见土壤处理除草剂药害症状及原因

作用机制	除草剂名称	药害症状		药害原因
		叶片症状	其他症状	
光合作用光系统Ⅱ抑制剂	扑草净	叶片皱缩，叶缘发黄，幼叶枯萎	棉苗黄化，生长缓慢	用药量过大，土壤湿度大，高温干旱
	莠去津	叶片失绿黄化	生长缓慢，棉株矮小	残留药害
微管组装抑制剂	二甲戊灵	子叶暗绿、肥厚、向下卷	胚轴肿大，根系生长不良	用药量过大
	氟乐灵	子叶肥大、厚黑，幼叶皱缩，叶片增厚深绿	基部节间特长（上胚轴伸长），俗称“高脚苗”，侧枝多；根茎呈“鹅头”状结节，根部肿大	用药量过大
原卟啉氧化酶抑制剂	丙炔氟草胺	子叶叶脉发红，幼茎缢缩	水浸状死苗	土壤湿度高，有机质含量低
细胞分裂抑制剂	乙氧氟草醚	叶片皱缩，有黄褐斑	棉株矮小	施药后高温、高湿
其他	氟啶草酮	黄化、干枯	生长缓慢，棉株黄化	用药量过大、土壤有机质含量低

43. 扑草净药害

发生原因

扑草净为三氮苯类选择性除草剂，是棉田常用的苗前土壤处理剂，主要防治棉田一年生阔叶杂草。扑草净产生药害的主要原因是用药后遭遇高温、多雨、土壤湿度增大、田间有积水的情况，由于扑草净溶解性好，容易产生药害；此外有的棉区进行随水滴施用药时也容易产生药害。

症状

棉花受扑草净药害后，棉苗子叶生长受抑制，幼嫩叶片失绿枯萎，棉花叶片皱缩，边缘轻微发黄。

预防及补救措施

预防措施：避免在多雨、高温天气条件下施用扑草净。在有机质含量低的土壤中不宜使用扑草净。严格按照推荐剂量用药，不能随意加大用量。

补救措施：发生扑草净药害的田块若有积水，应及时排水，并追施化肥，促进棉花生长，缓解药害。

症 状

扑草净药害引起棉花叶片失绿（路征提供）

44. 莠去津药害

发生原因

莠去津为三氮苯类除草剂，是玉米田常用土壤处理剂。该除草剂在中性、碱性土壤中残效期较长，过量使用时容易对后茬棉花造成残留药害。

症状

棉花受莠去津药害后叶色失绿、发白，甚至叶片干枯，导致蕾铃减少，严重时整株死亡。

预防及补救措施

预防措施：玉米田使用莠去津应严格按照推荐剂量执行，不可随意加大用量，避免对后茬棉花造成药害。

补救措施：药害较轻时进行喷水淋洗，可减轻药害；中耕施肥，促进棉花根系生长，增加棉花的抗逆性；叶面喷施赤霉素、芸薹素内酯和萘乙酸等，可缓解药害。

症 状

莠去津药害引起棉花叶片失绿和发白（张新民提供）

莠去津药害引起棉花植株干枯（高永健提供）

45. 二甲戊灵药害

发生原因

二甲戊灵为二硝基苯胺类除草剂，是棉田常用的土壤封闭处理剂，用于防治棉田一年生禾本科杂草和部分阔叶杂草。生产实践中，因为二甲戊灵用量过大或用药后遇田间低温会造成棉花药害。

症状

棉花受二甲戊灵药害表现为子叶下垂，真叶发育迟缓，出现蹲苗黄化情况，甚至死苗。

预防及补救措施

预防措施：施用二甲戊灵应严格按推荐剂量执行，不可重喷或随意加大剂量；施药后应浅混土，深度以2 ~ 4cm为宜，不宜过深。

补救措施：出现药害后可采用芸薹素内酯、赤霉酸、吲哚乙酸、氨基寡糖素等茎叶喷雾，提高棉苗抗逆性；低温多雨天气应在雨后及时中耕松土，促进棉花根系生长，缓解药害。

症　状

二甲戊灵药害引起棉苗真叶发育迟缓（袁立兵提供）

二甲戊灵药害引起棉苗真叶发育迟缓（袁立兵提供）

二甲戊灵药害引起子叶下垂、真叶发育迟缓（袁立兵提供）

46. 氟乐灵药害

发生原因

氟乐灵为二硝基苯胺类除草剂，是棉田常用苗前土壤处理剂，主要防治一年生禾本科杂草和部分阔叶杂草。氟乐灵对棉花产生药害的主要原因为用量过大，或用药后遇连续降雨天气，土壤湿度过大。此外低温条件下施用氟乐灵也会造成药害。

症状

施药后低温（低于15℃）时氟乐灵会降低棉种萌发率，影响棉花出苗。受氟乐灵药害的棉苗主根肿大，形成“鹅头”状，次生根稀少；子叶增厚、变黑、肥大、变脆，真叶发育迟缓，第二、三片真叶皱缩，变小；主茎快速伸长（仅上胚轴伸长），形成基部节间特别长的“高脚苗”，植株变矮甚至生长点出现坏死症状，侧枝丛生。

预防及补救措施

预防措施：使用氟乐灵时需严格控制药量，超过推荐剂量1倍以上时会出现药害；防止重喷，不能连续使用氟乐灵超过3年，及时与其他类型除草剂轮换使用。沙壤土要适当减少用药量。

补救措施：见“二甲戊灵”。

症 状

氟乐灵药害造成棉花真叶发育迟缓（刘莉提供）

47. 丙炔氟草胺药害

发生原因

丙炔氟草胺为邻苯二甲酰亚胺类除草剂，在棉田可用于苗前土壤处理或苗后随水滴施防治阔叶杂草和部分禾本科杂草。丙炔氟草胺活性高，土壤湿度较大、有机质含量低、质地疏松的条件下使用时容易产生药害。

症状

棉花受丙炔氟草胺药害子叶叶脉发红，幼茎缢缩或水渍状死苗。

预防及补救措施

预防措施：使用丙炔氟草胺时应严格按照推荐剂量执行；随水滴施时应在棉花3叶1心期以上进行；积水、有机质含量低的土壤避免使用。

补救措施：药后棉田出现积水，应及时排出；雨后及时中耕松土，促进棉花根系生长，缓解药害；出现药害后可采用芸薹素内酯、赤霉酸、吲哚乙酸、氨基寡糖素等茎叶喷雾，提高棉苗抗逆性。

症 状

丙炔氟草胺药害引起棉苗子叶叶脉发红（高永健提供）

丙炔氟草胺药害引起棉苗幼茎缢缩（赵冰梅提供）

丙炔氟草胺药害引起棉花死苗（①高永健提供，②刘小民提供）

48. 乙氧氟草醚药害

发生原因

乙氧氟草醚为二苯醚类触杀型土壤处理剂，用于棉花播后苗前防除一年生杂草，在高温高湿条件下或药量偏大时易发生药害。

症状

棉花受乙氧氟草醚药害，棉苗叶片出现黄褐色斑、皱缩，植株较矮。

预防及补救措施

预防措施：避免在高温高湿条件下施用乙氧氟草醚。

补救措施：发生药害后可在受害叶片上喷洒清水，以清除其上残留农药，适当补充氮素肥料，促进棉株生长。

症 状

乙氧氟草醚药害引起棉花叶片黄褐色斑
（袁立兵提供）

乙氧氟草醚药害引起棉花子叶干枯
（袁立兵提供）

乙氧氟草醚药害引起棉花子叶皱缩和干枯
（袁立兵提供）

49. 氟啶草酮药害

发生原因

氟啶草酮为内吸选择性除草剂，通过抑制八羟番茄红素脱氢酶，减少胡萝卜素合成而影响光合作用，导致杂草死亡。该药仅限西北内陆棉区使用，可用于苗前土壤处理或苗后随水滴施防除棉田龙葵等一年生杂草。在间套种其他作物的棉田用量大或随水滴施时容易产生药害。

症状

棉花受氟啶草酮药害后，叶片失绿、黄化，严重时叶片干枯，甚至整株干枯。

预防及补救措施

预防措施：氟啶草酮残效期长，应严格按照推荐剂量使用；随水滴施时应在棉花3叶1心期以上进行；土壤积水、有机质含量低的田块应降低用量或不使用。

补救措施：药后棉田出现积水，应及时排出；雨后及时中耕松土，促进棉花根系生长，缓解药害；出现药害后可采用芸薹素内酯、赤霉酸、吲哚乙酸、氨基寡糖素等茎叶喷雾，提高棉苗抗逆性。

症 状

氟啶草酮药害引起棉花叶片黄化（路征提供）

氟啶草酮药害引起棉花叶片干枯（路征提供）

第九节 植物生长调节剂药害

植物生长调节剂可调节棉花生长发育，改善棉田光照条件，减少蕾铃脱落，促进棉花增产增效，已经成为提高棉花产量和品质，实现棉花现代化生产的先进科技手段，在生产中广泛使用。然而如果使用不当（如浓度过高、滥用等）将造成棉花药害甚至严重减产的不利影响。

50. 多效唑药害

发生原因

多效唑为三唑类植物生长调节剂，具有延缓植物生长、缩短节间、促进分蘖的作用，但该药在土壤中残效期较长，生产中常因为前茬作物多效唑用量过大，或多次使用等对棉花造成残留药害。

症状

棉花受多效唑药害表现为子叶下垂，新叶生长缓慢，植株矮小，生长受抑。

预防及补救措施

预防措施：避免在使用了多效唑的田块后茬种植棉花，使用过多效唑的田块应在作物收获后进行翻耕，防止对后茬作物产生残留药害。

补救措施：发生多效唑药害的棉田可增施氮肥或赤霉素，同时叶面喷施微生物酵素菌肥缓解药害。

症 状

多效唑药害引起棉苗子叶下垂（赵冰梅提供）

多效唑药害引起棉花生长缓慢（赵冰梅提供）

第二章

害虫及天敌

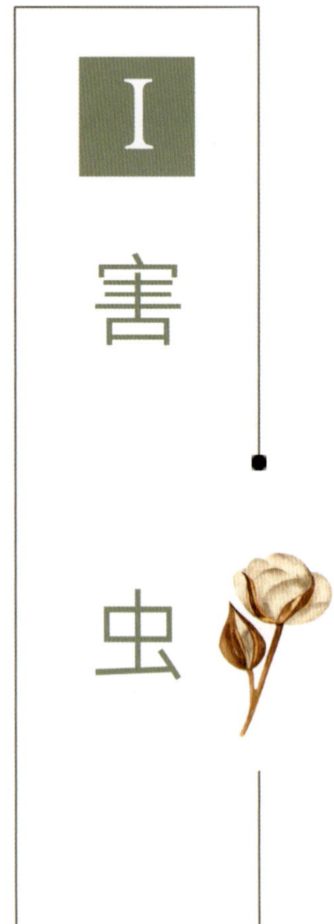
I
害虫

第一节　地下害虫

1. 地老虎

属鳞翅目夜蛾科地夜蛾属，种类很多，为害棉花的主要有小地老虎［*Agrotis ypsilon*（Rottemberg）］、大地老虎［*Agrotis tokionis*（Butler）］、黄地老虎［*Agrotis segetum*（Denis et Schiffermüller）］、八字地老虎（*Agrotis c-nigrum* L.）和警纹地老虎［*Agrotis exclamationis*（L.）］等。

分布与寄主

小地老虎，世界性害虫，国内普遍分布，长江流域棉区发生最重。可为害棉花、玉米、高粱、蔬菜、烟草、绿肥等多种植物。

大地老虎，国内普遍分布，长江流域棉区发生较重。可为害棉花、烟草、果树幼苗等多种植物。

黄地老虎，国内普遍分布，主要分布在西北内陆棉区。主要为害棉花、小麦、玉米、高粱、马铃薯、甜菜、苜蓿以及多种瓜类和蔬菜等100余种作物。

八字地老虎，在各棉区均有分布，是常见种，但不是优势种。食性较杂，寄主繁多，可取食多种作物幼苗。

警纹地老虎，主要分布于西北内陆棉区，是常见种。可取食棉花、油菜、萝卜、马铃薯、大葱、甜菜等。

地老虎曾是新疆棉花上最重要的害虫之一，常导致毁灭性危害。20世纪80年代实施覆膜栽培以来，不利于成虫在地表及茎基部产卵，同时膜下高温环境也不利于幼虫在表土内栖息，地老虎危害明显减轻，已成为棉田次要害虫。

形态特征

（1）小地老虎

成虫：体长16 ~ 23mm，翅展42 ~ 50mm。头部、胸部背面暗褐色，足褐色。雌蛾触角丝状，雄蛾羽毛状。前翅狭长褐色，基线浅褐色双线波浪形不显，内横线双线黑色波浪形。前翅上有肾形斑、环形斑、楔形斑，各斑均环以黑边。肾形斑外有1个明显的尖端向外的楔形黑斑，亚缘线上有2个尖端向里的楔形斑，三斑相对。后翅灰白色，纵脉及缘线褐色。

卵：半球形，高0.38 ~ 0.50mm，宽0.58 ~ 0.61mm，表面有纵横隆线。初产时乳白色，孵化前变为灰褐色，卵顶有一黑点。

幼虫：老熟幼虫体长37 ~ 47mm，头宽3.0 ~ 3.5mm。圆筒形，初孵沙褐色，取食后体色转绿，入土后转为灰褐色，背面有明显的淡色纵带。老熟幼虫体暗褐色或灰褐色，头部褐色，有不规则黑褐色网纹；体表粗糙有颗粒。腹背各节有毛片4个2排，前排两个比后排两个小。臀板黄褐色，有深褐色纵纹2条。

蛹：体长18 ~ 24mm。赤褐色，腹部第四至七节背板前端各有1列黑条，尾端黑色，有臀刺2根。

（2）大地老虎

成虫：体长41 ~ 60mm，翅展52 ~ 62mm。体暗褐色。雌成虫触角丝状，雄成虫触角双栉齿状，分枝较长，向端部渐细。前翅褐色，前缘自基部至2/3处黑褐色，肾状纹、环状纹、楔状纹明显，周缘均围以黑褐色边；肾状纹外有一黑色条斑；亚基线、外横线为双曲线；外缘具1列黑点。后翅淡褐色，外缘具很宽的黑褐色边。

卵：半球形，直径1.8mm，高1.5mm，初淡黄色，后渐变黄褐色，孵化前灰褐色。

幼虫：老熟幼虫体长41 ~ 61mm，头宽3.8 ~ 4.2mm。黄褐色，体表皱纹多。头部额区在颅顶相会处呈双峰毗连状；各腹节体背前后有2个毛片，大小相似。臀板除末端2根刚毛附近为黄褐色外，几乎全为深褐色，且布满龟裂状皱纹。

蛹：体长23 ~ 29mm，黄褐色。腹部第四至七节前缘有圆形刻点，背面中央的刻点较大；腹部三至五节明显比中胸和腹部一至二节粗，腹端具臀棘1对。

（3）黄地老虎

成虫：体长14 ~ 19mm，翅展32 ~ 43mm。全体淡灰褐色或黄褐色。雌蛾触角丝状，雄蛾触角双栉齿状。前翅灰褐色，基线与内横线均双线褐色，后者波浪形，剑纹小，黑褐边；环纹中央有1个黑褐点，黑边，肾纹棕褐色，黑边；中横线褐色，波浪形；外横线褐色，锯齿形，翅外缘有1列三角形黑点。后翅白色半透明，前、后缘及端区微褐，翅脉褐色，雌蛾色较暗，前翅斑纹不显著。

卵：初产乳白色，半球形，高0.44 ~ 0.49mm，宽0.69 ~ 0.73mm，卵壳表面有纵脊纹38 ~ 41条。后渐现淡红色波纹，孵化前变为黑色。

幼虫：老熟幼虫体长33 ~ 43mm，头宽2.8 ~ 3.0mm。体黄褐色，体表颗粒不明显，有光泽，多皱纹。腹部背面各节有4个毛片，前方2个与后方2个大小相似。臀板中央有黄色纵纹，两侧各有1个黄褐色大斑。腹足趾钩12 ~ 21个。

蛹：体长16 ~ 19mm，红褐色。腹部末节臀棘稍长，有臀刺1对。第五至七腹节背面前缘中央至侧面被密而细的刻点9 ~ 10排，端部刻点较大，半圆形，腹面亦有数排刻点。

（4）八字地老虎

成虫：体长约16mm，翅展35 ~ 40mm。头、胸灰褐色，足黑色有白环。前翅灰褐色略带紫色；基线双线黑色，外缘翅褶处黑褐色；内横线双线黑色，微波浪形；环纹具淡褐色黑边；肾纹褐色，外缘黑色；前方有2个黑点；中室黑色，前缘起有1个淡褐色三角形斑，顶角直达中室后缘中部；外横线双线锯齿形外弯，各脉有小黑点；亚缘线灰色，前端有1个黑斑；端区各脉间有小黑点。后翅淡黄色，外缘淡灰褐色。

卵：半球形，直径0.41mm，高0.35mm。初产时乳白色，渐变淡黄色再变褐色，孵化前呈黑色，表面具纵棱与横道。

幼虫：老熟幼虫体长30 ~ 40mm，头宽2.0 ~ 2.5mm。头黄褐色，有1对“八”字形黑褐色斑纹。颅侧区具暗褐色不规则网纹。后唇基等边三角形，颅中沟的长度约等于后唇基的高度。体黄色至褐色，背、侧面满布褐色不规则花纹，体表较光滑，无颗粒。背线灰色，亚背线由不连续的黑褐色斑组成，从背面看呈倒“八”字形，愈后端愈显。从侧面看，亚背线上的斑纹和气门上线的黑色斑纹则组成正“八”字形。臀板中央部分及两角边缘颜色常较深。

蛹：体长18.9 ~ 19.7mm，黄褐色。腹部第四至七节背、腹面前缘具5 ~ 7排圆形和半圆形凹纹，中间密些，两侧稀少。腹端生1对红色粗曲刺。背面及两侧生2对淡黄色细钩刺。

（5）警纹地老虎

成虫：体长16 ~ 18mm，翅展36 ~ 38mm。体灰褐色，头部、胸部灰色微褐。颈板具黑纹1条。雌虫触角线状，雄虫触角双栉齿状，分栉齿短。前翅灰色至灰褐色，有的前翅前缘、前翅外缘略显紫红色；内横线暗褐色，波浪形。楔形斑十分明显，尤其是棒形斑粗且长，黑色，较易辨别；肾形纹大，黑边棕褐色，较环状纹深，与楔状纹搭配形成一个“惊叹号”。后翅色浅，白色，微带褐色。

卵：扁圆形，直径0.75mm。中部有纵脊38 ~ 41条。

幼虫：老熟幼虫体长35 ~ 37mm，头宽约3mm。两端稍尖，头部黄褐色，无网纹，体灰黄色，体表生大小不等颗粒，略具皱纹，背线、亚背线褐色，气门线不显著，前胸盾、臀板黄褐色，臀板上的褐色斑点较稀少，胸足黄褐色，腹足灰黄色，气门黑色、椭圆形。

蛹：体长约20mm，褐色。下颚、中足、触角伸达翅端附近，露出后足端部。气门突出，第五至七腹节背面和腹面前缘红褐色区具很多大小不一的圆刻点5 ~ 7排。腹部末端稍延长，腹端具臀棘1对。

5种地老虎的形态特征比较

种类	体色	前翅	后翅	幼虫	蛹
小地老虎	灰褐色	肾纹外侧有1个尖端向外的楔形黑斑	灰白，纵脉及缘线褐色	唇基为等边三角形，腹背一至八节各有2对毛片呈梯形	腹部四至七节背板各有1列黑条，臀刺2根
大地老虎	暗褐色	肾纹外方有1条黑色条斑，外缘有1列黑点	淡褐色，外缘具有宽黑褐色边	体表多皱纹，颅顶相会处呈双峰毗连，臀板布满龟裂状皱纹	腹部三至五节明显粗大，臀棘1对
黄地老虎	灰褐色至黄褐色	剑纹小，环纹中央有1个黑褐点，翅外缘有1列三角形黑点	白色半透明，翅脉褐色	腹部背面各节有4个毛片，两侧各有1个黄褐大斑	五至七腹节背面被刻点；臀棘稍长，臀刺1对
八字地老虎	灰褐色	环纹、肾纹具黑边亚缘线，前端有1个黑斑；前缘有1个淡褐色三角形斑	淡黄色，外缘淡灰褐色	头部有1个“八”字形黑褐斑纹，亚背线断续，呈倒“八”字形	腹部四至七节前缘具凹纹，末端有1对粗曲刺，2对细钩刺
警纹地老虎	灰褐色	楔状纹黑色，粗且长；肾状纹与楔状纹搭配形成一惊叹号	白色，微带褐色，前缘浅褐色	体表生大小不等颗粒，臀板上具稀少褐色斑点	气门突出，第五腹节前缘具很多圆点坑，末端2根臀棘

为害特征

刚孵化出来的地老虎幼虫主要取食棉苗子叶、生长点，使真叶长不出来，只形成两个肥大的子叶，称为“公棉花”。大龄幼虫昼伏夜出，白天蜷伏在土中，夜间爬出咬断近地面的棉苗茎部，使整株死亡，造成缺苗断垄。当棉苗长出3 ～ 4片真叶后，主茎硬化不再适宜取食，地老虎幼虫便可爬至棉株上部咬食叶片和嫩头，造成多头棉。

发生规律

小地老虎是典型的迁飞性害虫，在黄河流域棉区北部不能越冬，早春虫源自南方远距离迁飞而来，1年发生3 ～ 4代；长江流域棉区1年发生4 ～ 6代，以幼虫或蛹越冬。成虫多在叶背面或地面土块的缝隙内产卵，卵散产。地势低湿、内涝或沼湖地区；田间管理粗放、杂草丛生、播种早的地膜覆盖田往往虫量多、为害重。

大地老虎为专性滞育害虫，1年发生1代，幼虫孵化后取食一段时间，即以低龄幼虫在表土层或草丛茎基部越冬。翌年3月开始活动，3—5月进入为害盛期，5—6月以老熟幼虫钻入土层深处筑土室越夏。越夏幼虫对高温有较高的抵抗力，但由于土壤湿度过干或过湿，或土壤结构受耕作等生产活动所破坏，越夏幼虫死亡率很高。8月化蛹，9月成虫羽化后产卵于表土层，10月中旬幼虫入土越冬，越冬幼虫抗低温能力较强。

黄地老虎在西北内陆棉区1年可发生3代，黄河流域棉区1年发生4代，以幼虫在土下2 ～ 15cm土层中筑土室越冬。以第一代幼虫为害春播作物幼苗严重，在黄河流域棉区5—6月为害最重。新疆南疆越冬代成虫4月中下旬至5月下旬发生，第一代成虫于6月中旬至8月上旬发生，第二代成虫于8月中旬至9月上旬发生。卵常产在土面枯草根际，或棉花幼苗的叶背，一般散产。幼虫越冬前多迁移到田埂、沟渠向阳坡的杂草土壤中越冬。

八字地老虎在黄河流域棉区1年可见3代成虫，以老熟幼虫在土中越冬，幼虫具假死性，昼伏夜出，隐蔽性较强。越冬代3月底开始活动取食，4月底化蛹，成虫期为5月中、下旬，6月上旬出现高峰；一代成虫期是7月下旬，8月上旬达到高峰；二代成虫期羽化持续时间较长，从9月初见，持续到10月上旬。在新疆北疆1年发生2代，成虫发生高峰分别在5月中旬和7月下旬至8月上旬，通常是第一代成虫种群数量最多。

警纹地老虎在新疆北疆1年发生2代，新疆南疆1年发生2 ～ 3代，以老熟幼虫在土中越冬，翌年4月化蛹，越冬代成虫4—6月出现，5月上旬进入盛期；一代幼虫发生在5—7月，龄期参差不齐，6—7月为幼虫为害盛期；第一代成虫7—9月出现，10月上、中旬第二代幼虫老熟后进入土中越冬。

防治要点

生态调控：早春铲除棉田周围杂草，结合翻耕耙土，杀灭部分越冬虫源。有条件的区域可水旱轮作，可杀灭多种地下害虫。

生物防治：保护利用棉田步甲、寄生蜂、寄生蝇等自然天敌。

理化诱控：利用灯光、糖醋酒混合液、食诱剂诱杀成虫，也可用性诱剂进行诱杀。

科学用药：对不同龄期的幼虫，要采用不同的施药方法。用噻虫胺、噻虫嗪等新烟碱类杀虫剂与氯虫苯甲酰胺、溴氰虫酰胺或丁硫克百威复配的种子处理剂拌种或包衣。防治低龄幼虫可喷雾或撒毒土，防治三龄以上高龄幼虫可撒毒饵或灌根，推荐使用溴氰菊酯、甲氨基阿维菌素苯甲酸盐、氟铃脲、甲氧虫酰肼、辛硫磷等药剂。

形态特征

①

②

③

④

⑤

⑥

⑦

⑧

⑨

⑩

⑪

⑫

五种地老虎形态（①～④、⑦～⑩、⑫、⑬耿亭提供，⑤陆宴辉提供，⑥付晓伟提供，⑪关志坚提供，⑭帕热提·艾山提供，⑮王惠卿提供）

①小地老虎成虫 ②产在纱布上的小地老虎卵 ③、④产在土壤中的小地老虎卵 ⑤小地老虎幼虫 ⑥大地老虎成虫 ⑦黄地老虎雌成虫 ⑧黄地老虎雄成虫 ⑨产在纱布上的黄地老虎卵 ⑩黄地老虎初孵幼虫 ⑪黄地老虎幼虫 ⑫黄地老虎蛹 ⑬八字地老虎成虫 ⑭八字地老虎幼虫 ⑮警纹地老虎成虫

为害状

地老虎为害棉花状（①、②王佩玲提供，③李怡萍提供，④刘冰提供，⑤、⑦耿亭提供，⑥罗进仓提供）

①～④黄地老虎为害造成断头苗 ⑤小地老虎咬断棉苗茎基部 ⑥黄地老虎咬断棉苗茎基部 ⑦黄地老虎为害棉苗茎基部

2. 蛴螬

蛴螬是金龟子幼虫的统称，属鞘翅目金龟科鳃金龟亚科，咀嚼式害虫，俗称白地蚕、土蚕、蛭虫等。蛴螬种类多，在我国为害棉花的主要有华北大黑鳃金龟（*Holotrichia oblita* Faldermann）、暗黑鳃金龟（*Holotrichia parallela* Motschulsky）和铜绿丽金龟（*Anomala corpulenta* Motschulsky）等。

分布与寄主

华北大黑鳃金龟，主要分布于黄河流域棉区和西北内陆棉区。可为害棉花、玉米等多种农作物及果树、林木等。

暗黑鳃金龟，主要分布于长江流域棉区和黄河流域棉区。可取食棉花、玉米等多种农作物及果树、林木等植物。

铜绿丽金龟，主要分布于长江流域棉区和黄河流域棉区，其中长江流域棉区发生较普遍。可取食棉花、玉米等多种农作物及果树、林木等植物。

形态特征

（1）华北大黑鳃金龟

成虫：长椭圆形，体长21 ~ 23mm，宽11 ~ 12mm，黑色至黑褐色，有光泽。触角鳃叶状，棒状部3节。前胸背板宽为长的两倍，前缘钝角、后缘角几乎成直角。每鞘翅表面有4条纵肋，上密布刻点，肩瘤突位于第二纵肋基部的外方。胸部腹面密生黄长毛，腹部腹面褐色。前足胫外侧具3齿，内侧有1棘与第二齿相对，各足均具爪1对，中后足胫节末端距2个。肛腹板刺毛列散乱排布。

卵：椭圆形，体长2.0 ~ 2.3mm，宽1.3mm。初产乳白色，孵化前为黄褐色，近球形，有光泽。

幼虫：共3龄，老熟幼虫体长35 ~ 45mm。体弯曲成C形，头橘黄褐色，头顶刚毛每侧3根，胴部污白色，全身被黄褐色刚毛。头壳前顶毛每侧各1根，腹部末节腹面肛门裂口呈倒Y三裂形。

蛹：裸蛹，体长16 ~ 22mm，宽11 ~ 14mm。初黄白色，后变黄褐至红褐色。头部黑褐色，复眼突出呈黑色，腹部分节明显，尾节尖削，腹末有1对臀棘。

（2）暗黑鳃金龟

成虫：窄长卵形，体长16.0 ~ 21.9mm，宽7.8 ~ 11.1mm。体被黑色或黑褐色绒毛，无光泽。前胸背板最宽处位于两侧缘中点以后，侧缘中央呈锐角状外突，刻点大而深，前缘密生黄褐色毛。鞘翅两侧缘彼此基本平行，鞘翅上有4条可辨识的隆起带，刻点粗大，散生于带间，肩瘤明显。腹部臀背板三角形，且较钝圆。前足胫节外侧有3钝齿，内侧生1棘刺，后足胫节细长，端部一侧生有2端距；跗节5节，末节最长，端部生1对爪，爪中央垂直着生齿。

卵：初呈长椭圆形，白色稍带绿色光泽。发育到后期呈圆球形，洁白而有光泽。

幼虫：体弯曲成C形，老熟幼虫体长35 ~ 45mm，头宽5.6 ~ 6.1mm。头部前顶刚毛每侧1根，位于冠缝两侧。绝大多数个体无额前缘刚毛，偶有个体只有1根额前缘刚毛。内唇端感区刺多数为12 ~ 14根。内唇前侧褶区折面密而纤细，明显可见，每侧折面多为14 ~ 17条。在感区刺与感前片间，除具6个较大圆形感觉器外，尚有9 ~ 11个小圆形感觉器。臀节腹面无刺毛列，钩状毛多，约占腹面的2/3。肛门孔为三射裂状。

蛹：体长20 ~ 25mm，宽10 ~ 12mm。淡黄色或杏黄色。前胸背板最宽处位于侧缘中间。前足胫节具外齿3个，但较钝。尾节三角形，二尾角呈锐角分开。

（3）铜绿丽金龟

成虫：体长15 ~ 21mm，宽8.0 ~ 11.3mm。头、前胸背板、小盾片和鞘翅铜绿色有闪光。但头、前胸背板色较深，呈红铜绿色，前胸背板两侧缘、鞘翅的侧缘、胸及腹部腹面和3对足的基、转、股节均为褐色和黄褐色，而3对足的胫节趾节及爪均为棕色。唇基呈横椭圆形，前缘较直，中间不凹入。前胸背板的前缘较直，两侧角前伸，呈斜直角状。前胸背板最宽处，位于两后角之间，鞘翅各具4条纵肋，肩部具瘤突。前足胫节具2外齿，较钝。前、中足大爪分叉，后足大爪不分叉，凡臀板基部中间具1个三角形黑斑的皆为雄性。初羽化的成虫，雌性腹板呈白色，雄性腹板呈黄白色。

卵：初产时椭圆形或长椭圆形，乳白色，长1.65 ~ 1.94mm，宽1.30 ~ 1.45mm。孵化前呈圆形，卵壳表面光滑。

幼虫：体弯曲成C形，老熟幼虫体长29 ~ 33mm，头宽约4.8mm。头部头顶刚毛每侧各6 ~ 8根，排成1纵列。内唇端感区刺大多数3根，少数4根。

蛹：略呈扁椭圆形，长约18mm，宽约9.5mm，淡黄色，体微弯，羽化前头部、复眼等色均变深。雄蛹末节腹面中央具4个乳头状突起，雌蛹则平滑，无此突起。

为害特征

成虫常取食幼苗、幼芽、嫩叶和花，将叶片食成不规则缺刻或孔洞，严重时常将叶、芽、花食光。幼虫为地下害虫，口器上颚发达，咬断部位呈刀切状，取食萌发的种苗，造成缺苗断垄。在棉田的为害以幼虫阶段为主。

发生规律

华北大黑鳃金龟在黄河流域棉区1 ~ 2年发生1代，以幼虫和成虫在土中越冬，5—7月成虫大量出现。成虫有假死性和趋光性，并对未腐熟的厩肥有强烈趋性，昼伏藏在土中，20:00—21:00为取食、交配活动盛期。成虫需补充营养，交配后10 ~ 15d产卵于松软湿润的土壤内，卵期15 ~ 22d；幼虫期340 ~ 400d；冬季在深土中越冬；蛹期约20d。

暗黑鳃金龟在长江流域棉区和黄河流域棉区均1年发生1代，少量以成虫越冬，多数以三龄幼虫在深层土中越冬，翌年5月化蛹，6月初见成虫，7月中旬至8月上旬为产卵期，7月中旬至10月为幼虫为害期，10月中旬后幼虫进入越冬期。

铜绿丽金龟在长江流域棉区和黄河流域棉区均1年发生1代，以三龄幼虫在土中越冬，翌年4月上旬上升到表土为害，取食农作物和杂草根部，5月间老熟化蛹，5月下旬至6月中旬为化蛹盛期，5月底成虫出现，6—7月为成虫发生为害盛期，8月下旬，虫量渐退。成虫6月中旬至7月上旬产卵，7月中旬出现一代幼虫，7月中旬至9月是幼虫为害期，取食寄主根部，幼虫为害至10月中旬后即入土越冬。

防治要点

生态调控：精耕细作，清除杂草；合理间种套作，适时灌水，水旱轮作；施用充分腐熟的粪肥；结合秋施基肥深翻土壤，破坏越冬害虫的生存条件，压低越冬虫口密度。

生物防治：保护利用棉田各种天敌。用白僵菌、金龟子绿僵菌处理土壤，杀灭幼虫。

理化诱控：利用黑光灯或糖醋酒液诱捕成虫。

科学用药：利用噻虫胺、噻虫嗪等新烟碱类杀虫剂与氯虫苯甲酰胺、溴氰虫酰胺或丁硫克百威复配的种子处理剂拌种或包衣。通过撒毒土或灌根进行防治，推荐使用啶虫脒、阿维菌素、敌百虫、辛硫磷等药剂。

形态特征

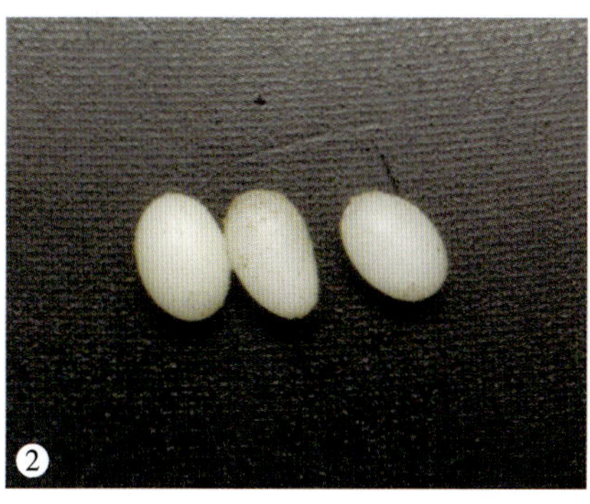

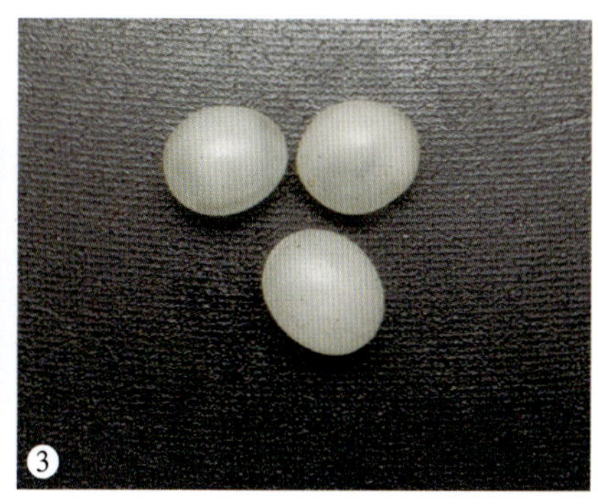

蛴螬（① ~ ⑧李耀发提供，⑨耿亭提供，⑩ ~ ⑫苗进提供）

①华北大黑鳃金龟成虫 ②华北大黑鳃金龟初产卵 ③华北大黑鳃金龟近孵化卵 ④华北大黑鳃金龟一龄幼虫 ⑤华北大黑鳃金龟二龄幼虫 ⑥华北大黑鳃金龟三龄幼虫 ⑦华北大黑鳃金龟蛹 ⑧暗黑鳃金龟成虫 ⑨暗黑鳃金龟幼虫 ⑩铜绿丽金龟成虫 ⑪铜绿丽金龟卵 ⑫铜绿丽金龟幼虫

3. 蝼蛄

蝼蛄是直翅目蝼蛄科昆虫的统称。俗名拉拉蛄、地拉蛄、天蝼、土狗等，在我国为害棉花的主要有华北蝼蛄（*Gryllotalpa unispina* Saussure）和东方蝼蛄（*Gryllotalpa orientalis* Burmeister）。

分布与寄主

华北蝼蛄，在我国各棉区均有分布，黄河流域棉区发生最重。可为害棉花、玉米、瓜类、蔬菜、烟草、绿肥等多种植物。

东方蝼蛄，主要分布于长江流域棉区和黄河流域棉区，其中长江流域棉区发生重。可为害棉花、玉米、瓜类、蔬菜、烟草、绿肥等多种植物。

形态特征

（1）华北蝼蛄

成虫：雌虫体长45 ~ 66mm，头宽约9mm；雄虫体长39 ~ 45mm，头宽约5.5mm。体黄褐色，全身密生黄褐色细毛；头暗褐色，从上面看呈卵形；复眼椭圆形；头中间有3个单眼；触角生于眼的下方，鞭状。前胸暗褐色，背面中央有1心脏形暗红色斑点，前翅平叠于背上，后翅折叠成筒形，在前翅之下。前足特别发达，适宜在土中掘土前进，中、后足细小，后足胫节背侧内缘有棘1个或消失。腹末具尾毛2根。

卵：椭圆形，初产时长1.6 ~ 1.8mm，宽1.3 ~ 1.4mm。以后逐渐膨大，孵化前长2.4 ~ 3.0mm，宽1.5 ~ 1.7mm。初产为黄色，后变为黄褐色。

若虫：共13龄，初孵时体长约3.5mm，末龄体长约41.2mm。形态与成虫相仿，翅不发达，仅有翅芽，初孵化时体乳白色，以后颜色逐渐加深，头部变为淡黑色，前胸背板黄色。

（2）东方蝼蛄

成虫：雌虫体长31 ~ 35mm，雄虫体长30 ~ 32mm。体色较深、呈深褐色，全身密被细毛；头圆锥形，触角丝状；前胸背板从背面看呈卵圆形，中央具1个凹陷明显的暗红色长心脏形坑斑；前翅鳞片状，灰褐色，翅仅能盖住腹部的1/2；前足特化为开掘足，后足胫节背侧内缘有棘3 ~ 4个。腹末具尾毛2根。

卵：长椭圆形，初产长约2.8mm，宽约1.5mm。孵化前长约4.0mm，宽约2.3mm。初产时乳白色，有光泽，以后变灰黄褐色，孵化前为暗紫色。

若虫：8 ~ 9个龄期。初孵若虫体长约4mm，末龄若虫体长约25mm。初孵若虫头，胸特别细，腹部肥大，行动迟缓，全身乳白色，腹部漆红或棕色。以后渐变成淡灰褐色，灰褐色，形似成虫但无翅。

华北蝼蛄和东方蝼蛄的形态特征比较

虫态	特征	华北蝼蛄	东方蝼蛄
成虫	体长	45 ~ 66mm（雌虫）	31 ~ 35mm（雌虫）
		39 ~ 45mm（雄虫）	30 ~ 32mm（雄虫）
	腹部	近圆筒形	近纺锤形
	后足	胫节背侧内缘有棘1个或消失	胫节背侧内缘有棘3 ~ 4个
若虫	体色	黄褐	灰褐
	腹部	圆筒形	纺锤形
	后足	胫节棘0 ~ 2个	胫节棘3 ~ 4个

为害特征

成虫和若虫在地下活动，取食棉花种子和幼芽，齐土面上将幼苗咬断，受害的茎部呈乱麻状。在地下钻土活动形成隧道，导致棉花幼苗根部脱离土壤枯萎。为害严重时，造成缺苗断垄。

发生规律

华北蝼蛄3年发生1代，成虫和若虫在土内深处越冬。越冬成虫于春季3—5月开始活动，5—6月喜在轻盐碱地内的缺苗断垄、干燥向阳、松软油渍状土壤里产卵。9—10月若虫经过8次蜕皮后越冬，翌年继续蜕皮3 ~ 4次，至秋季达到十二至十三龄时再越冬，第三年羽化为成虫越冬。蝼蛄成虫昼伏夜出，有趋光性。

东方蝼蛄在长江流域棉区1年发生1代，黄河流域棉区2年发生1代，以老熟若虫或成虫在土中越冬。成虫飞翔力很强，翌年4月越冬成虫为害至5月交尾并产卵，喜在潮湿土壤中产卵，卵期约20d。若虫为害至9月蜕皮变为成虫，10月下旬入土越冬，发育晚的则以老熟若虫越冬。

防治要点

生态调控：精耕细作，深耕细耙；施用充分腐熟的农家肥。

理化诱控：利用杀虫灯诱杀成虫。

科学用药：根据成虫对香甜物有强烈趋性的特点，用阿维菌素苯甲酸盐等速效型药剂以水稀释5倍，与炒香的麦麸、豆饼、棉籽、碎玉米粒拌成毒饵，在傍晚撒施于棉田地表。推广噻虫胺、噻虫嗪等新烟碱类杀虫剂与氯虫苯甲酰胺、溴氰虫酰胺或丁硫克百威复配包衣剂处理棉花种子，效果持久。可用甲氨基阿维菌素苯甲酸盐、辛硫磷等药剂的稀释液浇灌被害苗根部以杀灭土中的蝼蛄。

形态特征

蝼蛄（①、②、④、⑤马丽斌提供，③、⑥张海剑提供）

①东方蝼蛄成虫 ②东方蝼蛄卵 ③东方蝼蛄若虫 ④、⑤华北蝼蛄成虫 ⑥被诱杀的蝼蛄若虫

4. 金针虫

金针虫是鞘翅目叩甲科幼虫的统称。为害棉花的常见种类有细胸金针虫［*Agriotes fuscicollis* (Miwa)］、沟金针虫［*Pleonomus canaliculatus* (Faldermann)］、褐纹金针虫［*Melanotus caudex* (Lewis)］。

分布与寄主

细胸金针虫，俗称铁丝虫、叩头虫，主要分布于黄河流域棉区和西北内陆棉区。可为害棉花等多种作物。

沟金针虫，主要分布于长江流域棉区、黄河流域棉区和西北内陆棉区的甘肃部分地区。寄主范围广泛，为害棉花、玉米、高粱、谷子及麦类、豆类、多种蔬菜、林木等。

褐纹金针虫，又名褐纹梳爪叩头虫，主要分布于黄河流域棉区和西北内陆棉区。寄主范围广泛，为害棉花、玉米、高粱、谷子及麦类、豆类、多种蔬菜、林木等。

形态特征

（1）细胸金针虫

成虫：体长8 ~ 9mm，宽约2.5mm。体细长，暗褐色，略有光泽。触角红褐色，第二节球形。前胸背板略呈圆形，长大于宽，后缘角伸向后方。鞘翅长约为胸部的2倍，上有9条纵列刻点。足红褐色。

卵：乳白色，近筒形，大小为0.5 ～ 1.0mm。

幼虫：细长圆筒形，淡黄色，有光泽。老熟幼虫体长约23mm，宽约1.3mm。头部扁平，口器深褐色。第一胸节较第二、三节稍短。一至八腹节略等长，臀节圆锥形，近基部两侧各有1个褐色圆斑和4条褐色纵纹，顶端具1个圆形突起。

蛹：纺锤形，体长8 ～ 9mm，化蛹初期体乳白色，后变黄色；羽化前复眼黑色，翅芽灰黑色。

（2）沟金针虫

成虫：雌虫体长14 ～ 17mm，宽4 ～ 5mm，体形较扁；雄虫体长14 ～ 18mm，宽约3.5mm，体形较细长。雌虫体深褐色，密生金黄色细毛，头部扁，头顶呈三角形洼凹，密生明显刻点；触角深褐色，略呈锯齿状，11节，长约为前胸的2倍；前胸发达，前窄后宽，宽大于长，向背面呈半球形隆起；鞘翅上的纵沟不明显，后翅退化。雄虫触角12节，丝状，长可达鞘翅末端；鞘翅上的纵沟较明显，有后翅。足茶褐色。

卵：近椭圆形，乳白色，长约0.7mm，宽约0.6mm。

幼虫：体节宽大于长，从头部至第九腹节渐宽。老熟幼虫体长20 ～ 30mm，宽约4mm。初孵幼虫体乳白色，头及尾部略带黄色，后渐变黄色。老熟幼虫体金黄色，体表有同色细毛。前头及口器暗褐色，头部黄褐色，扁平，上唇退化，其前缘呈三叉状突起；臀节黄褐色分叉，背面有暗色近圆形的凹陷，其上密生刻点，两侧缘隆起，每侧有3个齿状突起，尾端分为尖锐面向上弯曲的二叉，每叉内侧各有1个小齿。

蛹：纺锤形，雄蛹体长15 ～ 19mm，宽约3.5mm；雌蛹体长16 ～ 22mm，宽约4.5mm。前胸背板隆起呈半圆形，中胸较后胸短，背面中央隆起并有横皱纹，自中胸两侧向腹面伸出，翅端达第三腹节。

（3）褐纹金针虫

成虫：体长8 ～ 10mm，宽约2.7mm，体细长，褐色，被灰色短毛。头部黑色，向前突，密生刻点。触角暗褐色，第二、三节近球形，第四节较第二、三节稍长，第四至十节锯齿状。前胸背板黑色，长明显大于宽，后角尖，向后突出。鞘翅狭长，为胸部的2.5倍，黑褐色，自中部开始向端部渐缩，上有9行纵列刻点。腹部暗红色，足暗褐色。

卵：椭圆形至长卵形，初产长约0.6mm，宽约0.4mm，孵化前大小约为3mm × 2mm。白色至黄白色。

幼虫：共7龄，老熟幼虫体长25 ～ 30mm，宽约1.7mm。体圆筒形细长，棕褐色，具光泽。头梯形扁平，上生纵沟并具小刻点。体背具微细刻点和细沟，第一胸节长，第二胸节至第九腹节各节的前缘两侧均具深褐色新月形斑纹。臀节扁平且尖，近圆锥形，前缘具半月形斑2个，前半部具纵纹4条，后半部具皱纹且密生粗大刻点；尖端有3个小突起，中间的尖锐，呈红褐色。

蛹：体细长，纺锤形，体长9 ～ 12mm。初化蛹时淡褐色，后变为黄褐色。

3种主要金针虫的形态特征比较

种类	体色	前胸背板	翅、足	幼虫	蛹
细胸金针虫	暗褐色，略有光泽	略呈圆形，长大于宽	鞘翅有9条纵列的刻点。足红褐色	臀节基部两侧各有1个褐色圆斑和4条褐色纵纹，顶端具1个圆形突起	羽化前复眼黑色，翅芽灰黑色
沟金针虫	深褐色，密生金黄色细毛	前窄后宽，宽大于长，向背面呈半球形隆起	雌虫鞘翅纵沟不明显，后翅退化；雄虫鞘翅纵沟较明显，有后翅。足茶褐色	臀节黄褐色分叉，每侧有3个齿状突起	前胸背板隆起呈半圆形，背面中央隆起并有横皱纹
褐纹金针虫	褐色，体被灰色短毛	长明显大于宽，后角尖，向后突出	鞘翅中部开始向端部渐缩，有9行纵列刻点。足暗褐色	臀节前缘具半月形斑2个，尖端有3个小突起	初化蛹时淡褐色，后变为黄褐色

为害特征

以幼虫在土中取食播种下的种子、萌出的幼芽、幼苗的根部，致使棉株枯萎致死，造成缺苗断垄，甚至全田毁种。

发生规律

细胸金针虫一般2年完成1代，少数3年完成1代。以成虫和幼虫在20 ～ 40cm深的土中越冬。越冬幼虫5月开始为害，6月中、下旬老熟幼虫开始化蛹，7月中、下旬羽化，但仍蛰伏在土室中越冬。越冬成虫在3月中、下旬开始活动，4月下旬到5月下旬产卵。卵产于表土内。在黄河流域棉区，以富含水分和有机质的黏土地较多见。

沟金针虫一般3年完成1代，第一年、第二年以幼虫越冬，第三年以成虫越冬。老熟幼虫8月上旬至9月上旬先后化蛹，成虫于9月上、中旬羽化。越冬成虫在2月下旬出土活动，3月中旬至4月中旬为盛期。成虫昼伏夜出，傍晚爬至土面活动和交配。雌虫行动迟缓，不能飞翔，有假死性，无趋光性；雄虫出土迅速，飞翔力较强，但只作短距离飞翔。成虫将卵散产在土表下3 ～ 7cm深处。卵于5月初开始孵化，5月上、中旬为孵化盛期。土壤湿度大时对其化蛹和羽化有利。发生受土壤水分、食料等环境条件的影响，田间幼虫发育很不整齐，每年成虫羽化率不相同，世代重叠严重。

褐纹金针虫3年发生1代。当年孵化的幼虫发育到三至四龄越冬，第二年以五至七龄幼虫越冬，第三年正常发育的幼虫7—8月化蛹，羽化为成虫后即在土内越冬。越冬成虫在5月上旬平均土温17℃、气温16.7℃时开始出土，成虫活动适温为20 ～ 27℃，下午活动最盛，5—6月进入产卵盛期。

防治要点

生态调控：冬季深耕，破坏金针虫生存和越冬场所，降低虫口密度。合理轮作，做好翻耕晒土，减少越冬虫源。及时清园，有条件的地块灌水浇地，可减轻为害。

理化诱控：利用杀虫灯诱杀成虫。

科学用药：推广棉花种子用氟虫腈悬浮包衣剂处理，效果持久。可用甲氨基阿维菌素苯甲酸盐、辛硫磷等药剂浇灌被害苗根部以杀灭土壤中的金针虫。

形态特征

金针虫（①～⑤、⑨、⑩李耀发提供，⑥、⑦尹姣提供，⑧张云慧提供）
①细胸金针虫成虫　②细胸金针虫卵　③细胸金针虫低龄幼虫　④细胸金针虫高龄幼虫
⑤细胸金针虫蛹　⑥沟金针虫成虫　⑦、⑧沟金针虫幼虫　⑨褐纹金针虫成虫　⑩褐纹金针虫幼虫

5. 菜豆根蚜

菜豆根蚜（*Smynthurodes betae* Westwood）属半翅目瘿绵蚜科斯绵蚜属。

分布与寄主

分布于长江流域棉区和黄河流域棉区。为害棉花、马铃薯、小麦、番茄、油菜、烟草、芥菜、甘蓝、甜菜、胡萝卜及豆类等农作物和黄连木属植物。

形态特征

无翅孤雌蚜：卵圆形，体长1.8mm，宽1.4mm。乳白至淡橘黄色，表皮光滑。额瘤不明显，复眼由3个小眼组成。触角粗短，较光滑，5～6节，第四节有一小圆原生感觉圈，第五节基部有一大圆形原生感觉圈。喙长锥形，可达后足基节。足粗短，缺腹管，尾片小，尾板大，半圆形，生殖板前端中部下凹。

有翅孤雌蚜：长卵圆形，体长2.1mm，宽1.1mm。额瘤不明显。触角6节，第三节有大小圆形次生感觉圈7～11个排成一列，第四节2～3个，第五节0～1个。喙达中足基节。翅脉、翅痣灰黑色，各脉有灰黑色窄边；前翅径分脉可达翅顶，中脉单一；后翅有2肘脉。

为害特征

以成、若蚜吸食棉花根部汁液，致受害主根下部及须根变细、枯萎、变黑或腐烂。植株地上部叶色变暗、萎蔫，棉苗生长缓慢，棉茎变红或嫩顶枯萎，叶片变薄或枯萎下垂，严重时整片棉苗枯死。

发生规律

菜豆根蚜在土壤中呈水平分布，距植株周围5cm处最多，垂直分布在5～10cm深的土层内。怕光，见光即向土缝中躲避，在土中常与小黄蚁共生，靠小黄蚁搬迁或转移为害。春末有翅蚜从棉田外黄连木属植物迁飞到多种寄主植物上，钻入土中为害根部。孤雌卵胎生多代，直到秋末，发生有翅性母蚜，钻出地表，迁回黄连木属植物上产卵越冬。雌雄交配后，雌蚜只产1粒卵，受精卵在枝上越冬，翌年春，卵孵化干母，全为孤雌蚜。幼叶经干母的取食，在小叶基部形成纺锤形的虫瘿，如此周年循环。部分群体可在寄主根部以孤雌胎生蚜越冬。沙壤土、壤土土质松软、通透性好，发生为害重，连作田易发生，气温高发生早，多雨的年份也有发生为害重的。

防治要点

生态调控：冬、春季铲除田边地头杂草，秋末春初深翻整地，可消灭越冬虫源。

生物防治：保护利用蚜茧蜂、瓢虫、草蛉等自然天敌。

科学用药：推广噻虫胺、噻虫嗪等新烟碱类杀虫剂与氯虫苯甲酰胺、溴氰虫酰胺或丁硫克百威等复配的种衣剂拌种，种群量大及时用辛硫磷、灭多威、吡虫啉等药剂灌根。

形态特征

菜豆根蚜（①郭荣提供，②王佩玲提供）

为害状

菜豆根蚜为害导致棉花植株生长缓慢（①王佩玲提供，②郭荣提供）

6.灰地种蝇

灰地种蝇［*Delia platura*（Meigen）］属双翅目花蝇科。别名地蛆。

分布与寄主

分布在长江流域棉区、黄河流域棉区和西北内陆棉区。寄主植物有棉花及十字花科、禾本科、葫芦科植物等。

形态特征

成虫：体长4～6mm，雄蝇体色暗黄或暗褐色，两复眼几乎相连。雌蝇灰色至黄色，两复眼间距为头宽的1/3。触角黑色，胸部背面具黑纵纹3条，前翅基背鬃长度不及盾间沟后的背中鬃之半。雄虫后足胫节内下方具1列稠密、末端弯曲的短毛，腹部背面中央具黑纵纹1条。雌虫后足胫节无短毛，中足胫节外上方具刚毛1根；腹部背面中央纵纹不明显。腹节间有一黑色横纹。

卵：长椭圆形稍弯，长约1.6mm，乳白色，表面具网纹。

幼虫：蛆形，乳白而稍带浅黄色；成长后体长6～7mm，尾节具肉质突起7对，1～2对等高，5～6对等长。

蛹：红褐或黄褐色，椭圆形，长4～5mm，腹末可见7对突起。

为害特征

以幼虫蛀食萌动的棉花种子或幼苗的地下组织，引致棉花根部腐烂和植株死亡。

发生规律

1年发生2～5代，黄河流域棉区以蛹在土中越冬，长江流域棉区冬季可见各虫态。温度显著影响世代历期。产卵前期初夏30～40d，晚秋40～60d。35℃以上高温70%的卵不能孵化，幼虫、蛹死亡，故夏季灰地种蝇少见。灰地种蝇喜白天活动，幼虫多在表土下或幼茎内活动为害。

防治要点

生态调控：施用充分腐熟的有机肥，防止成虫产卵。

理化诱控：成虫发生高峰期，可用糖醋混合液进行诱杀。

科学用药：推广噻虫胺、噻虫嗪等新烟碱类杀虫剂与氯虫苯甲酰胺、溴氰虫酰胺或丁硫克百威复配剂进行种子包衣。幼虫严重为害时，可用辛硫磷、甲基阿维菌素苯甲酸盐等药剂灌根或拌毒土撒施。

形态特征

1

2

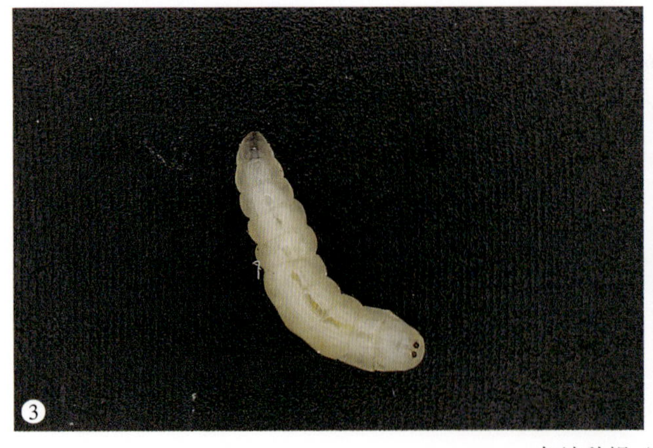

灰地种蝇（张海剑提供）

①灰地种蝇成虫 ②灰地种蝇卵 ③灰地种蝇幼虫 ④灰地种蝇蛹

7. 黄脸油葫芦

黄脸油葫芦［*Teleogryllus emma*（Ohmachi & Matsuura）］属直翅目蟋蟀科。俗称北京油葫芦、油葫芦。

分布与寄主

在我国广泛分布于长江流域棉区、黄河流域棉区和西北内陆棉区，其中长江流域棉区发生较多。多食性害虫，以棉花等植物的根、茎、叶为食，对棉花、大豆、花生、山芋、马铃薯、粟、棉、麦等农作物有一定的危害性。

形态特征

成虫：雄虫体长18 ～ 25mm，雌虫体长19.5 ～ 26.6mm。体褐色至黑褐色，头顶黑色无浅色纵纹或黑褐色有不清晰的浅色纵纹。复眼周围及颜面土黄色。前胸背板褐色至黑褐色，侧叶下半部常色淡，特别是前下角均为土黄色。足粗壮，后足胫节背方有6 ～ 7对亚端距。雄虫前翅伸达腹末端；斜脉3 ～ 4条。发音镜近似斜长方形，内有一曲脉分镜为两室。端区发达，呈规则网状。侧区纵脉11 ～ 12条。雌虫前翅具10 ～ 11条斜纵脉，由横脉分隔成规则网状。雌、雄虫后翅均伸出腹末端，似尾状。雌虫产卵管长度约与体长相等或稍短。

卵：略呈长筒形，长2.4 ～ 3.8mm，宽0.3 ～ 0.4mm。乳白色微黄，两端微尖，表面光滑。

若虫：共6龄。六龄若虫体长约21.5mm，头宽4.3 ～ 4.9mm。体背面深褐色；前胸背板月牙纹明显；雌、雄若虫均具翅芽；尾毛淡褐色，仅尖端灰白色；雌若虫产卵管长度露出尾端。

为害特征

成虫和若虫咬食棉花等植物的根、茎、叶成缺刻或孔洞，有的咬食花蕾。

发生规律

每年发生1代，以卵在土中越冬，翌年4月孵化为若虫，经6次蜕皮，于5月下旬至8月陆续羽化为成虫，9—10月进入交配产卵期，交尾后2 ～ 6d产卵，卵散产在杂草丛、田埂等处，成虫和若虫昼间隐蔽，夜间活动、觅食、交尾。喜栖息于地表杂乱的沟壑、石缝隙中和杂草丛的根部。成虫有趋光性。

防治要点

农业防治：精耕细作，深耕细耙；施用充分腐熟的农家肥。

物理防治：利用杀虫灯诱杀成虫。

科学用药：毒饵诱杀。用甲氨基阿维菌素苯甲酸盐等速效型药剂以水稀释5倍，与炒香的麦麸、豆饼、棉籽、碎玉米粒拌匀，在傍晚撒施于棉田地表。药剂防治可选用辛硫磷等，施药时要从田四周开始，向中间推进效果好。

形态特征及为害状

黄脸油葫芦（① 刘靖涛提供，② 王音提供，③ 王佩玲提供）

①、② 黄脸油葫芦雌虫 ③ 黄脸油葫芦为害棉花幼苗

第二节 吸收式口器害虫

8. 棉蚜

棉蚜［*Aphis gossypii* (Glover)］属半翅目蚜科。别名油虫、蜜虫、腻虫等。

分布与寄主

棉蚜在我国各棉区均有分布，在棉花蚜虫中是为害最重的一种，是我国棉花上的一种重大害虫。棉蚜寄主范围很广，可为害棉花、甜瓜、西瓜、西葫芦、黄瓜、番茄、辣椒、茄子、花椒、石榴等700多种植物。

形态特征

成蚜有典型的多型现象。

干母：体长1.6mm。茶褐色，触角5节，无翅，尾片常有毛7根。

无翅胎生雌蚜：体长1.5 ~ 1.9mm。体色变异大，夏季呈黄绿或黄色，春秋季蓝黑色、深绿色或棕色。触角6节，第三、四节无感觉孔，第五节有1个感觉孔，第六节膨大处有3 ~ 4个感觉孔。腹部末端有暗色长圆筒形腹管1对，具瓦状纹。尾片青绿色，有刚毛4 ~ 5根。

有翅胎生雌蚜：体长1.2 ~ 1.9mm。体黄色至深绿色，前胸背板黑色。翅透明，2对，前翅中脉3叉，后翅具中、肘脉。腹背各节节间斑明显。触角6节，较体短，第三节有排成1行的感觉孔5 ~ 8个。腹管暗黑色，圆筒形，表面有瓦状纹。尾片青绿色，有刚毛3对。

无翅产卵雌蚜：体长1.0 ~ 1.5mm。体灰褐、墨绿、暗红或赤褐色。触角5节，第四节末端有1个感觉孔，第五节基部有2 ~ 3个感觉孔。后足胫节特别发达，有排列不规则的小圆形的性外激素分泌腺。黑色腹管较小，尾片常有毛6根。

有翅雄蚜：体长1.2 ~ 1.4mm。体有绿、灰黄或赤褐色。体长卵形，较小，腹背各节中央各有1黑横带。触角6节，第三至六节依次有次生感觉圈33个、25个、14个和7 ~ 8个。腹管灰黑色，较有翅雌蚜的腹管短小，尾片常有毛5根。

卵：长0.5 ~ 0.7mm。椭圆形，两端略窄。初产时橙黄色、绿色，后变为漆黑色。

若蚜：分无翅若蚜和有翅若蚜，共4龄。无翅若蚜体色夏季为黄色或黄绿色。春秋为蓝灰色，复眼红色，腹部背面有圆斑。有翅若蚜夏季体淡红色，秋季灰黄色，有翅若蚜形状同无翅若蚜，二龄以后胸部两侧有翅芽，在一、六腹节的中侧和二至四腹节的两侧各有白色圆斑1个。

棉蚜与其他5种棉花蚜虫的形态特征比较

特征	棉蚜	棉黑蚜	棉长管蚜	桃蚜	拐枣蚜	罗布麻蚜
体色	淡黄、淡绿、深绿、黑绿、黄色	褐色至黑色，有光泽，略被蜡粉	草绿色，有时淡红褐色，被蜡粉	淡绿、黄绿和淡红褐色，有光泽	深绿，被明显蜡粉	草绿色与墨绿色，被蜡粉
额瘤	中额隆起，额瘤不显著	中额微隆起，额瘤稍外倾，不显著	中额瘤不显，额瘤显著呈U形外倾	中额微隆起，额瘤显著，内缘向内倾	额瘤不显	额瘤显著外倾，呈U形
触角与体长之比	3 : 5 ~ 3 : 4	3 : 5 ~ 3 : 4	1.1 : 1	4 : 5	少于1 : 2	3 : 4
触角第六节鞭部比基部	长	长	长	长	短	长
胸部及腹部瘤突	前胸、腹部第一及七节有缘瘤	具缘瘤，第七至八节背面具横纹	胸背有细微横纹，腹第一至六节背面有刻点	腹背具弓形纹	腹部背面有小斑点	体背有5对白色斑纹
前翅中脉	分3叉	分3叉	分3叉	分3叉	分3叉	分4叉
腹管	黑色，长筒形，为体长的1/5	黑色，为体长的1/5	绿色或淡红褐色，为体长的1/3 ~ 1/2	淡绿至淡红褐色，长筒形，有瓦纹，为体长的1/5	短筒形，很短，向端部稍细，淡色	绿色或淡红褐色，为体长的1/4 ~ 1/3
尾片	圆锥形，近中部收缩，曲毛4 ~ 7根	圆锥形，中部常收缩	圆锥形，为腹管长的1/3	圆锥形，有曲毛6根		黄褐色，尾片有长毛8 ~ 12根

为害特征

棉蚜以成蚜、若蚜群集棉花嫩叶背面及嫩茎上刺吸汁液为害。直接刺吸植株汁液，叶片细胞受到破坏，生长不平衡，叶片向背面卷曲或皱缩，棉株矮缩呈拳头状。破坏正常生理代谢，棉株生长缓慢，推迟现蕾和开花，使蕾数减少，果枝数也减少。分泌蜜露，棉花茎叶一片油光，且易诱发霉菌滋生，蕾铃受害，易脱落。在吐絮期“秋蚜”的蜜露还会污染棉絮。

发生规律

棉蚜在黄河流域棉区、长江流域棉区每年发生20 ~ 30代，在西北内陆棉区每年发生30 ~ 40代，均以卵在越冬寄主上越冬。新疆棉蚜越冬寄主主要包括室内花卉、蔬菜等，以及室外石榴、花椒、黄金树、梓树等木本植物。越冬卵3月底至4月上旬孵化后在越冬寄主及其周围植物上繁殖3 ~ 4代。4月底至5月上旬以有翅蚜迁入棉田，6月中旬以后种群数量迅速增长，由点片开始向全田蔓延，常发年份高峰过后种群会急剧下降。7月下旬至8月中旬棉蚜种群数量出现2 ~ 4次明显的峰值波动，8月下旬后棉蚜逐渐迁出棉田。棉田棉蚜有3个生态型，5—6月为苗蚜，7—8月为伏蚜，9—10月为秋蚜。

防治要点

调查测报：参考《棉蚜测报技术规范》(GB/T 15799—2011)。

生态调控：种植抗蚜棉花品种。选择性防治田埂杂草，保护苦豆子、甘草、罗布麻、骆驼刺等功能性植物，保育棉田外天敌虫源。推广棉花与小麦、油菜、大蒜、洋葱等间套作模式，在棉田插种油菜、罗布麻、苜蓿等功能植物带，促进棉田天敌增殖。

生物防治：充分保护利用天敌，当瓢蚜比在1 ∶ 500以内时，天敌即可控制棉蚜的发生。

科学用药：推广用吡虫啉、噻虫嗪等种子包衣、拌种防治苗蚜。当益害比低于防治指标时，黄河流域棉区和西北内陆棉区苗蚜3片真叶前卷叶株率达5%～10%时，或4片真叶后卷叶株率达10%～20%时，进行药剂点片挑治。伏蚜单株上中下3叶蚜量平均200～300头时，全田防治。推荐氟啶虫胺腈、双丙环虫酯、氟啶虫酰胺·烯啶虫胺、吡蚜酮、啶虫脒、苦参碱等药剂交替使用，可有效控制棉蚜种群发生并减轻对天敌的误杀。

形态特征

①

②

③

④

⑤

⑥

棉蚜（①～⑥耿亭提供，⑦、⑧王佩玲提供）

①、②棉蚜成蚜 ③有翅蚜成蚜 ④不同体色若蚜和被蚜茧蜂寄生的僵蚜 ⑤棉蚜产若蚜 ⑥棉蚜成蚜与不同龄期若蚜 ⑦不同体色和不同翅型的棉蚜 ⑧棉叶背面多种蚜虫混生（a为棉蚜，b为棉长管蚜，c为棉黑蚜，d为桃蚜，e为拐枣蚜）

为害状

棉蚜为害状（①、⑨姚举提供，②李恺球提供，③、④、⑦、⑧、⑩、⑪陆宴辉提供，⑤耿亭提供，⑥李耀发提供，⑫郭荣提供）

①棉蚜为害棉花幼蕾成“三角苞”　②棉蚜为害棉花花蕾　③棉蚜为害棉花花　④棉蚜为害棉花叶片
⑤棉蚜群集棉花嫩叶上为害　⑥棉蚜为害造成棉花叶片卷曲　⑦、⑧棉蚜为害造成棉花顶部叶片皱缩　⑨棉蚜田间严重为害状
⑩棉蚜为害造成叶片油光状　⑪棉蚜为害造成棉花叶片霉污　⑫棉蚜为害造成棉铃霉污

棉蚜在其他寄主植物上的发生与为害

棉蚜是多种大田作物、瓜类、蔬菜、果树、观赏植物等的重要害虫，不仅刺吸为害还导致蜜露污染等，而且可传播50多种植物病毒。

甜瓜叶片上的棉蚜（毛亮提供）

棉蚜为害甜瓜植株
（买买提吐尔逊•阿布拉提供）

黄瓜叶片上的棉蚜（董伟提供）

西瓜叶片上的棉蚜（董伟提供）

瓠瓜上的棉蚜和瓢虫卵（红圈）（董伟提供）

花椒叶片上的棉蚜（董伟提供）

扶桑嫩芽上的棉蚜（董伟提供）

柑橘嫩梢上的棉蚜（董伟提供）

9. 棉长管蚜

棉长管蚜［*Acyrthosiphon gossypii* (Mordvilko)］属半翅目蚜科。别名棉无网长管蚜、大棉蚜。

分布与寄主

分布于西北内陆棉区，常与棉蚜等其他棉花蚜虫混合发生。除棉花以外，还为害蚕豆、豇豆、绿豆、圆叶锦葵、甘草、骆驼刺等植物。

形态特征

无翅胎生雌蚜：体长3.5mm。草绿色，被蜡粉，头部额瘤显著，外倾，呈U形。触角稍长于身体，第三节基部有小圆感觉圈1 ～ 3个。腹部背面几乎无斑纹。腿节顶端、胫节顶端和跗节黑色。腹管绿色或淡红褐色，长为体长的1/3 ～ 1/2。尾片有长毛8 ～ 12根。足长，善爬行。

有翅胎生雌蚜：体长2.7mm。草绿色或淡黄绿色，额瘤显著，外倾。触角短于体长，第三节基部端2/3有小圆感觉圈10 ～ 20个。前翅中脉分3叉。腹管很长，绿色。其余特征同无翅胎生雌蚜。

为害特征

分散于棉花叶背、嫩枝和花蕾上为害，受害叶片出现淡黄色失绿的细小点，叶片不发生卷缩，严重时造成果枝不结蕾、铃，或小蕾干落，为害盛期在蕾铃期。苗期受害，棉叶卷缩，开花结铃期推迟；成株期受害，上部叶片卷缩，中部叶片现出油光，下位叶片枯黄脱落，叶表有排泄的蜜露，诱发霉菌滋生。蕾铃受害，易落蕾。

发生规律

以卵在骆驼刺、甘草及槐属植物及矢车菊、冬苋菜及棉秆上越冬。越冬卵于翌年3月底至4月初孵出干母，干母在越冬寄主上孤雌胎生，产生有翅蚜，迁飞至侨居寄主上繁殖和发育。在新疆南疆约5月上、中旬迁入棉田，北疆5月下旬开始出现。6月中、下旬棉田发生最盛，7月中、下旬较少，8月中旬后有翅蚜从棉田迁回越冬寄主上，产生雌、雄性蚜，交配后产卵越冬。

防治要点

参考棉蚜。

形态特征

①

②

③

棉长管蚜（①、④～⑥耿亭提供，③于江南提供）

①、②棉长管蚜成蚜 ③棉长管蚜有翅蚜 ④棉长管蚜低龄若蚜
⑤棉长管蚜高龄若蚜 ⑥棉长管蚜和棉蚜混生

为害状

棉长管蚜为害棉花（①、②姚永生提供，③王少山提供）

①棉长管蚜聚集为害棉花叶片 ②棉长管蚜为害棉花叶片 ③棉长管蚜为害棉花嫩茎

10. 棉黑蚜

棉黑蚜［*Aphis craccivora* Koch，异名：*Aphis atrata*（Zhang）］属半翅目蚜科。别名黑豆蚜、花生蚜、苜蓿蚜。

分布与寄主

主要在西北内陆棉区发生。除棉花以外，常见寄主还有赤豆、绿豆、蚕豆、菜豆、豇豆、苦豆子、骆驼刺和苜蓿等多种豆科植物。

形态特征

无翅胎生雌蚜：体长2.1mm，宽1mm。宽卵形，黑褐色，略被薄蜡粉，有光泽；头黑色，额瘤不明显。触角6节，短于身体。前胸部具背中横带，缘斑与中胸中侧斑断续；足非全部黑色，有淡色相间；腹部一至六节背板各斑融合成为一大黑斑，缘瘤在前胸及腹部第一、七节背板。腹管长圆管形，由基部向端部渐细，为体长的1/5；尾片圆锥形，中部收缩。

有翅胎生雌蚜：头、胸黑色，腹部背面具黑色斑纹，第二至五腹节断续中斑有时融合为横带，第六节横带与腹管后斑相连，第七、八节各横带横贯全节。触角第三节具感觉圈5 ~ 7个。前翅中脉3叉。

为害特征

以成虫、若虫群集于棉苗嫩头、子叶、真叶背面为害，导致叶片卷缩，生长点枯萎脱落，棉株矮化畸形，花蕾减少，产量下降。取食过程中分泌的蜜露则诱发霉菌滋生，覆盖在棉花茎叶和嫩梢表面，影响其正常的光合作用，同时还传播病毒病，使棉花产量和品质严重下降。

发生规律

棉黑蚜通常以卵在苦豆子和苜蓿等植物上越冬，越冬卵3月底孵化为干母，进行孤雌生殖，经2 ~ 3代后，在4月下旬至5月上旬产生有翅蚜，迁入棉苗上为害。孤雌卵胎生数代，产生有翅侨蚜，迁至其他棉株上，在5月下旬至6月上旬进入为害盛期。棉黑蚜属低温型种类，发育适温范围为20 ~ 23℃。新疆南疆6月中、下旬，北疆6月底至7月初高温来临后，棉黑蚜发生密度急剧减少，从棉田消退。9月中旬出现有性蚜，9月底至10月上旬产卵越冬。

防治要点

参考棉蚜。

形态特征

棉黑蚜（① ~ ③耿亭提供，④ 刘冰提供）

①棉黑蚜成蚜　②棉黑蚜低龄若蚜　③棉黑蚜高龄若蚜　④棉黑蚜与棉蚜混生

为害状

棉黑蚜为害棉花（①耿亭提供，②李号宾提供，③王少山提供）
①、②棉黑蚜为害棉花嫩叶 ③棉黑蚜为害棉花幼苗

棉黑蚜在其他寄主植物上的发生与为害

棉黑蚜主要刺吸豆科寄主植物的嫩叶、幼芽、嫩茎、花器及嫩荚，使叶片卷缩，生长点枯萎，幼枝弯曲，植株萎缩，影响开花结实，甚至枯死。

四季豆上的棉黑蚜（①、②王惠卿提供，③董伟提供）

豇豆上的棉黑蚜（①潘洪生提供，②～④芦屹提供）

蚕豆上的棉黑蚜（刘冰提供）

花生上的棉黑蚜（董伟提供）

甘草上的棉黑蚜（①刘冰提供，②张孝峰提供）

骆驼刺上的棉黑蚜（刘冰提供）

11. 桃蚜

桃蚜［*Myzus persicae* (Sulzer)］属半翅目蚜科。别名腻虫、桃赤蚜。

分布与寄主

桃蚜主要在西北内陆棉区为害棉花。桃蚜是多食性害虫，除棉花外，还为害茄子、辣椒、白菜、豆类、瓜类、烟草等农作物和梨、桃、李、梅、樱桃等果树，寄主多达74科285种。

形态特征

无翅胎生雌蚜：体长1.9 ~ 2.0mm。有黄绿和红褐两种体色。头部额瘤显著，向内倾斜，中额瘤微隆起，眼瘤也显著。触角6节，短于体长。腹管淡黑色，长筒形，是尾片的2.37倍，具瓦纹。尾片圆锥形，黑褐色，两侧各有曲毛3根。

有翅胎生雌蚜：体长1.8 ~ 2.2mm。头、胸部黑色，头部额瘤与眼瘤均同有翅胎生雌蚜。触角6节。腹部有黑褐色斑纹，翅无色透明，翅痣灰黄或青黄色。腹管细长，尾片中央稍凹陷，着生3对侧毛。

有翅雄蚜：体长1.5 ~ 2.0mm。体色深绿、灰黄、暗红或红褐。头、胸部黑色。

卵：椭圆形，两端盾圆，长径约0.44mm，短径约0.33mm。初为橙黄色，后变成漆黑色而有光泽。

若蚜：近似无翅胎生雌蚜，淡粉红色，体小；有翅若蚜胸部发达，具翅芽。

为害特征

桃蚜以成蚜及若蚜刺吸棉花汁液，造成植株严重失水和营养不良，被害部位卷缩变黄，影响开花和结实，受害严重的全株枯死。桃蚜分泌的蜜露会引起棉花煤污病，影响光合作用，进而影响棉花产量和品质，还能传播多种病毒。

发生规律

早春，桃蚜越冬卵孵化为干母，在越冬寄主上孤雌胎生，繁殖数代皆为干雌。4月中下旬，产生有翅胎生雌蚜，迁飞到十字花科、茄科作物等侨居寄主上为害，5月中旬陆续迁入棉田为害，孤雌胎生繁殖无翅胎生雌蚜，6月上旬种群数量迅速上升，至6月中旬达高峰，6月底之后数量锐减，7月底开始迁出棉田。直至晚秋夏寄主衰老，产生有翅性母蚜，迁飞至桃树等越冬寄主上，繁殖无翅卵生雌蚜和有翅雄蚜，雌雄交配产卵越冬。在温室条件下，冬季桃蚜可在菠菜、小白菜等寄主上继续繁殖为害。

防治要点

参照棉蚜。

形态特征

4
5
6
7
8
b
a
c

桃蚜（①～⑤耿亭提供，⑥、⑧、⑨王佩玲提供，⑦李号宾提供）

①桃蚜成蚜正面状 ②桃蚜成蚜侧面状 ③～⑤桃蚜若蚜 ⑥、⑦田间棉花叶片上孤雌生殖的桃蚜
⑧桃蚜（a）与棉长管蚜（b）、棉黑蚜（c）混生 ⑨桃蚜（红圈）和棉蚜混生

12. 拐枣蚜

拐枣蚜［*Xerophylaphis plotnikovi* (Nevsky)］属半翅目蚜科。

分布与寄主

拐枣蚜分布于西北内陆棉区，在局部地区发生为害。除为害棉花外，寄主还有沙棘和骆驼蓬。

形态特征

无翅胎生雌蚜：体色为灰绿、深绿色，被明显蜡粉。额瘤不显著。触角比身体短，第二节比第一节短，第六节鞭状部比基部短。腹部背面有小斑点，腹管短筒形，向端部稍细，淡色。

有翅胎生雌蚜：头部黑色，腹部淡绿色或淡红色。触角第三节有次生感觉圈9～11个，在外缘排成1行。前翅中脉3叉。

卵：椭圆形，初产绿色，后变黄橙色，6～7d后变为黑色。

为害特征

以成蚜和若蚜群集在棉苗嫩头取食为害，严重抑制棉苗顶芽生长，使棉苗发育迟缓而影响产量。为害较重时，造成棉苗生长受阻，植株矮化。

发生规律

与棉黑蚜相似。以卵在沙棘上越冬。

防治要点

参考棉蚜。

形态特征

拐枣蚜（王佩玲提供）

①拐枣蚜　②拐枣蚜（a）与棉蚜（b）　③拐枣蚜（红圈）与棉蚜　④拐枣蚜（a）与棉长管蚜（b）

13. 绿盲蝽

绿盲蝽［*Apolygus lucorum*（Meyer-Dür），异名：*Lygus lucorum*（Meyer-Dür）］属半翅目盲蝽科后丽盲蝽属。也称为绿后丽盲蝽。

分布与寄主

绿盲蝽分布于全国各棉区，是黄河流域、长江流域棉区的盲蝽优势种和主要害虫，近年来在西北内陆棉区的发生呈现加重趋势。寄主范围广泛，是典型的多食性害虫，可为害锦葵科、豆科、伞形科、旋花科、十字花科、茄科、葫芦科、菊科、大戟科、唇形科等30多科280多种植物。

形态特征

成虫：全体绿色。体长5.0～5.5mm，宽2.5mm。头部三角形，复眼黑色，位于头侧；触角4节，短于体长，第二节最长；喙管4节，末端黑色，达后足基节端部。前胸背板梯形，有许多刻点；中胸小盾片三角形，微突起。前翅膜区暗褐色，革片、爪片和楔片均绿色。足胫节有刺；跗节3节，具黑色爪2个。

若虫：共5龄。五龄若虫体长3.40mm，宽1.78mm。洋梨形，亮绿色，被稀疏黑色细毛。头三角形，复眼灰色，位于头侧；触角4节，短于体长；喙4节，端节黑色。不同龄期翅芽发育程度不同，末龄若虫前翅翅芽尖端黑褐色，长达腹部第四节。足跗节2节，端节长，端部黑色，爪2个。

卵：长茄形，端部钝圆，中部略弯，颈部较细，长1mm左右，宽0.26mm，卵盖黄白色，前、后端高起，中央稍微凹陷。

除绿盲蝽外，棉田常见盲蝽还有中黑盲蝽、三点盲蝽、苜蓿盲蝽和牧草盲蝽，绿盲蝽成虫与其他4种盲蝽成虫的形态特征比较见下表。

绿盲蝽成虫与其他4种棉花盲蝽成虫的形态特征比较

特征	绿盲蝽	中黑盲蝽	三点盲蝽	苜蓿盲蝽	牧草盲蝽
体色	全体绿色	污黄褐色至淡锈褐色，被褐色绒毛	褐色，被细绒毛	黄褐色，被细绒毛	绿色或黄绿色，越冬前后为黄褐色
复眼	黑色，位于头侧	黑色，长圆形	深褐色，长圆形	黑色，长圆形	褐色，椭圆形
触角	比身体短，第二节最长，基部两节绿色，端部两节褐色	比身体长，第二节最长，第四节最短	黄褐色，第二节最长，端部颜色较深	比身体长，第二节最长，第四节最短	第二节最长，各节均被细毛
喙	末端达后足基节端部，端节黑色	唇基红褐色，伸达后足基节	伸达后足基节末端前	末端达后足腿节端部	长达后足基节
胸背板	绿色，小盾片绿色，微突	背板中央有黑色圆斑2个，小盾片黑褐色	前缘具两黑斑，小盾片黄色，两基角褐色	后缘前方有两个明显的黑斑，小盾片三角形，有纵黑纹	两侧断续黑边，小盾片黄色部分呈心脏形
前翅	绿色，膜区暗褐色，翅室脉纹绿色	爪片、楔片、革片与膜区相接处为黑褐色，膜区暗褐色	爪区、革区、中央褐色，楔片黄色，膜区深褐色	革片、爪片褐色，楔片黄色，膜区暗褐色半透明，翅室脉纹深褐色	前翅具刻点及细绒毛，膜区透明
足	绿色，胫节有刺，跗节3节，爪2个	散布黑点，胫节细长，具黑色刺毛，跗节3节	腿节具黑色斑点，胫节褐色，具刺	端部约2/3具有黑褐色斑点，胫节具刺，跗节3节	腿节末有2～3条深褐色环纹，胫节具黑刺，爪2个

为害特征

棉花嫩叶被害后，初呈小黑点，后被拉伸形成不规则的孔洞状，称为“破叶疯”。现蕾时受害可导致幼蕾脱落，植株疯长成“扫帚苗”。小蕾受害，逐步由黑色小斑点转变为灰黑色，干枯而脱落。大蕾受害，呈现黑色小斑点，苞叶微外张，很少脱落。花瓣初现顶部受害，呈现黑色斑点，后卷曲变厚，花不能正常开放；花瓣中、下部受害，呈暗黑色小点片，严重受害则通体黑片。幼铃受害，黑点密集，当受害达铃表面1/5时导致脱落或变黑、僵硬，吐絮不正常。中型铃受害点常有胶状物流出，后变僵硬，很少脱落；大型铃受害后有点片状黑斑，均不脱落。

发生规律

绿盲蝽在黄河流域、西北内陆棉区1年发生5代，长江流域棉区1年发生5～7代。以卵在枣、葡萄等果树的断茬髓部，棉花、杂草等植物的枯枝断茬，以及土壤表层越冬。早春，越冬卵孵化后，若虫主要在越冬寄主及其周边植物上活动取食，成虫羽化后转移扩散，主要偏好选择处于花期的寄主植物。6—8月为棉田集中为害期。由于成虫寿命与产卵期长，田间世代重叠现象明显。绿盲蝽属喜湿昆虫，夏季雨水偏多的年份，种群发生程度常偏重。

防治要点

调查测报：参考《盲蝽测报技术规范 第1部分：棉花》（NY/T 2163.1—2016）。

生态调控：结合冬、春季节果树修剪、田边杂草清除，控制棉田外虫源基数。避免棉花与果树、苜蓿等偏好寄主间套作或邻作，减少绿盲蝽在不同寄主之间的转移交叉为害。棉田周围种植绿豆诱集带并对绿豆上的绿盲蝽进行定期防治，可减轻棉田内绿盲蝽发生。

生物防治：在绿盲蝽卵孵化高峰期，人工释放红颈常室茧蜂蛹，同时保护利用棉田自然天敌。

理化诱控：利用性诱剂诱杀雄性成虫，利用诱虫灯诱杀成虫。

科学用药：绿盲蝽防治适期为二至三龄若虫的发生高峰期，防治指标为苗期5头/百株、蕾花期10头/百株、花铃期20头/百株。推荐使用的农药有噻虫嗪、氟啶虫胺腈、啶虫脒等，条件允许时建议进行统防统治。在雨水多的季节，应及时抢晴防治。

形态特征

绿盲蝽（①、④～⑧耿亭提供，②陆宴辉提供，③潘洪生提供）

①绿盲蝽成虫 ②绿盲蝽卵 ③产在棉花嫩枝中的绿盲蝽卵
④绿盲蝽一龄若虫 ⑤绿盲蝽二龄若虫 ⑥绿盲蝽三龄若虫 ⑦绿盲蝽四龄若虫 ⑧绿盲蝽五龄若虫

为害状

①
②
③
④
⑤
⑥
⑦
⑧

绿盲蝽为害棉花（①、②、⑦、⑧、⑪、⑫、⑭、⑯、⑰陆宴辉提供，③、⑥刘杰提供，④李恺球提供，⑤陈华提供，⑨、⑩李金花提供，⑬、⑮耿亭提供）

①绿盲蝽为害棉花幼苗生长点　②绿盲蝽为害导致棉花幼苗生长点坏死　③、④绿盲蝽为害棉花造成无头苗　⑤、⑥绿盲蝽为害造成多头苗　⑦、⑧绿盲蝽为害棉花叶片造成“破叶疯”　⑨、⑩绿盲蝽为害棉花植株造成扫帚苗　⑪绿盲蝽为害棉花蕾　⑫、⑬绿盲蝽为害棉花花　⑭、⑮绿盲蝽为害棉花小铃　⑯绿盲蝽为害棉花中铃　⑰绿盲蝽为害棉花大铃

绿盲蝽在其他寄主植物上的发生与为害

绿盲蝽是葡萄树、枣树等多种果树及茶树上的主要害虫，主要刺吸为害新梢、嫩叶、花和幼果等组织器官，造成叶片破损畸形、果实受害坏死等。同时，绿盲蝽常在向日葵等作物以及艾蒿、葎草等杂草上高密度发生。

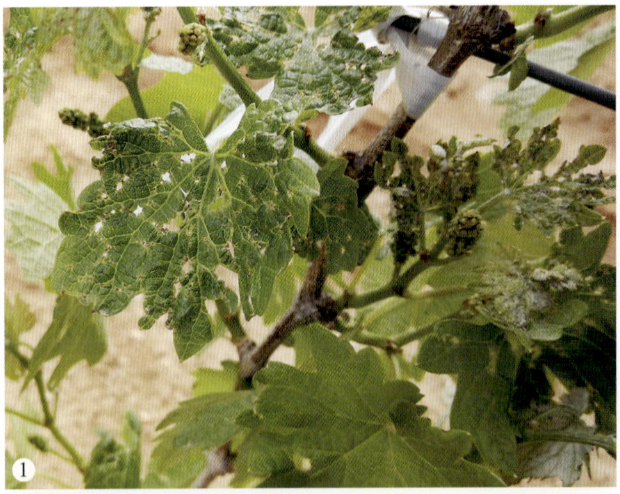

①

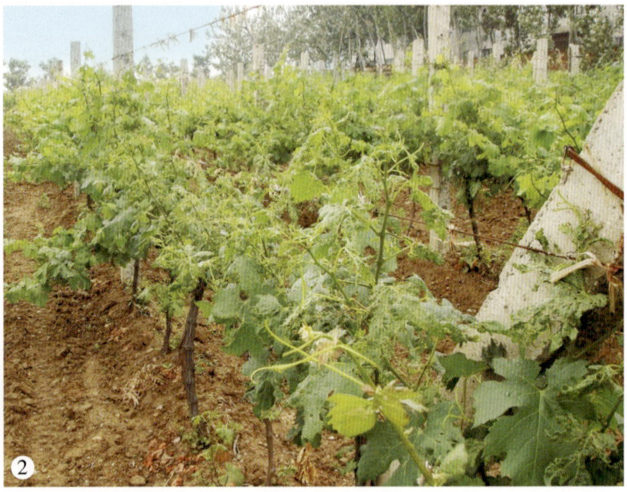

②

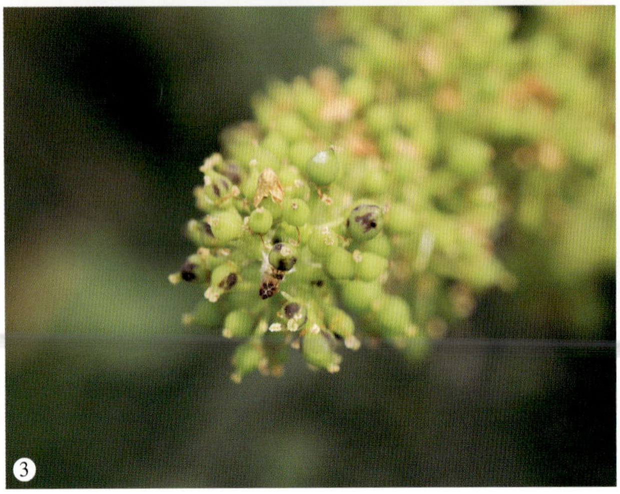

③

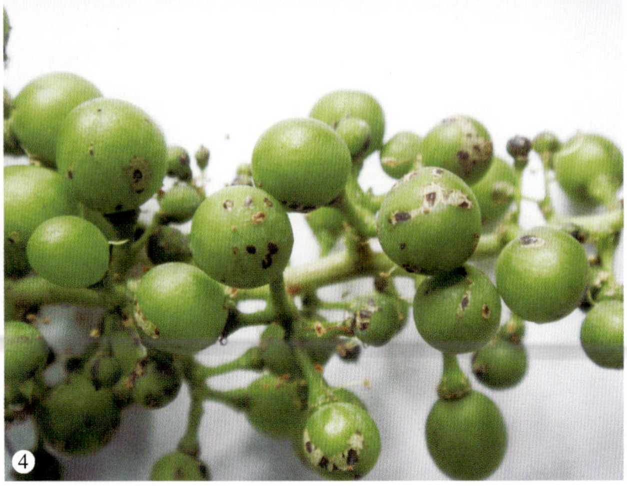

④

绿盲蝽为害葡萄（①刘杰提供，②、④陆宴辉提供，③门兴元提供）

①绿盲蝽为害葡萄叶片 ②绿盲蝽为害导致整园葡萄嫩叶破损 ③绿盲蝽为害葡萄果穗 ④绿盲蝽为害葡萄幼果

①

②

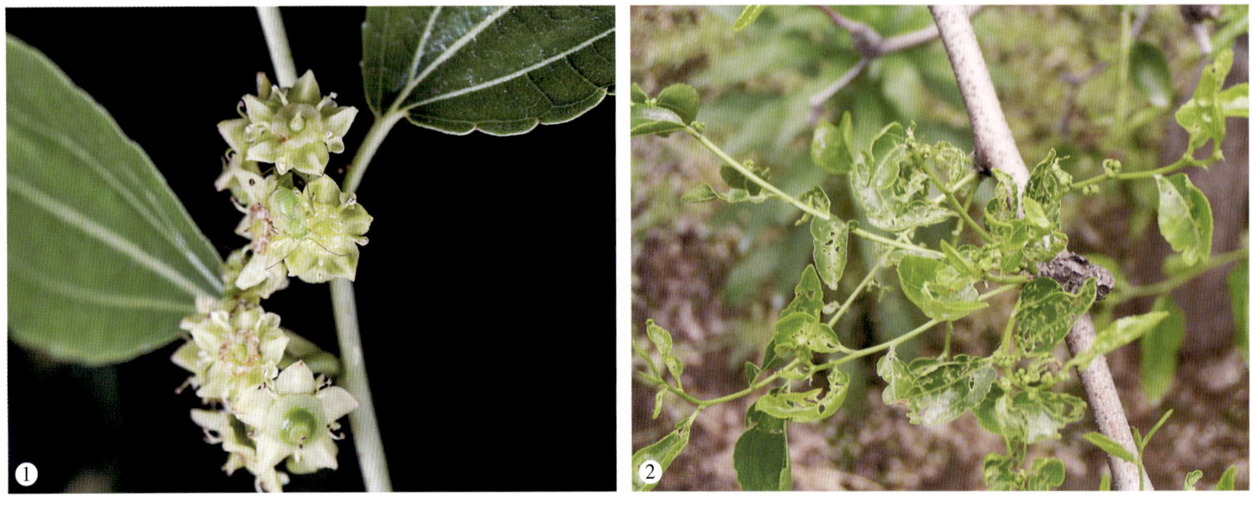

绿盲蝽为害枣（①耿亭提供，②～⑥门兴元提供，⑦李耀发提供）

①绿盲蝽为害枣树花 ②绿盲蝽为害导致枣树“破叶疯” ③、④绿盲蝽为害冬枣果实
⑤绿盲蝽为害导致冬枣果实出现青斑症状 ⑥枣树枝条断茬上聚集分布的绿盲蝽越冬卵 ⑦枣树枝条断茬内的绿盲蝽越冬卵

绿盲蝽为害桃树（①门兴元提供，②、③李国平提供）

①绿盲蝽为害桃幼果 ②、③绿盲蝽为害桃成熟果实

绿盲蝽为害樱桃（门兴元提供）

①绿盲蝽为害樱桃嫩叶 ②绿盲蝽为害樱桃幼果 ③绿盲蝽为害导致樱桃果实畸形

绿盲蝽为害苹果幼果（门兴元提供）

绿盲蝽为害茶树嫩叶（①门兴元提供，②蔡晓明提供）

玉米花丝上的绿盲蝽成虫（李国平提供）

扁豆花上的绿盲蝽若虫（陆宴辉提供）

绿豆嫩头上的绿盲蝽成虫（陆宴辉提供）

向日葵花盘上的绿盲蝽成虫（陆宴辉提供）

葎草花序上的绿盲蝽成虫（陆宴辉提供）

野艾蒿花期植株上的高密度绿盲蝽（陆宴辉提供）

14. 中黑盲蝽

中黑盲蝽［*Adelphocoris suturalis*（Jakovlev）］属半翅目盲蝽科苜蓿盲蝽属。又称中黑苜蓿盲蝽。

分布与寄主

中黑盲蝽主要分布在长江流域及黄河流域南部棉区，是棉花上的一种重要害虫。寄主范围广泛，可取食锦葵科、豆科、苋科、茄科、葫芦科、菊科、十字花科、禾本科、旋花科、大戟科等50多科270多种植物。

形态特征

成虫：体表污黄褐色至淡锈褐色。体长7mm，宽2.5mm。头三角形，复眼长圆形，黑色；触角细长，4节，第二节最长，一至二节绿色，三至四节褐色；喙4节，唇基红褐色。前胸背板梯形，黄绿色；背板中央及两侧各具一黑色圆斑。小盾片三角形，小盾片、爪片、革片与膜区相接处均为黑褐色，各部位相连于体背形成1条黑色纵带。前翅爪片宽大，革片近三角形，楔片黄色，膜片暗褐色；后翅膜质，浅绿色。足细长，黄褐色，基节较粗；胫节细长，末端黑色；跗节3节，绿色，端节长，爪2个。

卵：淡黄色，茄形。长1.14mm，宽0.35mm。卵盖长椭圆形，中央向下微凹、平坦，卵盖上有一指状突起，卵盖中央有一黑斑。

若虫：若虫共5龄。五龄若虫体长4.46mm，宽2.06mm。头钝三角形，头顶具浅色叉状纹，唇基突出。复眼赤红色，椭圆形。触角4节，长于身体；第一节粗短，第二节最长，淡褐色；第四节短而膨大，三至四节深红色。足红色，腿节及胫节疏生小黑点；跗节2节。一至二龄无翅芽，三龄后胸翅芽末端达第一腹节中部，四龄翅芽末端达腹部第三节，五龄翅芽末端达腹部第五节。

为害特征

中黑盲蝽为害棉苗子叶致顶芽焦枯变黑，无法长出主干；为害真叶致顶芽枯死，不定芽丛生为多头棉或受害芽展开呈破叶丛；幼叶被害展开的叶成为破烂叶；幼蕾受害由黄变黑，2 ~ 3d后枯死脱落；中型蕾受害苞叶张开呈张口蕾，很快脱落；幼铃受害部呈水渍状斑点，重者僵化脱落。

发生规律

中黑盲蝽在黄河流域1年发生4代，长江流域1年发生5 ~ 6代。以卵在杂草茎秆及棉花叶柄和叶脉中越冬。翌年4月中旬越冬卵始孵，一代成虫通常5月开始羽化，5月下旬开始迁入棉田、豆科植物等产卵繁殖。二代6月下旬至7月上旬出现、三代8月上中旬出现、四代9月上中旬出现，成虫集中在棉田产卵为害。四代、五代成虫于9月下旬至11月上旬在棉田及杂草上产卵越冬。中黑盲蝽成虫寿命长，田间世代重叠明显。有明显的趋花产卵、为害的习性，常随开花植物的分布而有规律地季节性转移。

防治要点

参见绿盲蝽。

形态特征

中黑盲蝽（①耿亭提供，②、③、⑤～⑨陆宴辉提供，④毛志明提供）

①中黑盲蝽成虫　②中黑盲蝽雌虫腹面观　③中黑盲蝽雄虫腹面观　④中黑盲蝽卵　⑤中黑盲蝽一龄若虫　⑥中黑盲蝽二龄若虫　⑦中黑盲蝽三龄若虫　⑧中黑盲蝽四龄若虫　⑨中黑盲蝽五龄若虫

为害状

中黑盲蝽成虫为害棉花（①陆宴辉提供，②、④、⑤潘洪生提供，③耿亭提供）

①中黑盲蝽成虫为害棉花叶片 ②、③棉花叶片上的中黑盲蝽若虫 ④、⑤棉花花上的中黑盲蝽成虫

中黑盲蝽在其他寄主植物上的发生与为害

中黑盲蝽在蚕豆、苜蓿等寄主上的种群数量通常较高，构成了棉田外的主要虫源，特别重要的是棉花生长季之前的早春虫源。

蚕豆植株上的中黑盲蝽若虫
（陆宴辉提供）

玉米植株上的中黑盲蝽成虫
（肖留斌提供）

绿豆叶片上的中黑盲蝽成虫
（潘洪生提供）

紫花苜蓿植株上的中黑盲蝽成虫
（潘洪生提供）

罗勒植株上的中黑盲蝽成虫
（陆宴辉提供）

地肤植株上的中黑盲蝽成虫
（潘洪生提供）

鼠尾草植株上的中黑盲蝽成虫
（潘洪生提供）

三色堇植株上的中黑盲蝽成虫
（潘洪生提供）

月见草花上的中黑盲蝽成虫
（潘洪生提供）

15. 三点盲蝽

三点盲蝽（*Adelphocoris fasciaticollis* Reuter）属半翅目盲蝽科苜蓿盲蝽属。又称三点苜蓿盲蝽。

分布与寄主

三点盲蝽主要分布于黄河流域与长江流域棉区，发生程度普遍较轻。寄主植物达120余种，主要种类包括棉花、向日葵、蓖麻、扁豆、苜蓿等作物和枣、桃、梨等果树。

形态特征

成虫：体长6.5 ~ 7.0mm，宽2.0 ~ 2.2mm，体褐色，被细绒毛。头三角形，略突出。眼长圆形，深褐色。触角4节，黄褐色，第二节最长，各节端部颜色较深。前胸背板绿色，后缘中线两侧各有黑横斑1个，有的两斑汇合成一黑色横带。小盾片黄绿色，基角褐色。前翅爪区褐色，革区前缘黄褐色，中央深褐色。楔片黄色，膜区深褐色。小盾片与前翅楔部形成3个黄绿色斑点。足黄绿色，腿节具有黑色斑点，胫节褐色，具刺。

卵：长1.2 ~ 1.4mm，宽0.33mm。淡黄色，茄形，卵盖椭圆形，暗绿色，中央下陷，一侧有指状突起，周围棕色。

若虫：橙黄色，密被黑色细毛。五龄若虫体长4mm，宽2.4mm。头褐色，眼突出头侧。触角4节，黑褐色，被细绒毛；第二至四节基部淡黄绿色。喙尖端黑色，末端达腹部第二节。前胸背板梯形，不同龄期翅芽有不同程度的发育。背中线明显。腹部第三节背中央后缘有横缝状臭腺开口。足深黄褐色，腿节稍膨大，前、中足胫节近基部与中段黄白色，后足胫节仅近基部有黄白色斑，其余为黑褐色。

为害特征

三点盲蝽为害棉花的症状和绿盲蝽相似，但破叶现象较轻。三点盲蝽刺吸棉花嫩头顶芽及幼嫩花蕾果实，逐渐显现破孔，受害顶芽和边心常发黑枯死，导致不定芽萌生，枝条疯长，花蕾和幼铃受害呈黑褐色刺斑，后干枯脱落或形成黑心僵瓣。

发生规律

三点盲蝽在黄河流域棉区1年发生3代，以卵和成虫在果树树皮裂缝内及断枝中越冬。越冬卵翌年4月底至5月上旬孵化，5月下旬至6月上旬羽化成虫，7月中旬出现第二代成虫，第三代成虫出现在8月上旬，8月下旬至9月上旬产卵越冬。喜温好湿，夏季降雨偏多的年份发生严重，干旱年份为害轻。成虫寿命及产卵期长，田间世代重叠现象严重。其余发生规律与绿盲蝽相似。

防治要点

参见绿盲蝽。

形态特征

三点盲蝽（①、③、④～⑦耿亭提供，②毛志明提供）

①三点盲蝽成虫 ②三点盲蝽卵 ③三点盲蝽一龄若虫 ④三点盲蝽二龄若虫 ⑤三点盲蝽三龄若虫 ⑥三点盲蝽四龄若虫 ⑦三点盲蝽五龄若虫

为害状

三点盲蝽为害棉花（陆宴辉提供）

①三点盲蝽若虫为害棉花花 ②三点盲蝽成虫为害棉花花 ③三点盲蝽成虫为害棉花小蕾

三点盲蝽在其他寄主植物上的发生与为害

三点盲蝽在扁豆、四季豆、向日葵等作物以及葎草、益母草、红蓼等杂草上发生密度较高，是棉田外的主要虫源。

扁豆上的三点盲蝽成虫
（陆宴辉提供）

豇豆上的三点盲蝽成虫
（田彩虹提供）

四季豆上的三点盲蝽成虫
（潘洪生提供）

茼蒿上的三点盲蝽成虫
（潘洪生提供）

向日葵上的三点盲蝽成虫
（潘洪生提供）

鸡冠花上的三点盲蝽成虫
（陆宴辉提供）

甜香罗勒上的三点盲蝽成虫
（陆宴辉提供）

一串红上的三点盲蝽成虫
（陆宴辉提供）

苜蓿上的三点盲蝽成虫
（潘洪生提供）

益母草上的三点盲蝽成虫
（陆宴辉提供）

龙葵上的三点盲蝽成虫
（潘洪生提供）

月见草上的三点盲蝽成虫
（潘洪生提供）

黄秋葵上的三点盲蝽成虫
（潘洪生提供）

寒麻上的三点盲蝽成虫
（潘洪生提供）

地肤上的三点盲蝽成虫
（潘洪生提供）

葎草上的三点盲蝽成虫（①潘洪生提供，②陆宴辉提供）
①葎草叶片上的三点盲蝽成虫 ②葎草花序上的三点盲蝽成虫

红蓼上的三点盲蝽成虫
（潘洪生提供）

16. 苜蓿盲蝽

苜蓿盲蝽［*Adelphocoris lineolatus*（Goeze）］属半翅目盲蝽科苜蓿盲蝽属。

分布与寄主

苜蓿盲蝽全国均有分布，主要分布在黄河流域及西北内陆棉区，在苜蓿种植区为害通常比较严重，能为害锦葵科、茄科、豆科、桑科、葫芦科、菊科、蓼科、十字花科、杨柳科等47科240多种植物。

形态特征

成虫：体长8.0 ～ 8.5mm，宽2.5mm。黄褐色，被细毛。头褐色，三角形。复眼扁圆，黑色。褐色触角4节，细长，第一节较粗壮，第二节最长，端部两节颜色较深，第四节最短。喙4节，基部两节黄褐色，三至四节黑褐色，末端达后足腿节端部。前胸背板绿色，后缘前方有两个明显的黑斑。小盾片三角形，黄色，有黑色纵纹2条。前翅黄褐色，前缘具黑边，膜区暗褐色，半透明；楔片黄色；翅室脉纹深褐色。足基节长，腿节略膨大，具有黑褐色斑点，胫节具刺，跗节3节，黑褐色。

卵：长1.2 ～ 1.5mm，宽0.38mm。卵产于植物组织中，香蕉形，乳白色，颈部略弯曲。卵盖外露，椭圆形，倾斜，棕色，卵盖一侧有一指状突起，周缘隆起，中央凹入。

若虫：共5龄。体深绿色，密布黑色刚毛。五龄若虫体长6.30mm，宽2.13mm。头三角形，复眼小，位于头侧。触角4节，褐色，比身体长，第一节粗短，第二节最长，第四节长而膨大。喙有横缝状臭腺开口。足绿色，腿节有黑色斑点，胫节灰绿色，具黑刺；跗节2节，端节长，具黑爪2个。

为害特征

成虫、若虫喜集聚活动，偏好取食植物幼嫩组织，如刚出土幼苗的子叶、心叶及花蕾、花器，为害棉花造成植株破头和幼蕾、铃脱落。

发生规律

苜蓿盲蝽在黄河流域棉区1年发生4代，西北内陆棉区1年发生3代。在黄河流域，第一代成虫羽化高峰期为5月下旬至6月上旬，第二代成虫羽化高峰期为7月上旬，成虫大量迁入棉田为害；第三代、第四代成虫发生高峰期分别是8月上旬和9月上旬；9月中旬棉株开始衰老，成虫陆续迁出棉田，在苜蓿、杂草等植株上产卵越冬。喜温好湿，发生适宜温度为25 ～ 30℃，多雨年份易大发生；春季气温高、回升早的年份，发生早而重。成虫明显偏好紫花苜蓿，苜蓿刈割导致成虫向周边棉田集中转移，发生严重。具明显趋花习性，田间常随着植物开花顺序在不同寄主植物间扩散转移。

防治要点

生态调控：在棉花与苜蓿混作区，成虫期刈割苜蓿，可迫使苜蓿盲蝽向棉田大量转移；若虫期刈割，可导致食物匮乏，从而显著抑制苜蓿盲蝽种群数量。第一次刈割趁早且留茬要低，可压低若虫种群基数。后期苜蓿盲蝽世代重叠，成虫和若虫常混合发生，可采用条形收割的方法，即苜蓿地交替实行一半刈割、另一半不刈割，或条带状刈割，显著减少向棉田扩散的虫量。

其余防治要点参见绿盲蝽。

形态特征

苜蓿盲蝽（①、②、④～⑧耿亭提供，③毛志明提供）

①苜蓿盲蝽成虫 ②初羽化的苜蓿盲蝽成虫 ③苜蓿盲蝽卵 ④苜蓿盲蝽一龄若虫
⑤苜蓿盲蝽二龄若虫 ⑥苜蓿盲蝽三龄若虫 ⑦苜蓿盲蝽四龄若虫 ⑧苜蓿盲蝽五龄若虫

为害状

苜蓿盲蝽为害棉花（潘洪生提供）

①苜蓿盲蝽成虫为害棉花花 ②苜蓿盲蝽若虫为害棉花花

苜蓿盲蝽在其他寄主植物上的发生与为害

苜蓿盲蝽是苜蓿上的主要害虫，刺吸苜蓿的嫩茎、叶、花序与荚果，使叶片逐渐枯萎，影响种荚发育。除苜蓿以外，苜蓿盲蝽在向日葵、三叶草、苦豆子等寄主上也常大量发生。

苜蓿上的苜蓿盲蝽（①潘洪生提供，②陆宴辉提供，③、④李耀发提供）

①苜蓿植株上的苜蓿盲蝽成虫 ②苜蓿盲蝽成虫在苜蓿茎秆上产卵（红框内为苜蓿盲蝽产卵痕）
③苜蓿盲蝽为害苜蓿叶片 ④苜蓿盲蝽为害苜蓿植株

苜蓿盲蝽为害燕麦（李耀发提供）

苜蓿盲蝽为害寒麻叶片（陆宴辉提供）

向日葵上的苜蓿盲蝽（陆宴辉提供）

①向日葵花盘上的苜蓿盲蝽若虫 ②向日葵花盘上的苜蓿盲蝽成虫

茼蒿花上的苜蓿盲蝽成虫（潘洪生提供）

四季豆豆荚上的苜蓿盲蝽成虫
（潘洪生提供）

三叶草上的苜蓿盲蝽若虫
（芦屹提供）

地肤上的苜蓿盲蝽
（潘洪生提供）

苦豆子花序上的苜蓿盲蝽（曾娟提供）

猪毛蒿上的苜蓿盲蝽（潘洪生提供）

红蓼上的苜蓿盲蝽（潘洪生提供）

月见草上的苜蓿盲蝽（潘洪生提供）

17. 牧草盲蝽

牧草盲蝽［*Lygus pratensis*（L.）］属半翅目盲蝽科草盲蝽属。

分布与寄主

牧草盲蝽主要分布于西北内陆棉区，是当地为害棉花的盲蝽优势种和重要害虫。为害锦葵科、禾本科、豆科、十字花科、茄科等农作物和杨柳科、鼠李科、蔷薇科、榆科等林木果树，寄主植物共60多种。

形态特征

成虫：体长5.5 ~ 6.0mm，宽2.2 ~ 2.5mm。长卵圆形，全体黄绿色至枯黄色，春夏青绿色，秋冬棕褐色。头宽而短，头顶后缘隆起。复眼褐色，椭圆形。触角丝状，4节。喙4节。前胸背板前缘有横沟，划出明显的“领片”，后缘有黑色横纹2条。小盾片三角形，黄色，前缘中央有2条黑纹。前翅具刻点及细绒毛，爪片中央、楔片末端和革片靠爪片、翅结、楔片的地方有黄褐色的斑纹，翅膜区透明，翅脉纹在基部形成2个翅室。足黄褐色，腿节末端有2 ~ 3条深褐色环纹，胫节具黑刺，爪2个。

卵：长约0.9mm，宽约0.22mm。白色或淡黄色。卵盖很短，卵口长椭圆形，四周无附属物。卵中部弯曲，端部钝圆。卵壳边缘有一向内弯曲的柄状物，卵壳中央稍下陷。

若虫：若虫共5龄。五龄若虫体长3.0 ~ 4.1mm。一至二龄若虫头淡黄色，触角第四节鲜红或淡红色；胸部2对黑点和翅芽都不明显；腹部第三节腺囊开口处黑点很小，临近有一个较大的橙黄色圆斑。三龄若虫触角第四节紫红色；翅芽稍突出；体背具5个明显黑点。四龄若虫头三角形，翅芽达腹部第二节。五龄若虫与成虫相似，黄绿色，前胸背板和小盾片有淡灰色的斑块；翅芽黄褐色，前胸背板中部两侧和小盾片中部两侧各具黑色圆点1个；腹部背面第三腹节后缘有1个黑色圆形臭腺开口，构成体背5个明显的黑色圆点。

为害特征

成虫、若虫刺吸取食棉花嫩芽、幼叶、蕾和铃汁液，造成破叶、落蕾及落铃；幼嫩组织受害后初现黑褐色小点，后变黄枯萎，展叶后出现穿孔、破裂或皱缩变黄。

发生规律

牧草盲蝽以成虫在枯枝落叶和树皮裂缝中蛰伏越冬，成虫寿命因世代而异，越冬代约200d，产卵期长达25 ~ 60d，造成田间世代重叠。在新疆南疆1年发生4代。3月中下旬出蛰活动，5月中下旬第一代成虫和若虫开始向棉田内转移为害，第二代高峰期在6月中下旬至7月上旬，成虫大量迁入棉田为害，第三代出现在8月上中旬，主要为害棉株中上部幼蕾，8月中下旬迁出棉田，转移至果树等寄主上为害，第四代若虫和成虫发生在9月中下旬，对棉田为害少。在新疆北疆地区1年发生3代，3—4月平均气温10℃以上、相对湿度达70%左右时，越冬成虫出蛰活动，先在田埂杂草上取食，6月中旬第一代成虫迁入棉田为害，7月中下旬第二代成虫达到为害盛期，8月中下旬出现第三代成虫高峰，9月初后，成虫陆续迁移到开花的杂草上产卵繁殖，10月以成虫蛰伏越冬。

防治要点

生态调控：盐碱地和荒滩滋生的藜科等杂草是牧草盲蝽秋季繁殖的主要场所，可结合田间规划开垦改良。初冬时期土壤开始冻结后，地面未积雪之前，彻底清除棉田杂草和枯枝落叶，清除越冬场所，可有效压低越冬基数。在重发区域，棉花不要与甜菜、菠菜和十字花科蔬菜的留种地，油菜、苜蓿等作物，枣、梨等果树间（邻）作，避免牧草盲蝽在不同作物间交叉为害。

其余防治要点参考绿盲蝽。

形态特征

牧草盲蝽（①、②、④、⑤耿亭提供，③陆宴辉提供）

①牧草盲蝽成虫　②牧草盲蝽卵盖　③牧草盲蝽低龄若虫　④、⑤牧草盲蝽高龄若虫

牧草盲蝽在其他寄主植物上的发生与为害

牧草盲蝽早春出蛰后在苜蓿、小麦上种群数量大，随后转移为害香梨树、红枣树等果树，导致嫩叶受损、花蕾脱落、幼果畸形等。夏季，在苜蓿、向日葵、红花、灰藜等植物上牧草盲蝽常发生较多。

杏花上的牧草盲蝽（刘冰提供）

香梨上的牧草盲蝽（张建萍提供）
①牧草盲蝽为害香梨嫩枝 ②牧草盲蝽为害香梨嫩叶 ③牧草盲蝽为害香梨幼果

牧草盲蝽为害枣树嫩叶（张建萍提供）

牧草盲蝽为害苹果嫩芽（刘冰提供）

牧草盲蝽为害苜蓿（哈尼玛提提供）

小麦上的牧草盲蝽（张孝峰提供）

马铃薯植株上的牧草盲蝽（张大为提供）

向日葵上的牧草盲蝽（王伟提供）

红花上的牧草盲蝽（①王伟提供，②张仁福提供）

①红花植株上的牧草盲蝽　②红花花序上的牧草盲蝽

甜瓜上的牧草盲蝽（张仁福提供）

油菜上的牧草盲蝽（张仁福提供）

蜀葵上的牧草盲蝽（张仁福提供）

万寿菊上的牧草盲蝽（张仁福提供）

反枝苋上的牧草盲蝽（王伟提供）

灰藜上的牧草盲蝽（王伟提供）

灰绿藜上的牧草盲蝽（刘冰提供）

地肤上的牧草盲蝽（张仁福提供）

甘草上的牧草盲蝽（张孝峰提供）

18. 赤须盲蝽

赤须盲蝽（*Trigonotylus ruficornis* Geoffroy）属半翅目盲蝽科。又称赤须蝽。

分布与寄主

赤须盲蝽广泛分布于全国各大棉区。主要为害谷子、糜子、高粱、玉米、麦类、水稻等禾本科作物以及甜菜、芝麻、大豆、苜蓿、棉花等作物。

形态特征

成虫：体细长形，长5 ~ 6mm，宽1 ~ 2mm，雌虫大于雄虫，浅黄绿色，光秃无毛，触角及足具短毛。头长三角形，前端尖锐，头顶中央具深纵沟；触角4节，红色，第一节粗短，第二至三节细长，第四节短而细。喙4节，黄绿色，顶端黑色，伸向后足基节处。前胸背板梯形，具暗色条纹4个，四边略向里凹，中央有纵脊。小盾板三角形，中部有横沟将小盾板分为前后两部分。前翅略长于腹部末端，革片绿色，膜片白色，半透明；后翅白色透明。足黄绿色，胫节末端和跗节黑红色，跗节3节，爪黑色。

卵：口袋形，长约1mm，卵盖上有不规则突起。初为白色，后变黄褐色。

若虫：共5龄。末龄若虫体长约5mm，黄绿色，触角红色，略短于体长。头部有纵纹，小盾板横沟两端有凹坑。足胫节末端、跗节和喙末端黑色。

为害特征

以成虫、若虫刺吸棉花叶片汁液或蕾、花铃，受害叶片初期呈现浅黄点，逐渐呈黄褐色大斑，最后出现孔洞或破叶。

发生规律

赤须盲蝽在黄河流域棉区1年发生3代，以卵越冬。翌年第一代若虫于5月上旬进入孵化盛期，5月中下旬见成虫；第二代若虫6月中旬盛发，6月下旬羽化；第三代若虫于7月中下旬盛发，8月下旬至9月上旬羽化，雌虫在杂草茎、叶组织内产卵越冬。成虫寿命和产卵期长，世代重叠现象明显。

防治要点

参见绿盲蝽。

形态特征

赤须盲蝽成虫（门兴元提供）

19. 烟蓟马

烟蓟马（*Thrips tabaci* Lindeman）属缨翅目蓟马科。别名棉蓟马、葱蓟马、瓜蓟马等。

分布与寄主

烟蓟马广泛分布于全国各棉区，其中西北内陆棉区发生较为严重，是棉花苗期的重要害虫。寄主植物主要有棉花、葱、蒜、洋葱、瓜类、烟草、马铃薯、向日葵、甘草、甜菜等150多种。

形态特征

成虫：淡褐色，细长而扁平。雌虫体长约1.1mm。复眼红紫色，单眼3个，三角形排列。触角7节，黄褐色，第三至四节端部具U形感觉锥。前胸背板后角各具1对长鬃，内鬃长于外鬃，后缘有3对鬃，中对鬃长于其余2对鬃；中胸背板布满横线纹。翅淡黄色，前、后翅后缘的缨毛均细长色淡；前翅前脉基鬃7～8根，端鬃4～6，后脉鬃15～16根。腹部圆筒形，末端较小。田间雄虫极罕见，雄虫无翅。

若虫：共4龄。形似成虫，淡黄色，无翅，复眼暗红色，触角6节，第四节具微毛3排。胸、腹部各节有微细褐点，点上生有粗毛。一龄若虫白色透明。二龄若虫体浅黄色至深黄色，体长约0.9mm，一至二龄若虫无翅芽，活动性不强。三龄（前蛹期）和四龄若虫（伪蛹期）与二龄若虫相似，具明显翅芽，触角披在头背面。

卵：肾形，初产乳白色，后为黄绿色，长约0.3mm。

棉田除了烟蓟马，花蓟马也较为常见，两者形态特征比较见下表。

烟蓟马与花蓟马的形态特征比较

特征	烟蓟马	花蓟马
体色及体型	淡褐色，细长而扁平	雌虫黄褐色，雄虫淡黄色，长扁桶形
眼	复眼红紫色，单眼3个，三角形排列	复眼红褐色，单眼3个，单眼间鬃长
触角	触角7节，第三至四节端部具U形感觉锥	触角8节，第三至四节端部有锥状感觉器
背板	后角各具1对长鬃，后缘有3对鬃	长鬃4根，1对近前角，1对近中部，后缘角有2根长鬃
缨翅	前脉基鬃7～8根，端鬃4～6根，后脉鬃15～16根	上脉鬃19～22根，下脉鬃14～16根，间插缨7～8根
腹部	腹部圆筒形，末端较小	腹部圆筒形，末端较尖

为害特征

成虫、若虫以锉吸式口器锉破棉花组织吸食汁液。偏好为害棉苗子叶、嫩小真叶和顶尖。小叶受害后生银白色斑块，严重时子叶枯焦萎缩。真叶被害后，产生黄色斑块，严重时枯焦破裂。若子叶期生长点被食，可造成主茎不能生长，形成"无头棉"或"公棉花"，真叶期生长点被害则形成无主茎的"多头棉"，也可以使叶片皱缩破烂，枝叶丛生，结铃少；花、蕾严重受害时也可导致脱落。

发生规律

成虫活跃善飞，多分布在棉株上半部叶上，怕光，多在叶背取食。雌虫通常孤雌生殖，田间雄虫极少，多产卵于寄主背面叶肉和叶脉组织内。在黄河流域棉区1年发生6～10代，长江流域棉区1年发生10代以上。以蛹、若虫或成虫在棉田土壤、枯枝烂叶里以及葱、蓖麻、白菜、豌豆等田地2cm深的土里越冬。在新疆南疆一般3月底至4月初、北疆4月上旬，越冬烟蓟马开始活动。南疆5月中旬、北疆5月底，棉花处于子叶期至1～2片真叶期，是烟蓟马为害棉花的重要时期。此时烟蓟马主要为害生长点，是造成"无头棉"和"多头棉"的主要时期。7月上中旬后，棉花进入蕾期，虫口密度逐渐下降，此时又迁至幼嫩杂草和葱、蒜、洋葱等寄主上为害，直到10月下旬进入越冬状态。

防治要点

调查测报：参考《棉蓟马测报技术规程》（NY/T 3545—2020）。

生态调控：秋深翻和冬灌；冬春及时清除田间及四周杂草，减少虫源；加强棉田管理，不与葱、蒜、洋葱邻作、轮作或间作。

生物防治：保护和利用天敌，如横纹蓟马、宽翅六斑蓟马、小花蝽、中华微刺盲蝽和瓢虫等，对烟蓟马发生有很强的抑制作用。

科学用药：药剂处理棉花种子是最有效和最经济的防治方法，推广使用噻虫嗪、吡虫啉种子包衣。在5月中下旬棉花出苗后至2片真叶期，当棉苗上的蓟马有虫株率达5%，或棉苗百株虫量为15 ~ 30头时，或烟蓟马为害的棉苗子叶背面有银白色斑点的被害苗达5% ~ 10%时，要及时施用噻虫嗪、啶虫脒、阿维菌素、乙基多杀菌素等药剂。

形态特征

烟蓟马（耿亭提供）

①烟蓟马成虫 ②烟蓟马若虫

为害状

烟蓟马为害棉花（①李耀发提供，②、④李瑞军提供，③李恺球提供，⑤芦屹提供）

①烟蓟马高密度发生 ②烟蓟马为害棉花叶片产生银白色斑块 ③烟蓟马为害棉花叶片产生黄斑
④烟蓟马为害棉花叶片导致枯焦破裂 ⑤烟蓟马为害棉苗生长点形成公棉花

烟蓟马在其他寄主植物上的发生与为害

葱是烟蓟马的偏好寄主，葱上烟蓟马常年严重发生。在叶面受害后形成针刺状零星或连片的银白色斑点，严重时叶片扭曲变黄、枯萎，远看葱田就像发生“旱象”，严重影响品质和产量。

葱上的烟蓟马（耿亭提供）

20. 花蓟马

花蓟马［*Frankliniella intonsa*（Trybom）］属缨翅目蓟马科。又称台湾花蓟马。

分布与寄主

花蓟马分布于黄河流域、长江流域和西北内陆棉区，集中在棉花花蕾期为害。寄主植物主要有棉花、水稻及十字花科、豆科、菊科植物等。

形态特征

成虫：雌成虫黄褐色，雄成虫淡黄色，体长约1.3mm。触角8节，第三、四节端部有锥状感觉器。单眼间鬃较粗长。前胸背板前缘有长鬃4根，1对近前角，1对近中部；每后缘角有2根长鬃。前翅微黄色，上、下脉鬃连续，上脉鬃19～22根，下脉鬃14～16根，间插缨7～8根。

卵：初产时乳白色，略带绿色，侧面呈肾脏形，背面及正面呈鸡蛋形，头的一端有卵帽，近孵化时可见红色眼点。

若虫：共4龄。一龄若虫触角7节，第四节膨大，呈鼓槌形；二龄若虫橘黄色，第四节触角长与粗相等；三龄若虫称前蛹，翅芽伸达腹部第三节，触角向头的两侧张开；四龄若虫称伪蛹，触角5节，不明显，并转向头、胸部背面，单眼内缘有黄色晕圈。

为害特征

主要为害棉花的花和嫩铃，成虫偏好在棉花花朵中取食。花铃期后主要在棉花花瓣内为害，造成子房栓化发黑，很容易伤害柱头，使棉桃顶尖有挫伤脱落或挫伤栓化后出现开裂。为害幼铃可导致铃面出现不同形状的锈色斑纹，严重时造成僵铃、裂铃、棉桃发霉或僵瓣花，即“裂桃、霉桃、僵桃和干花”现象。

发生规律

成虫具有强烈趋花性。若虫活动性差，三龄后入土变为前蛹和伪蛹（四龄）。在长江流域棉区1年发生11～14代，在黄河流域、西北内陆棉区1年发生6～8代，以成虫在枯枝落叶层、土壤表层中越冬。花蓟马世代重叠严重，7月下旬至9月是花蓟马的为害高峰期。棉豆套种、棉（油）菜套种、棉花绿肥套种，以及靠近绿肥、油菜田的棉田，发生为害重。

防治要点

花蓟马主要在棉花生长中后期发生为害，种子处理不适用其防治，其余防治要点参照烟蓟马。

形态特征

①

②

③

花蓟马（①、⑤耿亭提供，②张建萍提供，③、④、⑥～⑨罗进仓提供）

①、②花蓟马成虫　③花蓟马雌成虫　④花蓟马卵　⑤花蓟马若虫
⑥花蓟马一龄若虫　⑦花蓟马二龄若虫　⑧花蓟马三龄若虫——前蛹　⑨花蓟马四龄若虫——伪蛹

为害状

花蓟马为害棉花（①陆宴辉提供，②张谦提供，③、⑥李金花提供，④、⑤徐建辉提供）

①、②花蓟马为害棉花花　③～⑤花蓟马为害棉花铃　⑥花蓟马为害导致棉花铃开裂

花蓟马在其他寄主植物上的发生与为害

花蓟马是一种典型的栖花昆虫，在辣椒、黄瓜等寄主花中常有发生。主要取食花器、花瓣，受害后呈白化，经日晒后变成黑褐色，受害严重的花朵萎蔫。

辣椒上的花蓟马（吴圣勇提供）

黄瓜上的花蓟马（姚明辉提供）

茄子上的花蓟马（张叔煜提供）

21.烟粉虱

烟粉虱［*Bemisia tabaci*（Gennadius）］属半翅目粉虱科。别名棉粉虱、一品红粉虱。

分布与寄主

烟粉虱分布于黄河流域、长江流域、西北内陆棉区，局部地区发生严重。寄主范围广泛，包括棉花、烟草、番茄，以及十字花科蔬菜、葫芦科、豆科、茄科、锦葵科、菊科、旋花科等600多种植物。

形态特征

成虫：虫体淡黄白色至白色；雌虫体长约0.91mm，雄虫体长约0.85mm。复眼红色，肾形，单眼2个；触角发达，7节；翅白色，无斑点，被有蜡粉，前翅有2条翅脉，第1条脉不分叉，停息时左右翅合拢呈屋脊状，从上往下可隐约看到腹部背面。跗节有2爪，中垫狭长如叶片。雌虫尾端尖形，雄虫钳状。

卵：长梨形，长约0.2mm，宽约0.1mm，有光泽，有小柄，与叶面垂直，不规则散产在叶背面（少见于叶正面）。卵初产时淡黄绿色，孵化前颜色加深，至深褐色。

若虫：若虫共4龄。四龄若虫体长0.6 ~ 0.9mm。一至三龄呈椭圆形，扁平，灰白稍透明，腹部透过表皮可见两个黄点。一龄有3对足和1对触角，体周围有蜡质短毛，尾部有2根长毛。二、三龄时，足和触角等附肢退化，仅有口器，体缘分泌蜡质，固着为害。体椭圆形，腹部平，背部微隆起。四龄若虫椭圆形，后方稍收缩，淡黄白色。蛹壳的背面有长刚毛1 ~ 7对或无毛，有1对尾刚毛。

为害特征

棉花受害导致叶正面出现成片黄斑，严重时导致棉株衰弱，甚至可使植株死亡，引起蕾铃大量脱落。烟粉虱若虫和成虫分泌的蜜露还可诱发煤污病，导致棉花品质下降。

发生规律

烟粉虱耐高温和耐低温的能力均比较强，低湿干燥有利于其种群的发生。成虫具有趋嫩性，喜群集于棉花植株上部嫩叶背面取食和产卵。在植株最上部的嫩叶以成虫和初产卵为最多，稍下部的叶片多为卵和初孵若虫，再下部为中、高龄若虫，最下部则以蛹最多。靠近设施蔬菜大棚的棉田，烟粉虱发生为害往往偏重。在长江流域烟粉虱1年发生11 ~ 15代，于7月中下旬在棉田出现，8月下旬出现全年的最高峰，9月下旬种群密度迅速下降，10月上旬田间烟粉虱成虫消失。在黄河流域烟粉虱全年发生9 ~ 11代，于6月中旬始迁入棉田，7月中下旬大量迁入，8月中下旬和9月中旬达到高峰，持续到9月底10月初。在西北内陆1年发生6 ~ 10代，6月初迁移到棉花上，7月下旬至8月中旬虫口密度达到高峰，9月下旬随着棉花收获，烟粉虱陆续向温室蔬菜、花卉转移，进入越冬期。

防治要点

调查测报：参见《烟粉虱测报技术规范　棉花》（NY/T 2950—2016）。

生态调控：棉花苗床应远离温室。尽量避免棉花与瓜类、蔬菜等作物大面积插花种植，也不要在棉田内套种或在田边种植瓜菜。在棉田四周种植苘麻诱集带，苘麻上虫量大时集中用药控制，降低棉花上烟粉虱种群密度。

生物防治：烟粉虱天敌种类较多，保护利用棉田天敌。

理化诱控：利用烟粉虱的趋黄特性，田间放置黄色粘虫板诱杀成虫。

科学用药：当棉株上、中、下3片叶总虫量达到200头时，选用溴氰虫酰胺、螺虫乙酯、氟啶虫胺腈、双丙环虫酯、氟啶虫酰胺·烯啶虫胺等药剂进行防治。注重治早治小、集中连片统一用药；虫量较大时应连续防治2 ~ 3次。

形态特征

烟粉虱（耿亭提供）

①烟粉虱成虫 ②烟粉虱卵 ③烟粉虱若虫 ④烟粉虱四龄若虫与伪蛹 ⑤烟粉虱不同虫态

为害状

烟粉虱为害棉花

(①耿亭提供，②李怡萍提供，③芦屹提供，④、⑤王惠卿提供，⑥徐建辉提供，⑦郑曙峰提供，⑧周国珍提供)

①烟粉虱刺吸棉花叶片　②棉花叶片背面烟粉虱聚集为害　③烟粉虱分泌蜜露造成棉花叶片油亮
④烟粉虱造成棉花叶片霉污状　⑤、⑥烟粉虱造成棉絮霉污状
⑦烟粉虱造成大量棉花植株萎蔫　⑧烟粉虱田间严重为害状

烟粉虱在其他寄主植物上的发生与为害

烟粉虱是多种蔬菜、瓜类及其他农作物的重大害虫，不仅刺吸为害、分泌蜜露，还可传播30多种病毒，引起70多种植物病害。烟粉虱的杂草寄主同样众多，偏好苘麻，苘麻植株上的烟粉虱比棉花上发生量大而且发生期早，生产上常用于田间烟粉虱发生预警和诱杀防治。

黄瓜上的烟粉虱（周福才提供）

茄子上的烟粉虱（周福才提供）

辣椒上的烟粉虱（周福才提供）

番茄上的烟粉虱（矫振彪提供）

白菜上的烟粉虱（矫振彪提供）

甜瓜上的烟粉虱（陆宴辉提供）

苘麻上的烟粉虱（周福才提供）

22. 棉叶蝉

棉叶蝉［*Amrasca biguttula*（Ishida）］属半翅目叶蝉科。别名棉浮尘子、棉二点叶蝉。

分布与寄主

棉叶蝉遍布全国各棉区，在长江流域和黄河流域棉区为害最重。棉叶蝉食性杂，可为害棉花、茄子、烟草、豆类、白菜、甘薯等多种作物，寄主种类有31科77种，偏好为害棉花和茄子。

形态特征

成虫：体长约3mm。头、胸、腹黄绿色，前翅淡绿色，末端无色透明，内缘靠近末端1/3处有1明显黑点，后翅透明。雌虫较宽大，腹面末端中央具黑褐色产卵器，雄虫腹面末节两侧各有1块狭长而密生细毛的下生殖板。

卵：长约0.7mm，宽约0.15mm。长肾形。初产时无色透明，孵化前为淡绿色。

若虫：共5龄。五龄若虫体长约2.2mm。初孵时色较淡，头大，足长，无翅，以后逐渐变成黄绿色，翅芽发达。由中、后胸两后角长出翅芽，随龄期增长由乳头状突起发展为长条形。五龄时前翅翅芽达第四腹节，黄色，后翅翅芽达第四腹节末端。

为害特征

成虫、若虫在棉叶背吸食汁液，棉叶被害后初期由叶尖经叶缘变为枯黄，叶片的背面皱缩，形成“缩叶病”，随后由叶尖及叶缘逐渐向中部扩展，最后全叶变红，受害严重的棉叶由红变焦黑，全棉田似火烧，棉铃瘦小，最后枯死脱落，影响产量和品质，还可传播病毒病。

发生规律

成虫偏好在植株中上部叶片背面为害。卵多产于上部叶片背面的叶脉组织内，一至二龄若虫常群集为害，三龄后迁移为害。7—8月降水量在100 ～ 200mm，则为害重。零星分散棉田发生较多，为害也较重。黄河流域棉区1年发生6 ～ 8代，为害盛期在8 月上中旬至9 月下旬。秋末的高温干旱气候可导致繁殖量增加，为害加剧。

防治要点

生态调控：选用多毛棉花品种。清除田间杂草，尤其是冬季和早春清除杂草，以消除其越冬场所。加强田间管理，促进棉株稳长、健壮。

生物防治：保育利用草蛉、蜘蛛等棉田天敌。

科学施药：棉叶蝉防治指标为百叶虫量100头。推荐施用噻嗪酮、氟啶虫胺腈、吡虫啉等药剂统防统治，抓住若虫盛发期施药防治效果更好。

形态特征

棉叶蝉（①、②罗进仓提供，③、④李恺球提供）

①棉叶蝉成虫 ②棉叶蝉若虫 ③、④棉叶蝉成虫、若虫

为害状

③

④

棉叶蝉为害棉花（①李彩红提供，②、③李恺球提供，④郑曙峰提供）

①棉叶蝉为害造成棉花叶缘枯黄　②棉叶蝉为害造成棉花叶片枯黄　③棉叶蝉为害造成全田棉花火烧状　④棉叶蝉严重为害状

23. 小绿叶蝉

小绿叶蝉［*Edwardsiana flavescens*（Fabricius）］属半翅目叶蝉科。

分布与寄主

小绿叶蝉广泛分布于全国各大棉区。寄主种类广泛，喜取食茶叶，为害棉花、大豆、赤豆、水稻、小麦、烟草、芝麻、桑、桃、梨等。

形态特征

成虫：体淡黄绿至绿色；头背面略短，向前突；复眼灰褐至深褐色，无单眼；触角刚毛状，末端黑色；喙微褐，基部绿色。前胸背板、小盾片浅鲜绿色，常具白色斑点。前翅半透明，略呈革质，淡黄白色，周缘具淡绿色细边。后翅透明膜质，各足胫节端部以下淡青绿色，爪褐色；跗节3节；后足跳跃式。腹部背板色较腹板深，末端淡青绿色。

卵：香蕉形，头端略大，浅黄绿色，后期出现1对红色眼点。

若虫：除翅尚未形成外，体形和体色与成虫相似。

为害特征

以成虫、若虫刺吸棉花植株汁液，严重时导致新叶、嫩头全部焦枯脱落。

发生规律

长江流域棉区1年发生9～11代。多以成虫越冬。翌年早春转暖时，成虫开始为害茶叶，小绿叶蝉在全年有两个发生高峰，第一个高峰期在5月下旬至6月中下旬、第二个高峰期在10月至11月上旬。

防治要点

参见棉叶蝉。

形态特征

小绿叶蝉（耿亭提供）

①小绿叶蝉成虫 ②小绿叶蝉若虫

24. 大青叶蝉

大青叶蝉［*Cicadella viridis* (Linnaeus)］属半翅目叶蝉科。

分布与寄主

大青叶蝉广泛分布于全国各大棉区。为害棉花以及玉米、水稻、小麦、苹果、桃、梨、柳树、槐树、榆树等。

形态特征

成虫：体青绿色，体长7～11mm，头冠淡黄绿色，前缘左右各有1组淡褐色弯曲细纹，近后缘处有1对黑斑，复眼前方各有1对黑斑，前胸背板淡黄绿色，后半部深青绿色，小盾片淡黄绿色，前翅绿色，前缘淡白，翅端透明。

卵：长卵圆形，中间微弯曲，表面光滑，淡黄白色。

若虫：初龄若虫体灰白带黄绿色，头冠部有两个黑色斑纹，末龄若虫体黄绿色，除头冠具两个黑斑外，腹部背面具4条暗褐色纵纹。

为害特征

成虫和若虫为害棉花叶片、幼蕾、小铃等，刺吸汁液，造成褪色、畸形、卷缩等症状。

发生规律

在新疆北疆1年发生2代，以卵在植物嫩梢和干部皮层内越冬。翌年5月越冬卵开始孵化，第一代发生高峰在5月中旬至7月下旬，第二代在7月中旬至10月上旬。9月上旬后成虫陆续产卵越冬。

防治要点

参见棉叶蝉。

形态特征

大青叶蝉成虫（①门兴元提供，②袁海滨提供，③芦屹提供）

25. 二点叶蝉

二点叶蝉［*Cicadulina bipunctella*（Matsumura）］属半翅目叶蝉科。

分布与寄主

二点叶蝉广泛分布于全国各大棉区。可为害棉花以及小麦、水稻、大豆、茄子、白菜、胡萝卜等。

形态特征

成虫：全体淡黄绿色，长3.5～4.4mm。头部黄绿色，在头冠后部接近后缘处有2个明显的黑色圆点，前部有2对黑色横纹，其中前1对位于头冠前缘，与颜面额唇基区两侧的黑色横纹连接并列，头冠部的中线短，复眼黑褐色；前胸背板黄绿色，中后部隐现出暗色；小盾板鲜黄绿色，基缘近两侧角处各有1个三角形黑斑，中央横刻痕平直；前翅淡灰黄色，端部较暗。

卵：长椭圆形，长约0.6mm，宽约0.15mm。

若虫：初龄若虫体黄灰色，随虫龄增长，头部有2个明显的黑褐色点，末龄若虫体长约3mm，翅芽逐次发育。

为害特征

以成虫、若虫为害棉花的叶片、嫩头，叶片受害后，多褪色成畸形卷缩，甚至全叶枯死。

发生规律

在长江流域棉区1年发生5代，以成虫或大龄若虫在较潮湿的浅草地越冬。翌年3月下旬至4月上中旬越冬个体出蛰活动。第一代成虫于6月上中旬出现，以后陆续繁殖为害，直到12月上中旬。西北内陆棉区以成虫在冬麦上越冬，越冬代成虫翌年春季4—5月开始为害，7—8月为盛发期，11月在田间仍可见少量成虫活动。

防治要点

参见棉叶蝉。

形态特征

二点叶蝉成虫（门兴元提供）

26. 小薄翅长蝽

小薄翅长蝽［*Leptodemus minutus*（Jakovlev）］属半翅目长蝽科。

分布与寄主

小薄翅长蝽主要分布于西北内陆棉区。为害棉花、果树、谷物、蔬菜和杂草。

形态特征

成虫体长2.93mm。头部、前胸背板胝区和小盾片黑褐色，前翅淡色。头部无明显刻点，头顶较隆突，单眼极靠近复眼；触角黑褐色，第一节伸过中叶端。前胸背板较短，各缘及后叶中纵线黄色，其他区域除胝区外浅褐色，胝区无刻点，领区和后叶具浅刻点。小盾片两侧缘呈狭细的黄色，无刻点，表面具浅横皱。前翅污黄白色，无明显刻点，翅脉棱出，色稍加深，褐色；爪片缝与爪片结合缝之间圆弧形过渡，不形成角状；膜片较长，除翅脉外无深色斑。头部腹面、前胸背板前缘和胸部侧板底色红褐色，其上被白色平伏毛；小颊短小，白色，仅在头前端可见，具明显的小颊沟；喙伸过中足基节。各足基节白、前胸侧板后缘、臭腺沟缘以及后胸侧板后缘白色，与其他区域颜色对比明显；各足股节黑褐色，端部及胫节黄色；前足股节腹面无刺，前足胫节端部显著扩展；中、后足基节相互远离。

为害特征

以成虫、若虫在棉花叶片上刺吸为害。被害后叶片逐步干枯，发生初期为害棉苗下部叶片，后期导致棉苗全株死亡。

发生规律

主要在田埂杂草带上发生，杂草防除后因食物资源短缺而被迫进入棉田，在靠近杂草带的棉苗上种群数量大、为害重。具有明显的高密度聚集发生习性。

防治要点

参见绿盲蝽。

形态特征

小薄翅长蝽（王少山提供）

①小薄翅长蝽成虫　②小薄翅长蝽若虫

为害状

小薄翅长蝽为害棉花（①、④王少山提供，②、③雷勇辉提供）

①小薄翅长蝽高密度为害棉叶 ②小薄翅长蝽发生初期为害棉花下部叶片
③小薄翅长蝽导致棉苗枯死 ④小薄翅长蝽导致棉苗整行枯死

27. 丝尖小长蝽

丝尖小长蝽［*Nysius thymi* (Wolff)］属半翅目长蝽科。

分布与寄主

丝尖小长蝽广泛分布于全国各大棉区。可为害棉花、葡萄等瓜果及多种蔬菜。

形态特征

成虫：体黄褐色，体长4～6mm，宽2～3mm，体表面散布不规则黑褐色斑。头三角形，触角4节，黑色，末2节密生纤毛。复眼黑褐色，突出头部两侧。头及前胸背板密布黑褐色刻点，小盾板近等边三角形，黑褐色。前翅革质，淡灰褐色，膜质翅透明。足腿节棕黄色，散生黑褐色斑点。

卵：长椭圆形，长约1mm，初为乳白色，后渐变为淡黄棕色，孵化前为黄棕色，近假卵盖处为褐色。卵壳上有6条纵脊线。

若虫：末龄若虫体长约4mm，长卵圆形。头、前胸、中胸浅灰棕色，后胸、腹部橘黄色。胸部背面中央有1条淡黄色纵纹。

为害特征

以成虫、若虫在棉花蕾、花及新梢、嫩叶上刺吸为害。造成棉花落蕾、落花，叶片出现焦黄白斑，甚至黄化卷曲。

发生规律

长江流域棉区1年发生5代。从4月下旬至越冬前，田间各虫态并存发生。以成虫及高龄若虫在杂草根际、枯枝落叶、土缝等隐蔽处越冬。翌年3月中旬开始出蛰活动，取食为害。3月底至4月初越冬若虫全部羽化为成虫。各代成虫开始出现期为5月下旬、6月下旬、7月中旬、9月上旬和11月上旬。

防治要点

参见绿盲蝽。

形态特征

丝尖小长蝽（①刘定忠提供，②耿亭提供，③潘洪生提供，④、⑤李耀发提供）

①、②丝尖小长蝽成虫 ③丝尖小长蝽成虫交配 ④丝尖小长蝽高密度发生 ⑤诱虫灯下的丝尖小长蝽成虫

28. 斑须蝽

斑须蝽［*Dolycoris baccarum*（Linnaeus）］属半翅目蝽科。俗称细毛蝽、臭大姐。

分布与寄主

斑须蝽分布于长江流域、黄河流域、西北内陆棉区。寄主植物种类繁多，主要为害棉花、烟草、大豆、花生、小麦、玉米、谷子等农作物和山楂、苹果、桃、梨等果树，还有野生寄主天仙子、飞廉、苍耳等。

形态特征

成虫：体长8.0 ~ 13.5mm，宽5.5 ~ 6.5mm。椭圆形，黄褐或紫色，密被白色绒毛和黑色小刻点。触角5节，黑色，第一节粗短，第二至五节基部黄白色，形成黄黑相间的“斑须”。喙细长，紧贴于头部腹面。小盾片黄白色，近三角形，末端钝而光滑。前翅革片红褐色，膜片黄褐色，透明，超过腹部末端。胸、腹部的腹面淡褐色，散布零星小黑点，足黄褐色，腿节和胫节密布黑色刻点。

卵：长约1mm，宽约0.75mm。圆筒形，整齐排列成块，初产时黄白色，后变淡红色，孵化前为橘红色，卵壳表面有网状纹并密布白色短绒毛，卵盖稍突出，周围有若干个小突起，卵聚集成块。

若虫：共5龄。五龄若虫体长6.95 ~ 8.78mm，宽5.00 ~ 5.25mm。初孵若虫头、胸部黑色，腹部淡黄色，各节中央及两侧黑色；触角4节，黑色，节间黄白色。老熟若虫暗灰褐色，遍体密布黑色刻点和白色绒毛。

为害特征

成虫和若虫刺吸棉株嫩叶、嫩茎及穗部汁液，造成落蕾落花。茎叶被害后，出现黄褐色斑点，可导致失绿发黄而干枯卷曲，严重时嫩茎凋萎。

发生规律

成虫具有明显的喜温性、弱趋光性和假死性。成虫多将卵产在棉花植株上部叶片正面或花蕾铃的苞叶上，呈多行整齐排列。初孵若虫群集为害，二龄后扩散为害。成虫及若虫有恶臭味，均喜群集于棉花植株幼嫩部分吸食汁液。

每年发生1 ~ 3代，以成虫在植物根际、枯枝落叶下、树皮裂缝中或屋檐底下等隐蔽处越冬。黄河流域棉区第一代发生于4月中旬至7月中旬，第二代发生于6月下旬至9月中旬，第三代发生于7月中旬一直到翌年6月上旬。世代重叠现象明显。

防治要点

生态调控：清除杂草及枯枝落叶并集中销毁，以消灭越冬成虫。在成虫集中越冬或出蛰后集中为害时，利用成虫的假死性振动植株，使虫落地，迅速收集杀死。

理化诱控：在成虫发生盛期，用黑光灯诱杀。

生物防治：注意保护或释放斑须蝽卵寄生蜂等天敌进行生物防治。

科学用药：于若虫为害高峰期喷药，防治效果比较好的农药有阿维菌素、噻虫嗪、氟啶虫胺腈、吡虫啉、多杀霉素等。

形态特征

斑须蝽（①、②、④耿亭提供，③潘洪生提供）

①斑须蝽成虫 ②斑须蝽成虫交配 ③斑须蝽卵及初孵若虫 ④斑须蝽若虫

斑须蝽在其他寄主植物上的发生与为害

斑须蝽的寄主范围广泛，在棉田外其他作物、果树、观赏植物以及杂草上常有发生。

玉米上的斑须蝽（潘洪生提供）

向日葵上的斑须蝽（潘洪生提供）

绿豆上的斑须蝽（潘洪生提供）

红蓼上的斑须蝽（潘洪生提供）

苍耳上的斑须蝽（潘洪生提供）

狗尾草上的斑须蝽（潘洪生提供）

鸡冠花上的斑须蝽（陆宴辉提供）

寒麻上的斑须蝽（潘洪生提供）

醉蝶花上的斑须蝽（潘洪生提供）

29. 茶翅蝽

茶翅蝽［*Halyomorpha halys*（Stål）］属半翅目蝽科。俗称细毛蝽、臭大姐。

分布与寄主

茶翅蝽主要分布于长江流域、黄河流域棉区。寄主植物种类繁多，多达300多种，包括棉花、玉米、大豆、向日葵等作物，番茄、豇豆、辣椒等蔬菜，苹果、樱桃、桃、梨等果树，亦为害榆树、泡桐和洋槐等园林树木。

形态特征

成虫：体长12 ～ 16mm，宽6.5 ～ 9.0mm。体色差异较大，茶褐色、淡褐色或灰褐色略带红色，具有黄色的深刻点或金绿色闪光的刻点，或略具紫绿色光泽。体扁平，略呈椭圆形，前胸背板前缘具有4个黄褐色小斑点，呈一横列，小盾片基部多具有5个淡黄色斑点。触角5节，并且最末2节有2条白带将黑色触角分割为黑白相间。足亦黑白相间。

卵：圆筒形，长0.9 ～ 1.2mm。刚产下的卵为淡黄白色、淡绿色或白色，多粒卵聚集成为一个卵块，逐渐变深色，若虫孵化前卵壳上方出现黑色的三角口。

若虫：共5龄。五龄若虫体长10 ～ 12mm。初孵若虫白色，孵化后聚集在卵壳的周围，渐成彩色（橘红色、黄色或黄褐色）。触角4节，第三节末端白色环明显；足的腿节基部白色，足胫节中部白色环明显；腹部背面有4个横斑，其上有3对黄色刻点；头及前胸刺突较中、后胸及腹部的刺突明显；前翅芽末端近达腹部第二节后缘。

为害特征

以成虫和若虫刺吸棉株嫩叶、嫩茎及蕾、花、青铃汁液，造成落蕾落花。茎叶被害后，出现黄褐色斑点，可导致失绿发黄而干枯卷曲，严重时嫩茎凋萎。

发生规律

茶翅蝽在不同地区发生代数不同，长江流域棉区1年可发生5 ～ 6代，黄河流域棉区1年发生2 ～ 3代，7月中旬以前所产的卵当年可发育为成虫，完成两代的发育；而7月中旬后所产的卵当年不能发育到成虫。茶翅蝽以成虫在树洞里、墙壁缝隙或房前屋后的杂物里越冬。3月底至4月上旬陆续出蛰，出蛰的成虫偏好阳光充足的场所活动，5月初，越冬成虫开始交配。5月末至6月中旬、7月中旬至8月初为产卵高峰，9月下旬气温逐渐下降，大量的成虫开始迁移准备越冬。越冬代成虫寿命可达300d。

防治要点

生态调控：秋冬季清园处理，结合成虫群集越冬，在春季越冬成虫出蛰期和秋冬越冬场进行人工捕杀，以消灭越冬成虫。结合日常田间管理，随时摘除田间卵块和初孵群集若虫。

理化诱控：在成虫发生盛期，用黑光灯诱杀。

生物防治：注意保护或释放茶翅蝽卵寄生蜂等天敌进行生物防治。

科学用药：于若虫为害高峰期喷药，推荐使用噻虫嗪、双丙环虫酯、氟啶虫胺腈等杀虫剂。

形态特征

茶翅蝽（①、③～⑤耿亭提供，②潘洪生提供）

①茶翅蝽成虫　②茶翅蝽成虫交配　③茶翅蝽卵　④茶翅蝽低龄若虫　⑤茶翅蝽高龄若虫

为害状

茶翅蝽为害棉花（①陆宴辉提供，②张大为提供）

①棉花“三角苞”上的茶翅蝽成虫　②棉花叶片上的茶翅蝽若虫

茶翅蝽在其他寄主植物上的发生与为害

茶翅蝽寄主范围广泛，棉田外虫源丰富。近年来，在桃、梨、苹果等多种果树上为害日趋严重。

玉米上的茶翅蝽（门兴元提供）

向日葵上的茶翅蝽（张金平提供）

大豆上的茶翅蝽（潘洪生提供）

蓖麻上的茶翅蝽（潘洪生提供）

丝瓜上的茶翅蝽（张金平提供）

红麻上的茶翅蝽（张金平提供）

桃树上的茶翅蝽（张金平提供）

樱桃树上的茶翅蝽（张金平提供）

榆树上的茶翅蝽（张金平提供）

杨树上的茶翅蝽若虫（潘洪生提供）

30. 菜蝽

菜蝽［*Eurydema dominulus*（Scopoli）］属半翅目蝽科。

分布与寄主

菜蝽分布于长江流域棉区和黄河流域棉区。主要为害甘蓝、白菜、萝卜、油菜、芥菜等蔬菜，也取食棉花。

形态特征

成虫：长卵圆形，体长6～9mm，宽3～5mm，体色橙红或橙黄，有黑色斑纹。头部黑色，侧缘上卷。触角4节。前胸背板上有6个大黑斑，排成两排，前排2个，后排4个。小盾片长三角形，基部有1个三角形大黑斑，近端部两侧各有1个较小黑斑，小盾片橙色部分呈Y形，交汇处缢缩。翅革片具橙黄或橙红色曲纹，在翅外缘形成2个黑斑；膜片黑色，具黄白边。腹部腹面黄白色，具4纵列黑斑。足黄、黑相间。

卵：鼓形，高约1mm，直径约0.7mm，初为白色，后变灰白色，孵化前灰黑色。

若虫：外形与成虫相似，五龄若虫体长5～6mm，宽约4mm，虫体与翅芽均有黑色与橙红色斑纹。

为害特征

成虫和若虫刺吸植物汁液，被害部位表面出现许多黄白色至黑褐色小斑点，幼嫩器官受害最重，花蕾受害易脱落。

发生规律

在长江流域棉区1年发生2～3代，以成虫在枯枝落叶下、树皮内、石块下、土缝中或枯草中越冬。4月中下旬起进入发生始盛期，10月下旬至11月中旬起进入越冬期，全年以5—9月为主要为害期。

防治要点

参见绿盲蝽。

形态特征

菜蝽（①袁海滨提供，②～⑥耿亭提供）

①、②菜蝽成虫　③菜蝽卵和初孵若虫　④菜蝽初孵若虫　⑤菜蝽三龄若虫　⑥菜蝽四龄若虫

31. 黄蝽

黄蝽（*Eurysaspis flavescens* Distant）属半翅目蝽科。

分布与寄主

黄蝽分布于长江流域棉区和黄河流域棉区。可为害棉花及水稻、玉米、粟、大豆、绿豆、芝麻等植物。

形态特征

成虫体宽，呈长椭圆形，体长12 ~ 15mm，宽7 ~ 9mm，背面显著隆起。全体及足皆为黄绿色。头部小，三角形，中片和侧片等长，头部上面被纵横凹缝划分为7个小白区，5个在复眼前，2个在单眼间。触角5节，淡黄褐色，第五节端部暗红色。体背面隆起明显，前胸背板的两侧角无脊而颇圆满，小盾片长于腹部中间，顶角和侧边散布不规则白点，翅长于腹部末端。前胸背板的侧缘和前翅革质部的基外缘略显黄白色边。

卵：杯形，竖置，长约1.2mm，宽约0.8mm，暗灰白色，卵壳网状，光滑，中部有1个白色宽缺环。卵呈双行，30 ~ 40枚紧凑排列。

为害特征

以成虫和若虫刺吸棉株顶部嫩叶、嫩茎、嫩芽、花蕾等汁液，导致凋萎。

发生规律

在长江流域棉区1年发生2代。以成虫在杂草、土壤缝隙等处越冬。翌年4月下旬出蛰活动，7月中旬到8月中旬、10月中下旬为发生高峰。

防治要点

参见稻绿蝽。

形态特征

黄蝽成虫（李恺球提供）

32. 二星蝽

二星蝽［*Eysacoris guttiger*（Thunberg）］属半翅目蝽科。

分布与危害

二星蝽广泛分布于全国各大棉区。为害棉花及麦类、水稻、大豆、胡麻、高粱、玉米、甘薯、茄子、桑、无花果等。

形态特征

成虫：体卵圆形，体长4～6mm，宽3～4mm，黄褐或黑褐色，全身密被黑色刻点，头部黑色；触角黄褐色，第五节黑褐色；前胸背板侧角稍凸出，末端圆钝，黑色侧缘有略卷起的黄白色狭边，胝黑色，小盾片舌状，长达腹末前端，两基角处各有1个黄白或玉白色的斑点，腹部黑色。

卵：近圆形，直径约0.7mm，初产时淡黄色，中期灰褐色，近孵化时为红褐色，卵壳网状，密被黑色刚毛，假卵盖中央似壳顶，周缘具20～23枚白色精孔突。

若虫：初孵若虫近圆形，头、胸漆黑色，腹部赫黄色，全身被有白色短绒毛，腹部侧缘具小斑8枚；老熟若虫体长约4mm，宽约3mm，头、胸黑褐或暗褐色，全身密被黑色刻点，前胸背板侧缘2/3黄白色。小盾片基部两侧各有1个近圆形的黄白色大斑，腹部一至二节背面浅灰黄色，其黑色刻点整齐排列成1条横线，其余各节黑色刻点不规则密布。

为害特征

以成虫、若虫吸食棉花叶片、蕾、花铃汁液，致植株生长发育受阻，小蕾、幼铃脱落。

发生规律

在黄河流域棉区1年发生4～5代，以成虫在杂草丛、枯枝落叶下越冬，翌年4—5月开始活动为害，卵产于植株叶背面，数10粒排成1～2纵行，有的不规则，成虫有趋光性。成虫爬行在棉花顶端、茎秆或叶柄上，不爱飞行，有假死性，具有弱趋光性。

防治要点

参见稻绿蝽。

形态特征

二星蝽成虫（刘定忠提供）

33. 稻绿蝽

稻绿蝽［*Nezara viridula*（Linnaeus）］属半翅目蝽科。

分布与寄主

稻绿蝽广泛分布于全国各大棉区。可为害棉花以及水稻、玉米、花生、烟草、大豆、辣椒、茄子、油菜、芝麻、桃、梨、苹果等。

形态特征

成虫：体卵圆形，体长12 ～ 16mm，宽6 ～ 9mm，有三个变型，即全绿型、点绿型和黄肩绿型。全绿型体浅绿色，头部绿色，侧边稍黄，触角及足青绿色，腹面颜色稍淡，复眼黑色，单眼暗红，触角第三、四、五节末端黑，基部黄绿，小盾片长三角形，末端狭圆，达腹部中间，基部有3个横列的小白点。点绿型以黄色为主，前胸背板有3个明显的绿点排成横行，小盾片基部亦有3个绿点排成横行，中间1个较大，两边较小，末端亦有1个绿点与两翅革质部中央的绿点排列成1横列。黄肩绿型体基本绿色，头部在两复眼前为黄色或橘红色，前胸背板前缘橘黄色或淡黄色，其余体色青绿。

卵：黄白色，圆柱形，长约1.2mm，宽约0.8mm，呈行列整齐排列。

若虫：初龄时黑色，胸部杂有红斑，腹部杂有黄斑，末龄若虫绿色，体长7 ～ 12mm，腹部与翅芽散生黑色斑点，外缘带红色，腹背边缘有半圆形红斑，中央臭腺孔色斑由白、黑、红三色组成。

为害特征

以成虫和若虫刺吸棉株顶部嫩叶、嫩茎、嫩芽、花蕾等汁液，导致被刺吸部分出现坏死、干枯症状。

发生规律

在黄河流域棉区1年发生1 ～ 2代，长江流域棉区1年发生3代，以部分二代与三代成虫越冬。成虫寿命长，产卵期长，导致世代重叠明显。越冬成虫翌年3月下旬至4月上旬出蛰活动，先在小麦、牛皮菜、油菜等植株上为害，5月上旬转移到早玉米等作物上为害繁殖。第一代成虫于6月下旬至7月上旬转移到棉花、四季豆、早黄豆、早中稻等作物上；第二代成虫和高龄若虫8月中旬在迟熟黄豆、中稻、晚稻、棉花等寄主上为害。成虫于9月上旬开始逐步进入越冬。

防治要点

生态调控：清除杂草、田间枯枝落叶并集中销毁，以消灭越冬成虫。

理化诱控：在成虫越冬后出蛰、成虫发生盛期，用黑光灯诱杀成虫。

科学用药：于若虫为害高峰期，喷施阿维菌素、噻虫嗪、联苯菊酯等具有触杀和内吸功能的杀虫剂。

形态特征

稻绿蝽成虫（肖海军提供）

34. 黄伊缘蝽

黄伊缘蝽［*Rhopalus maculatus*（Fieber）］属半翅目缘蝽科。

分布与寄主

黄伊缘蝽主要分布于黄河流域、长江流域棉区。寄主有大豆、蚕豆、花生、棉花、水稻、小麦、高粱、粟、油菜、萝卜等。

形态特征

成虫：体长6.5 ~ 8.5mm。长椭圆形，浅橙黄色。触角4节，红色，第一至三节色较浅。前翅革片翅脉上散生10余个黑褐色斑点，革片前缘有1条不透明的红色狭条。腹背浅红色，两侧各有1列黑褐色小圆点。腹部腹面两侧各具1列黑色斑点，第三、四、五腹节前缘中央各有一黑色斑纹。

卵：似肾形，长0.92 ~ 0.95mm，宽0.40 ~ 0.43mm。横置，正面隆起，中央凹陷处两侧各有一向内弯曲的"<"形紫褐色纹。初产时乳白色，中期金黄色，后期黄褐色。

若虫：一龄若虫体长1.2mm，头、胸初孵时红色，后变紫褐色，腹部黄绿色，全身生有褐色绒毛。头顶中央两侧各具1枚长刺，腹部第四节背面中央有一赤黄色斑纹。五龄若虫体长4.6 ~ 4.9mm，头、胸褐色，腹部橙黄色或黄绿色。头、胸和翅芽有黑褐色颗粒状毛瘤。

为害特征

以成虫、若虫在棉花嫩叶、花芽、嫩蕾、幼茎上刺吸汁液，被害部出现黄褐色小点，严重时可造成叶片破损、小蕾脱落、落花落铃。

发生规律

成虫和若虫喜在棉花嫩叶、蕾、花、嫩铃上吸食汁液，5—7月在田间为害较重。在长江流域棉区1年发生3代，重叠发生，以成虫在寄主基部或杂草丛中越冬。翌年3月中旬出蛰，4月下旬至5月下旬产卵，第一代成虫于6月上旬至7月中旬羽化；第二代于6月下旬至8月下旬孵出，7月底至9月下旬羽化；第三代于8月中旬至11月上旬孵出，10月上旬至12月中旬羽化，11月下旬至12月中下旬陆续蛰伏越冬。

防治要点

在为害较重时，可结合防治其他害虫用噻虫嗪、氟啶虫胺腈、吡虫啉等兼治。

形态特征

黄伊缘蝽（①、②耿亭提供，③胡本进提供）

①、②黄伊缘蝽成虫 ③黄伊缘蝽成虫交配

为害状

黄伊缘蝽为害棉花叶片（①陆宴辉提供，②潘洪生提供）

35. 点蜂缘蝽

点蜂缘蝽［*Riptortus pedestris*（Fabricius）］属半翅目缘蝽科。

分布与寄主

点蜂缘蝽广泛分布于全国各大棉区。喜好为害大豆、蚕豆、豌豆、菜豆、绿豆、豇豆、毛蔓豆等豆科植物，亦为害棉花、水稻、麦类、高粱、玉米、甘薯、甘蔗、丝瓜等植物。

形态特征

成虫：体狭长，体长15 ~ 17mm，宽4 ~ 7mm，黄褐至黑褐色，被白色细绒毛。头在复眼前部，呈三角形，后部细缩如颈。触角第一节长于第二节，第一、二、三节端部稍膨大，基半部色淡，第四节基部距1/4处淡黄白色。喙伸达中足基节间。前胸背板及胸侧板具许多不规则的黑色颗粒，前胸背板前叶向前倾斜，前缘具领片，后缘有2个弯曲，侧角呈刺状。小盾片三角形。前翅膜片淡棕褐色，稍长于腹末。腹部侧接缘稍外露，黄黑相间。足与体同色，胫节中段色淡，后足腿节粗大，有黄斑，腹面具4个较长的刺和几个小齿，基部内侧无突起，后足胫节向背面弯曲。腹下散生许多不规则的小黑点。

卵：半卵圆形，长约1.5mm，宽约1mm，附着面弧状，上面平坦，中间有1条不太明显的横形带脊。

若虫：体似蚂蚁，五龄若虫体长12 ~ 14mm，宽约4mm，体形似成虫，仅翅较短。

为害特征

成虫及若虫刺吸棉花植株汁液，受害部位留有针孔样黑褐色圆点，致使植株生长发育不良，造成蕾铃凋落。

发生规律

1年发生2 ~ 3代，以成虫越冬。4月开始出蛰活动，5—6月交配产卵，卵散产于叶背、嫩茎等上，若虫孵化后先群集，后分散为害，7—8月羽化为成虫，形成第一次发生盛期，继续繁殖及为害。二代成虫于8月底9月初达到第二次发生盛期。三代成虫9月上旬至10月中旬达第三次发生盛期，然后转移到杂草等场所准备越冬。

防治要点

参见稻绿蝽。

形态特征

点蜂缘蝽（①、③耿亭提供，②李瑞军提供）
①、②点蜂缘蝽成虫 ③点蜂缘蝽若虫

36.突背斑红蝽

突背斑红蝽［*Physopelta gutta* (Burmeister)］属半翅目大红蝽科。

分布与寄主

突背斑红蝽广泛分布于全国各大棉区。

形态特征

成虫：体棕红色，体长14 ～ 18mm，宽3.5 ～ 5.5mm，被平伏短毛。头顶棕褐色。喙棕褐色，其末端伸达后足基节。触角4节，密被绒毛，第四节基部黄白色，其余黑色。前胸背板梯形，前叶强烈突出，中部有一横沟，中线隆出，侧缘向内微凹，后叶中央具棕黑色粗刻点，边缘棕红色。小盾片小，暗棕黑色。前翅革片中央及顶角处各有一黑斑，前者较大，圆形，后者较小，亚三角形，前翅革质区第2个斑达革质翅端，斑内几无刻点。膜片棕褐色。腹部腹面棕红色，有时黄褐色；腹部腹面侧方节缝处有3个显著的新月形棕黑斑。足暗褐色，被密绒毛。

卵：长卵形，横置，附着面平坦，初产时乳白色，后变浅黄色。卵壳光亮，网状。

若虫：体背褐色，边缘赤棕黄色。头部、前胸背板与翅芽棕褐色，腹背土黄色，有明显突起的暗褐色大斑10个，呈3-3-2-1-1排列。

为害特征

以成、若虫吸食棉株嫩头、茎秆、蕾、花铃汁液，致植株生长发育受阻，蕾铃脱落。

发生规律

在长江流域棉区1年发生2代，以成虫越冬。4上旬至11月中旬灯诱可见成虫。6月出现第一次高峰，10月下旬至11月上旬出现第二次成虫高峰。成虫性喜荫蔽，阴天偶见外出觅食。成虫趋光性强。

防治要点

参见稻绿蝽。

形态特征

突背斑红蝽成虫（刘定忠提供）

37. 扶桑绵粉蚧

扶桑绵粉蚧（*Phenacoccus solenopsis* Tinsley）属半翅目粉蚧科绵粉蚧属。

分布与寄主

扶桑绵粉蚧为世界性害虫，在我国主产棉区有零星发生报道，但潜在威胁巨大。寄主植物种类繁多，目前已记录的寄主植物多达61科200多种，其中以锦葵科、茄科、菊科、豆科为主，主要有棉花、扶桑、向日葵、南瓜、茄子、番茄、龙葵等。

形态特征

成虫：体长约1.24mm，体宽约0.30mm。雌成虫体卵圆形，被有白色蜡粉，胸部背面可见2对黑斑，腹部背面可见3对黑斑；体缘有蜡突，腹部末端4 ~ 5对蜡突较长；除去蜡粉后，在前、中胸背面亚中区可见2条黑斑，腹部一至四节背面亚中区有两条黑斑。触角9节，基节粗，其他节较细长。单眼突出，发达，位于触角后体缘。足粗壮，发达，腿节和胫节上有许多刺，爪下有小齿。雄成虫体较小，黑褐色。头部略窄于胸部，复眼突出，红褐色，口器退化。触角细长，丝状，10节，每节上均有数根短毛。胸部发达，具1对发达透明前翅，翅脉简单，翅上附着一薄层白色蜡粉，后翅退化为平衡棒。足细长。腹部较细长，末端具2对白色长蜡丝，交配器突出呈锥状。

卵：长椭圆形，两端钝圆。长约0.33mm，宽约0.17mm。淡黄或乳白色，卵壳表面光滑，有光泽，略微透明。一端有2个红色暗点，孵化后即为若虫单眼。

若虫：共3龄。三龄若虫体长约0.32mm，体宽约0.63mm。初孵时呈椭圆形，体表光滑，淡黄绿色，头、胸、腹分化明显。单眼半球形，突出，呈红褐色。二龄末雌、雄分化明显。雌虫体缘有明显的齿状凸起，尾瓣突出，具尾须，体表被蜡粉覆盖，背部有明显的条纹状黑斑。雄虫呈卵圆形，背部蜡粉较雌虫厚，几乎看不到背部黑斑，体缘平滑，无尾须。三龄雌虫刚蜕皮时体呈明黄色，体背的黑色斑纹很清晰。雄虫有预蛹期，包裹在其自身分泌的白色蜡质絮状物中。

蛹：通常在二龄末期停止取食，分泌絮状蜡丝，进入蛹期。体长约1.41mm，体宽约0.58mm。整个蛹期虫体都被厚厚的蜡丝包裹，丝上可见一些白色粉末状物体，轻轻剥开丝茧可以看见虫体呈黑灰色。

为害特征

主要为害棉花和其他植物的幼嫩部位，包括嫩枝、叶片、花芽和叶柄，以雌成虫和若虫吸食汁液。受害棉株长势衰弱，生长缓慢或停止，失水干枯，亦可造成花蕾、花、幼铃脱落。排泄的蜜露诱发的煤污病影响叶片光合作用，导致叶片干枯脱落，植物生长受抑制，严重时可造成植株大量死亡。

发生规律

多营孤雌生殖，卵产在卵囊内，每卵囊有卵150 ～ 600粒，多数孵化为雌虫。每年可繁殖10 ～ 15代，在我国主产棉区以卵或其他虫态在植物或土壤中越冬。繁殖量大，种群增长迅速，世代重叠严重。雌、雄个体生活史不尽相同，雌性虫态包括卵、一龄若虫、二龄若虫、三龄若虫与成虫，而雄性依次有卵、一龄若虫、二龄若虫、预蛹、蛹和成虫。具有较强的温度适应能力，对高温和低温均具有较强的耐受性。

防治要点

植物检疫：2010年农业部第1380号公告将扶桑绵粉蚧列入全国农业植物检疫性有害生物，国家林业局也将其列为全国林业植物检疫性有害生物，依法实行检疫管理。

生态调控：清洁田园，冬耕冬灌，以消灭虫源，压低基数。受害的棉花植株连根拔起并集中处理。

生物防治：保护利用瓢虫等自然天敌。

科学用药：尽量选择低龄若虫高峰期进行施药，轮换选择氟啶虫胺腈、啶虫脒、螺虫乙酯等药剂。蓖麻油皂液可有效去除虫体表面的蜡质物，配合化学药剂达到高效杀虫效果。

形态特征

扶桑绵粉蚧（张润志提供）

①扶桑绵粉蚧雌成虫　②扶桑绵粉蚧雌成虫和雄成虫　③扶桑绵粉蚧卵囊和初孵若虫

为害状

扶桑绵粉蚧为害棉花（张润志提供）

①扶桑绵粉蚧为害棉花叶片 ②扶桑绵粉蚧为害棉花嫩枝 ③扶桑绵粉蚧为害棉花蕾 ④扶桑绵粉蚧为害棉花小铃
⑤扶桑绵粉蚧为害棉花大铃 ⑥棉田扶桑绵粉蚧为害状

扶桑绵粉蚧在其他寄主植物上的发生与为害

扶桑绵粉蚧的寄主范围广泛，从栽培作物到野生杂草都有适合扶桑绵粉蚧的寄主，对扶桑尤为偏好。

扶桑上的扶桑绵粉蚧（齐国君提供）

黄麻上的扶桑绵粉蚧（周忠实提供）

苘麻上的扶桑绵粉蚧（周忠实提供）

番茄上的扶桑绵粉蚧（齐国君提供）

南瓜上的扶桑绵粉蚧（周忠实提供）

辣椒上的扶桑绵粉蚧（周忠实提供）

茄子上的扶桑绵粉蚧（周忠实提供）

玉米上的扶桑绵粉蚧（周忠实提供）

夏堇上的扶桑绵粉蚧（周忠实提供）

太阳花上的扶桑绵粉蚧（张桂芬提供）

豚草上的扶桑绵粉蚧（齐国君提供）

38. 美洲斑潜蝇

美洲斑潜蝇（*Liriomyza sativae* Blanchard）属双翅目潜蝇科斑潜蝇属。

分布与寄主

美洲斑潜蝇在长江流域棉区发生相对严重，其寄主广泛，多达33科170多种植物，偏好为害葫芦科、茄科、豆科、菊科、十字花科、伞形科的瓜类、豆类、番茄、莴苣等蔬菜，在棉花上属次要害虫。

形态特征

成虫：体长1.3 ~ 1.8mm，翅长1.8 ~ 2.2mm。头部黄色，复眼酱红色，外顶鬃着生在暗色区域，内顶鬃常着生在黄暗交界处。胸、腹背面大体黑色，中胸背板黑色发亮，后缘小盾片鲜黄色，体腹面黄色。前翅M_{3+4}脉末端为前1段的3 ~ 4倍，后翅退化为平衡棒。

卵：椭圆形，米色，半透明，大小为（0.20 ~ 0.30）mm ×（0.10 ~ 0.15）mm。

幼虫：蛆形，共3龄。初孵幼虫米色，半透明。老熟幼虫体长2mm左右，橙黄色，腹部末端有1对圆锥形后气门，在气门突末端分叉，其中2个分叉较长，各具1个气孔开口。

蛹：椭圆形，大小为（1.70 ~ 2.30）mm ×（0.50 ~ 0.75）mm。腹面稍扁平，多为橙黄色，有时呈暗至金黄色，后气门3孔。

为害特征

成虫、幼虫均可为害，雌成虫以产卵器刺伤叶片形成小白点，进行取食和产卵，幼虫潜食叶片上、下表皮之间的叶肉，形成不规则弯曲的蛀道，蛀道长度和宽度随虫龄的增长而增大，老熟幼虫从蛀道顶端咬破叶片上表皮钻出叶面。

发生规律

美洲斑潜蝇在长江流域棉区南方温暖区域或黄河流域棉区周边的温室内可全年繁殖，1年发生10多代。成虫有一定的飞翔能力，对黄色趋性强。雌虫繁殖力强，单雌产卵量200 ~ 600粒。卵散产在棉花叶片叶肉中，初孵幼虫潜食叶肉，形成隧道。

防治要点

生态调控：及时清园，摘除带潜道叶片，以减少虫源。田间适时灌水淹土或中耕翻土，可消灭部分蛹。

生物防治：保护利用棉田潜蝇姬小蜂等天敌。

理化诱控：采用灭蝇纸或黄板诱杀成虫。

科学用药：在卵孵化盛期或低龄幼虫高峰期施药。高效氟氯氰菊酯、氟铃脲、氟啶脲、茚虫威、多杀霉素等品种对幼虫和成虫防效都较好，阿维菌素、灭蝇胺等仅对幼虫防效好。

形态特征

美洲斑潜蝇（耿亭提供）

①、②美洲斑潜蝇成虫　③美洲斑潜蝇幼虫　④美洲斑潜蝇蛹

为害状

美洲斑潜蝇为害棉花（①、②耿亭提供，③慕卫提供，④张帅提供）

①美洲斑潜蝇为害造成蛀道　②～④美洲斑潜蝇为害棉花叶片

美洲斑潜蝇在其他寄主植物上的发生与为害

美洲斑潜蝇在豇豆、四季豆等多种寄主植物叶片上为害严重，蛀食造成弯弯曲曲的隧道，隧道相互交叉，逐渐连成一片，导致叶片光合能力锐减，过早脱落或枯死。

美洲斑潜蝇为害豇豆叶片（矫振彪提供）

美洲斑潜蝇为害番茄叶片（矫振彪提供）

美洲斑潜蝇为害四季豆叶片（吴圣勇提供）

美洲斑潜蝇为害黄瓜叶片（矫振彪提供）

美洲斑潜蝇为害丝瓜叶片（吴圣勇提供）

第三节 咀嚼式口器害虫

39. 棉铃虫

棉铃虫［*Helicoverpa armigera*（Hübner）］属鳞翅目夜蛾科铃夜蛾属。又名棉铃实夜蛾等。

分布与寄主

棉铃虫在黄河流域、西北内陆棉区发生为害重，长江流域棉区间歇性大发生。自1997年转*Bt*基因抗虫棉商业化种植以来，我国棉铃虫发生程度明显减轻。除棉花外，寄主还有玉米、小麦、高粱、豌豆、扁豆、苕子、苜蓿、芝麻、胡麻、花生、油菜、番茄、辣椒和向日葵等多种栽培作物及野生寄主植物30多科200多种。

形态特征

成虫：体长15 ~ 20mm，翅展27 ~ 38mm。前翅颜色变化较多，雌蛾前翅赤褐色或黄褐色，雄蛾多为灰绿色或青灰色。肾状纹和环状纹暗褐色，中央有1个褐点，雄蛾的较明显。后翅灰白色，翅脉褐色，外缘有1条茶褐色宽带纹，带纹中有两个月牙形白斑。雄蛾腹末抱握器毛丛呈"一"字形。

棉铃虫雌蛾卵巢发育级别划分标准

级别	发育期	卵巢管特征	脂肪体特征	交配囊特征
1级	卵黄沉积前期	卵巢管细小而柔软，长约30mm，卵巢管及输卵管明显透明；肉眼分辨不出其内卵粒，滋养细胞和卵母细胞很难看清	脂肪体乳白色，量多而饱满	
2级	卵黄沉积期	卵巢管继续生长膨大，卵巢管长40 ~ 45mm，乳白色；在卵巢管的端部可见未成熟的卵，开始有卵黄沉积发生，侧输卵管开始膨大，卵粒乳白色，肉眼可见内部卵粒成串	脂肪体淡黄白色，量仍多，部分不饱满	交配囊淡褐色，偶见精珠
3级	成熟待产期	卵巢管长约55mm，卵巢管黄白色，内部卵量急速增加；卵粒清晰可见，排列整齐，基部卵粒成堆；侧输卵管内充满卵，中输卵管亦有卵，卵黄沉积丰满；由于卵量的增加和卵的膨大，卵巢管膨胀呈长筒状	脂肪体明显减少	交配囊内精珠较常见
4级	产卵盛期	卵巢开始缩短，长45 ~ 50mm；基部的卵粒排列不很紧密；由于大量成熟卵和未成熟卵的存在，卵巢管壁变得非常薄	脂肪体明显减少，松散而呈黄色	
5级	产卵末期	卵巢管萎缩变短，长约35mm；成熟卵和未成熟卵均明显减少，仅部分卵巢管内存在几粒成熟的卵；卵室之间有缢缩而呈念珠状；卵巢管中下部明显变细萎缩	脂肪体极少	

卵：近半球形，顶部稍隆起，底部较平。长0.51 ~ 0.55mm，宽0.44 ~ 0.48mm。中部通常有24 ~ 34条直达底部的纵棱，纵棱间有横纹18 ~ 20条。初产卵黄白色或翠绿色，近孵化时变为红褐色或紫褐色，顶部黑色。

幼虫：共有5 ~ 7个龄期，多数为6个龄期。六龄幼虫体长30.8 ~ 40.2mm，头宽2.56 ~ 2.80mm。初孵幼虫头壳漆黑，随着虫龄增加，前胸盾板斑纹和体线变化渐趋复杂。背线一般有2条或4条，气门上线可分为不连续的3 ~ 4条，体表满布褐色和灰色小刺，腹面有黑色或黑褐色小刺。老熟幼虫头部黄色，有褐色网状斑纹，虫体各节有毛片12个。体色变化较大。

蛹：纺锤形，体长14.0 ~ 23.4mm，体宽4.2 ~ 6.5mm。初蛹体色乳白至褐色，常带绿色；复眼半透明，复眼外侧有斜线排列的4个黑褐色眼点。中期蛹为褐色，足逐渐发黑，形成黑色"领带"，翅芽不透明，边缘不发黑。后期蛹深褐至黑褐色，先是翅芽边缘发黑，逐步翅芽、复眼直到蛹体发黑。尾端有臀刺两枚，刺基部分开。

为害特征

棉铃虫幼虫主要取食棉茎顶端、嫩叶、蕾、花、铃。棉花生长点遭破坏后，形成断头棉，常称为“公棉花”。幼蕾稍受咬伤，苞叶即行张开，变黄脱落。为害花时，被害花一般不能结铃。为害棉铃时，形成僵瓣，受害铃容易霉烂脱落。幼虫常转移为害，1头幼虫一生约为害10多个蕾、铃，常从棉株上部向下部转移或转株为害。

发生规律

棉铃虫发生代数由北向南逐渐增多，在新疆北疆地区1年发生3代、南疆地区1年发生4代，在黄河流域棉区大部分1年发生4代，长江流域棉区1年发生5代。以滞育蛹越冬，成虫可远距离迁飞。在新疆越冬蛹5月开始羽化，一代成虫产卵高峰期新疆南疆在6月上旬、北疆在6月中旬；二代成虫产卵高峰期新疆南疆在7月上中旬，北疆在7月中旬；三代成虫产卵高峰期均在8月。个别年份新疆北疆1年发生可达4代，南疆可达5代，世代重叠严重。

防治要点

调查测报：参照《棉铃虫测报调查标准》（GB/T 15800—2009）。

生态调控：种植通过审定的转*Bt*基因抗虫棉品种。推广秋耕冬灌，压低越冬基数。

理化诱控：根据成虫趋光性，利用黑光灯、频振式杀虫灯诱杀成虫。于棉铃虫羽化高峰期，使用性诱剂、糖醋液或半萎蔫的杨树枝把，连片施用生物食诱剂，可有效诱杀成虫。

生物防治：保护利用自然天敌，释放赤眼蜂、中红侧沟茧蜂等寄生蜂。

科学用药：当非转*Bt*基因棉百株累计卵量100粒、转*Bt*基因棉百株二龄或二龄以上幼虫超过10头时进行药剂防治。优先选用多杀霉素、棉铃虫核型多角体病毒等生物农药，化学农药选用氟铃脲、氟啶脲、茚虫威、氯虫苯甲酰胺等。

 形态特征

①

②

棉铃虫（①～③、⑤～⑦、⑨～⑪耿亭提供，④、⑭毛志明提供，⑧陆宴辉提供，⑫、⑬姚举提供，⑮于江南提供）

①棉铃虫雌成虫 ②棉铃虫雄成虫 ③棉铃虫复眼、触角、口器 ④棉铃虫雄性生殖器 ⑤棉铃虫雌雄成虫交配 ⑥棉铃虫初产卵 ⑦棉铃虫近孵化卵 ⑧棉花心叶上的棉铃虫卵 ⑨棉铃虫低龄幼虫 ⑩棉铃虫高龄幼虫 ⑪不同体色的棉铃虫幼虫 ⑫即将入土化蛹的棉铃虫幼虫 ⑬、⑭棉铃虫蛹土室 ⑮土壤中的棉铃虫蛹

棉铃虫卵巢（①～⑤张万娜提供）

①棉铃虫雌蛾发育1级卵巢 ②棉铃虫雌蛾发育2级卵巢 ③棉铃虫雌蛾发育3级卵巢 ④棉铃虫雌蛾发育4级卵巢 ⑤棉铃虫雌蛾发育5级卵巢

为害状

棉铃虫为害棉花

（①～③、⑥、⑦、⑪耿亭提供，④于江南提供，⑤、⑧、⑩陆宴辉提供，⑨戴长春提供）

①棉铃虫为害棉花叶片　②棉铃虫为害棉花嫩茎　③、④棉铃虫为害棉花小蕾　⑤棉铃虫为害棉花大蕾
⑥、⑦棉铃虫为害棉花花　⑧、⑨棉铃虫为害棉花小铃　⑩棉铃虫为害棉花大铃　⑪棉铃虫蛀空棉花铃

棉铃虫在其他寄主植物上的发生与为害

棉铃虫是小麦、玉米、花生、大豆、向日葵、高粱等农作物，番茄、辣椒等蔬菜，枣树、核桃树等果树上的常见害虫，常造成严重危害，这也构成了棉田外的重要虫源。棉铃虫杂草寄主种类同样很多，偏好苘麻，在棉田周边少量种植，可用作棉铃虫测报指示植物。

棉铃虫为害玉米（①张谦提供，②芦屹提供，③耿亭提供，④、⑤杨现明提供，⑥李国平提供）

①棉铃虫为害玉米花丝 ②棉铃虫为害玉米籽粒 ③棉铃虫为害玉米穗部 ④棉铃虫为害玉米心叶
⑤棉铃虫为害玉米苗 ⑥棉铃虫钻蛀为害玉米茎秆

棉铃虫为害小麦（①、②耿亭提供，③、④张云慧提供）

①、②棉铃虫钻蛀为害小麦麦粒 ③、④棉铃虫为害小麦穗部

棉铃虫为害大豆豆荚（①耿亭提供，②陆宴辉提供）

棉铃虫为害花生（耿亭提供）

①棉铃虫为害花生叶片 ②棉铃虫为害花生花

棉铃虫为害鹰嘴豆（Abid Ali提供）

棉铃虫为害向日葵（①、②张谦，③耿亭提供）

①棉铃虫成虫取食向日葵花蜜 ②棉铃虫幼虫为害向日葵嫩头 ③棉铃虫幼虫为害向日葵

棉铃虫为害高粱（①耿亭提供，②姜玉英提供）

①棉铃虫为害高粱 ②棉铃虫为害高粱穗

棉铃虫为害谷子（姜玉英提供）

棉铃虫为害芝麻（张谦提供）

棉铃虫为害油菜（杨龙提供）

棉铃虫为害甘蓝（矫振彪提供）

棉铃虫为害烟草（乔洪波提供）

棉铃虫为害黄秋葵（①王金涛提供，②耿亭提供）

棉铃虫为害辣椒（①耿亭提供，②李怡萍提供，③王惠卿提供）

棉铃虫为害黄瓜（耿亭提供）

棉铃虫为害番茄（①李文静提供，②芦屹提供）

棉铃虫为害扁豆（刘家成提供）

棉铃虫为害四季豆（乔洪波提供）

棉铃虫为害洋姜（张谦提供）

棉铃虫为害紫花苜蓿（李耀发提供）

棉铃虫为害枣（①、②芦屹提供，③冯宏祖提供，④李海强提供）

①棉铃虫为害枣花　②棉铃虫为害红枣青果　③、④棉铃虫为害红枣

棉铃虫为害核桃（李海强提供）

①棉铃虫为害核桃青果　②棉铃虫为害核桃花序

棉铃虫为害脐橙青果（徐小明提供）

棉铃虫为害苘麻（陆宴辉提供）

①苘麻叶片上的棉铃虫卵　②苘麻果实上的棉铃虫卵　③棉铃虫为害苘麻果实

益母草上的棉铃虫幼虫（孙梦潇提供）

刺儿菜上的棉铃虫幼虫（孙梦潇提供）

40. 红铃虫

红铃虫［*Pectinophora gossypiella*（Saunders）］属鳞翅目麦蛾科。又名红花虫、棉花蛆等。

分布与寄主

红铃虫主要分布于长江流域棉区和黄河流域棉区南部，曾是棉花上的一种重大害虫。转*Bt*基因抗虫棉大面积种植以来，红铃虫种群得到了有效控制，生产上已不再需要重点防治。红铃虫寄主以锦葵科为主，还包括大戟科、豆科及秋葵、大麻槿、绿豆、木槿等8科27属78种。

形态特征

成虫：棕黑色。体长6 ~ 10mm，翅展15 ~ 20mm。头细小，下唇须镰刀状，棕红色，向上弯曲超过头顶。触角棕色，鞭形，40余节，基节有5 ~ 6根排列稀疏的栉毛。前翅尖叶状，有4条不规则的黑褐色横带，后翅菜刀状，缘毛长。雄蛾有翅缰1根，雌蛾有翅缰3根。雄蛾尾部生有丛毛，丛毛呈钳状，圆孔小；雌蛾尾部也有丛毛，但排列整齐均匀，圆孔较大，清晰，是鉴别雌雄蛾的特征之一。

红铃虫雌蛾卵巢发育级别标准

级别	发育期	卵巢管特征	脂肪体特征	交配囊特征
1级	乳白透明期	初羽化卵巢小管内卵粒不明显，整个卵巢小管短而细，平均长度为6.50mm，平均直径为0.19mm	脂肪体丰富	尚未交配，交配囊瘪
2级	卵黄沉积期	卵巢小管下部1/3 ~ 1/2的卵粒进入卵黄沉积期，但尚无成熟卵，卵粒在卵巢管柄以上。卵巢小管较前一级时长而粗，平均长8.00mm，直径0.25mm。未产卵	脂肪体丰富	未交配，交配囊瘪
3级	成熟待产期	卵巢小管下部卵粒已成熟，成熟卵已逐渐下移至侧输卵管或中输卵管，但卵巢小管内的卵粒之间排列仍很紧密，多数个体尚未产卵。这一级卵巢小管继续增长变粗，平均长10.80mm，直径0.29mm	脂肪体丰富，脂肪粒缩小	部分已交配，交配过的雌蛾交配囊膨胀，并可透见精包
4级	产卵盛期	卵巢小管内成熟卵已开始或大量产出，管内各粒卵之间有空隙，排列稀疏。经大量产卵后，卵巢小管开始缩短，但粗细无大差异。如羽化后3 ~ 4天的雌蛾，其卵巢小管平均长8.50mm，直径0.29mm	脂肪体已明显减少	可见多次交配
5级	产卵末期	卵巢小管短而萎缩，平均长为5.80mm，粗细和3、4级相差不大。各卵巢小管内残留少量成熟卵。卵巢管柄处有一蜡黄色的卵巢管塞出现	脂肪体极少	多次交配，精包因精液排出而空瘪

卵：形似米粒状，长0.5mm左右，宽0.3mm左右。初产时乳白色，有光泽，卵顶端有4个锯齿状缺刻，尾端椭圆形。卵壳表面具有规则的纵脊和不规则的横纹，相交呈花生壳状。

幼虫：共4龄。初孵幼虫稍带淡红色，体毛清楚可见。二龄幼虫体色多为乳白色，四龄幼虫开始出现红斑，各红斑并不相连。四龄幼虫体长12.7mm。老熟幼虫润红色，头部棕褐色，前胸盾片和臀板棕黑色。各节背面有淡黑色斑点4个，两侧也各有黑色斑点1个，各斑点的周围为红色晕圈。雄性幼虫在腹部背面第七、八节之间体内有1对肾状的黑斑。

蛹：长椭圆形，雌蛹体长5 ~ 8mm，体宽2 ~ 3mm。雄蛹体长5.0 ~ 7.5mm，体宽2 ~ 3mm。初化蛹时为润红色，以后变为淡黄色以至黄褐色，有金属光泽，将近羽化时呈黑褐色。被淡黄色短绒毛，尾端尖形。肛门大，周缘着生褐色小钩状刚毛，每边5 ~ 6根，臀刺周围有相似的刚毛8根。生殖孔在第八腹节腹面呈一细缝，位于第八腹节上端为雌蛹，位于下端为雄蛹。

为害特征

初孵幼虫常从蕾顶钻入，蛀孔黑褐色，针尖大小，蕾内蛀食花蕊，导致不能正常开花而脱落。较大的蕾被害，花冠发育不良，形成“虫花”，花瓣粘连，不能正常开放。为害青铃，蛀孔小而圆，刚钻入后外部有黄色粪粒，喜好从棉铃基部钻入，在铃壳与内壁间为害，致使铃壳内壁上形成水青色或黄褐色的痕纹“虫道”，然后钻入棉铃内，在铃壳内壁上形成不规则的突起“虫瘤”，然后为害纤维和棉籽，常将两粒棉籽缀合在一起形成“双连籽”。被害棉铃易烂铃，或造成虫僵花。

发生规律

红铃虫在我国年发生代数自北向南为2 ~ 6代。黄河流域棉区1年发生2 ~ 3代，长江流域棉区1年发生3 ~ 4代，以幼虫在棉仓、棉籽、棉秸秆堆、枯铃、扎棉工具上越冬。长江流域棉区越冬代集中在6月下旬至7月上旬羽化，第一代成虫在7月下旬至8月初达羽化高峰，第二代成虫在8月底至9月上中旬进入羽化高峰，第三代卵于9月上中旬产于棉株中、上部的棉铃上，9月中旬以后大部分进入滞育越冬。

防治要点

调查测报：参照《棉红铃虫测报技术规范》(GB/T15801—2011)。

生态调控：种植通过审定的转*Bt*基因抗虫棉品种。通过晒花除虫、去除早蕾、调节播期减轻发生为害。

生物防治：保护利用金小蜂、茧蜂、小花蝽等自然天敌。

理化诱控：红铃虫成虫对黑光灯趋性强，可设置黑光灯诱杀成虫，减少棉田落卵量。

科学用药：非转*Bt*基因抗虫棉上红铃虫防治指标为二代卵量180粒/百株，三代卵量500粒/百株。推荐选用虱螨脲、氟铃脲、氟啶脲、茚虫威、多杀霉素等农药进行统防统治。正常年份转*Bt*基因抗虫棉上无须防治。

形态特征

红铃虫（①、④、⑤耿亭提供，②、③、⑥许冬提供）

①红铃虫成虫　②、③红铃虫卵　④红铃虫初孵幼虫　⑤红铃虫低龄幼虫　⑥红铃虫蛹

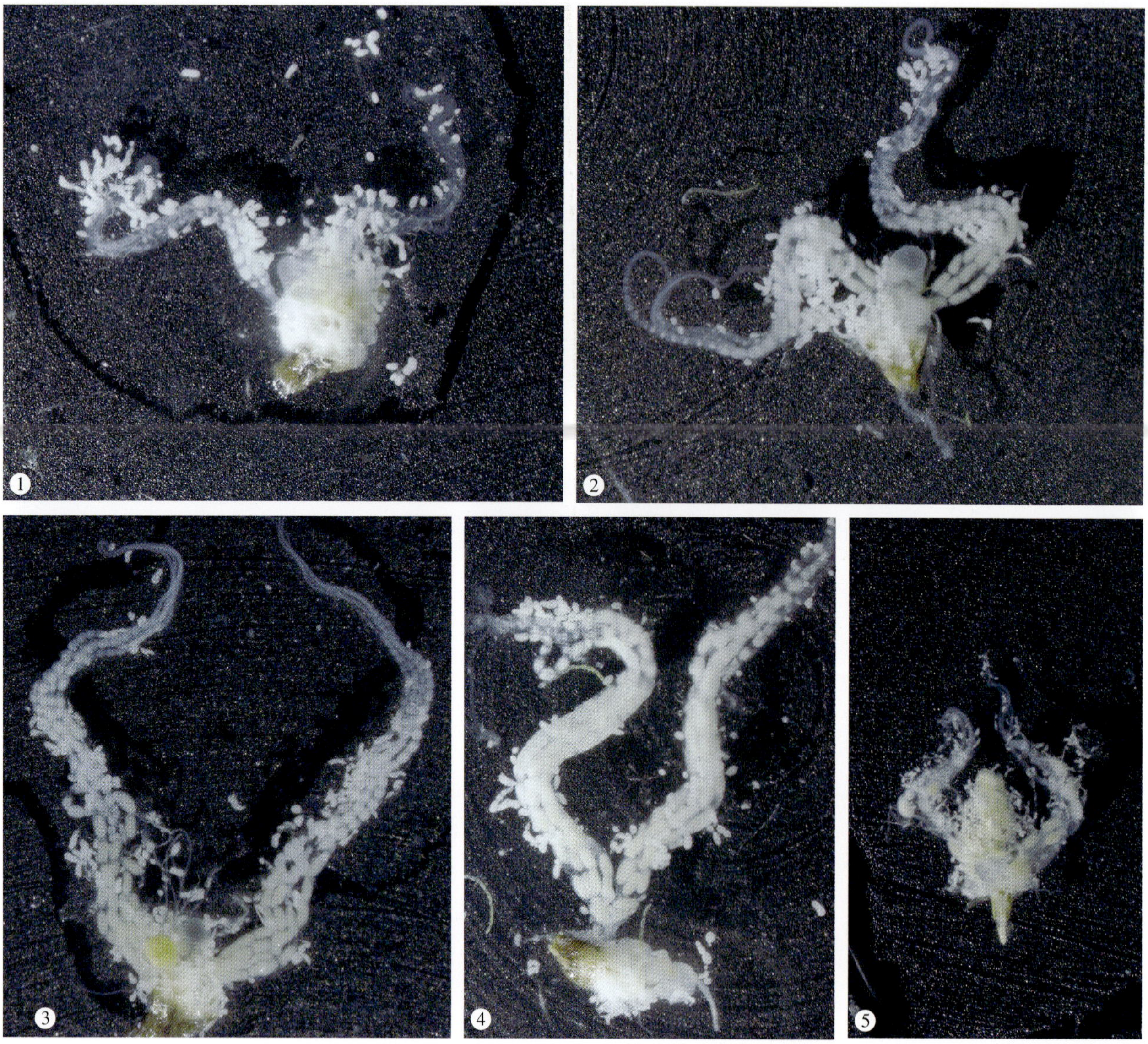

红铃虫卵巢（①～⑤武怀恒提供）

①红铃虫发育1级卵巢　②红铃虫发育2级卵巢　③红铃虫发育3级卵巢　④红铃虫发育4级卵巢　⑤红铃虫发育5级卵巢

为害状

红铃虫为害棉花（①许冬提供，②～⑤、⑦万鹏提供，⑥、⑧李恺球提供）

①棉花叶片上的红铃虫卵　②红铃虫为害棉花花　③被害后花瓣顶端被丝缠连成风车状　④红铃虫钻蛀棉铃　⑤红铃虫蛀食棉铃形成僵桃　⑥～⑧棉籽中的红铃虫

红铃虫在其他寄主植物上的发生与为害

红铃虫在黄秋葵、茄子、锦葵等植物上有一定发生，但为害普遍较轻。

红铃虫幼虫为害黄秋葵（许冬提供）

红铃虫幼虫为害茄子（许冬提供）

红铃虫幼虫为害番茄（王金涛提供）

锦葵上的红铃虫卵（许冬提供）

41. 斜纹夜蛾

斜纹夜蛾［*Spodoptera litura*（Fabricius）］属鳞翅目夜蛾科。又名莲纹夜蛾、夜盗虫、乌头虫等。

分布与寄主

斜纹夜蛾主要分布于黄河流域棉区、长江流域棉区。寄主范围极广，包括棉花、烟草、玉米、甘薯、向日葵、高粱、豆类、十字花科蔬菜、莲、茶叶等109科300多种植物。

形态特征

成虫：体长14～16mm，翅展33～35mm，体灰褐色。前翅黄褐至淡黑褐色，多斑纹，环状纹和肾状纹之间由3条白线组成明显的较宽斜纹，从前缘中部到后缘有一向外倾斜的灰白色宽带状斜纹（雄蛾斜纹较粗）。后翅无色，仅翅脉及外缘暗褐色。

卵：馒头形，直径0.75～0.95mm，表面有纵横脊纹，黄白色，近孵化时暗灰色。卵粒常三、四层重叠成块，上覆黄褐色绒毛。

幼虫：体色因龄期、食料、季节而变化。初孵幼虫绿色，二至三龄时黄绿色，老熟时多数黑褐色，少数灰绿色，体长35～47mm。背线和亚背线橘黄色，沿亚背线上缘每节两侧各有1个半月形黑斑，在中、后胸半月形黑斑的下方有橘黄色圆点。

蛹：圆筒形，赤褐色，体长18～23mm，气门黑褐色。腹部第四至七节前缘密布圆形刻点，末端有1对臀棘。

为害特征

低龄幼虫群集叶背面啃食，只留上表皮，被害叶枯黄，在棉田中极易发现。三龄后分散为害，啃食棉叶、花蕾和花朵，造成叶片缺刻、孔洞、残缺不堪，甚至将植株吃成光秆。

发生规律

斜纹夜蛾在我国由北到南1年可发生4～9代，世代重叠，无滞育现象。黄河流域棉区1年发生4～5代，长江流域棉区1年发生5～6代。长江流域棉区多在7—8月大发生，黄河流域棉区则以8—9月为重。成虫昼伏夜出，有较强的迁飞能力，趋光性强，有趋化性。成虫喜欢选择在枝叶茂密的植株上产卵，卵多产于叶背和叶柄，呈块状，以植株中部最多。初孵幼虫群集，三龄后分散为害，四龄后食量大增，大龄幼虫具暴食性、负趋光性、隐蔽性、假死性、自相残杀习性。

防治要点

生态调控：清除田间杂草，翻耕晒土或灌水，有助于减少虫源。结合管理随手摘除卵块和群集为害的初孵幼虫。在棉田周边适当布置芋、莲或其他嗜好作物，诱集产卵，集中处理。

理化诱控：利用杀虫灯和性诱剂诱杀成虫。

生物防治：保护利用自然天敌。喷施棉铃虫核型多角体病毒制剂等生物农药，防治斜纹夜蛾低龄幼虫。

科学用药：掌握在未进入暴食期的三龄幼虫以前，选用甲氧虫酰肼、多杀霉素、茚虫威、甲氨基阿维菌素苯甲酸盐等农药进行统防统治，消灭于未扩散的点片阶段。

形态特征

斜纹夜蛾（①、②、④、⑧、⑩耿亭提供，③、⑥陆宴辉提供，⑤、⑦门兴元提供，⑨李恺球提供）

①斜纹夜蛾成虫　②斜纹夜蛾卵块　③、④斜纹夜蛾卵块及初孵幼虫　⑤～⑨斜纹夜蛾不同体色高龄幼虫　⑩斜纹夜蛾蛹

为害状

斜纹夜蛾为害棉花（①、②李恺球提供，③门兴元提供，④～⑥李恺球提供，⑦、⑧陈华提供）

①斜纹夜蛾为害棉花花　②斜纹夜蛾为害小蕾花萼　③斜纹夜蛾为害小蕾　④斜纹夜蛾聚集为害棉花叶片背面
⑤、⑥斜纹夜蛾为害棉花叶片　⑦、⑧棉田斜纹夜蛾严重为害状

斜纹夜蛾在其他寄主植物上的发生与为害

斜纹夜蛾在大豆、红薯、多种十字花科蔬菜等寄主上常高密度发生，是这些作物上的一种重要害虫，这也构成了棉田外的主要虫源。

斜纹夜蛾为害大豆叶片（李恺球提供）

斜纹夜蛾为害芝麻叶片（丛胜波提供）

斜纹夜蛾为害甘薯叶片（丛胜波提供）

斜纹夜蛾为害黄秋葵叶片（丛胜波提供）

斜纹夜蛾为害甘蓝叶片（丛胜波提供）

斜纹夜蛾为害红菜薹叶片（矫振彪提供）

斜纹夜蛾为害小白菜叶片（杨妮娜提供）

灰藜上的斜纹夜蛾（丛胜波提供）

42. 甜菜夜蛾

甜菜夜蛾［*Spodoptera exigua*（Hübner）］属鳞翅目夜蛾科。又名贪夜蛾、玉米夜蛾。

分布与寄主

甜菜夜蛾在我国各大棉区均有分布，在长江流域棉区发生普遍，在黄河流域棉区个别年份严重发生。属多食性害虫，主要为害棉花、蔬菜、烟草、玉米、花生、甜菜、花卉等35科170多种植物。

形态特征

成虫：灰褐色，头、胸有黑点。体长8～10mm，翅展19～25mm。前翅中央近前缘外方有一肾形斑，内侧有一土红色圆形斑。后翅银白色，翅脉及缘线黑褐色。

卵：圆球形，白色，直径0.2～0.3mm。成块产于叶面或叶背，每块8～100粒不等，排为1～3层，外面覆有雌蛾脱落的白色绒毛。

幼虫：共5龄，少数6龄，老熟幼虫体长可达22～30mm。体色变化很大，有绿色、暗绿色、黄褐色、褐色至黑褐色，背线有或无，颜色各异。腹部气门下线为明显的黄白色纵带，有时带粉红色，直达腹部末端，不弯到臀足上，各节气门后上方具一明显白点。

蛹：黄褐色，体长约10mm。中胸气门外突。第三至七节背面及第五至七节腹面有粗点刻。臀刺2根，呈叉状，基部有短刚毛2根。

为害特征

幼虫啃食叶面造成孔洞或缺刻，重发时也为害蕾、铃和幼茎。初孵幼虫群集叶背，吐丝结网，取食叶肉，仅留表皮，形成透明的小孔。三龄后分散，将叶片吃成孔洞或缺刻，严重时仅剩叶脉和叶柄。

发生规律

在黄河流域棉区1年发生3～5代，在长江流域棉区1年发生5～7代，以蛹在表土层作土室越冬。温、湿度对种群的发生有明显影响，长江流域如春季雨水少，梅雨明显提前，夏季炎热，则秋季发生严重。成虫昼伏夜出，夜间20:00—23:00活动最盛，可远距离飞行。卵多产在植物叶背面或叶柄部，单雌产卵量100～600粒，卵块上覆盖有白色鳞毛。低龄幼虫群集为害，三龄开始分散为害，幼虫有假死性。

防治要点

生态调控：秋耕冬灌，杀死在浅层土壤中的幼虫和蛹，压低越冬虫源。及时清除杂草，切断其转移的桥梁，减少早期虫源。结合田间管理，摘除叶背面卵块和低龄幼虫团。

理化诱控：利用成虫强趋光性，在成虫始盛期，用黑光灯、频振式杀虫灯诱杀成虫。

生物防治：保护利用自然天敌。使用核型多角体病毒等生物药剂，有较好的防治效果。

科学用药：抓住卵孵盛期或初见幼虫为害时，低龄幼虫高峰期，选用灭幼脲、氯虫苯甲酰胺、甲氧虫酰肼、茚虫威、辛硫磷等药剂防治。

形态特征

甜菜夜蛾（耿亭提供）

①甜菜夜蛾成虫 ②甜菜夜蛾卵 ③甜菜夜蛾幼虫 ④甜菜夜蛾蛹

为害状

甜菜夜蛾为害棉花（①李恺球提供，②～④李瑞军提供）

①、②甜菜夜蛾为害棉花叶片 ③、④甜菜夜蛾幼虫聚集为害状

甜菜夜蛾在其他寄主植物上的发生与为害

甜菜夜蛾在蔬菜等作物以及田埂杂草上常有发生，是十字花科等蔬菜上的重要害虫，这是棉田甜菜夜蛾的主要虫源。

大豆叶片上高度群集的甜菜夜蛾初孵幼虫（姜玉英提供）

甜菜夜蛾为害大豆叶片（姜玉英提供）

甜菜夜蛾为害甘薯叶片（杨妮娜提供）

甜菜夜蛾为害甘蓝叶片（矫振彪提供）

甜菜夜蛾为害小白菜叶片（李金萍提供）

甜菜夜蛾为害西瓜（李金萍提供）

灰藜上的甜菜夜蛾（丛胜波提供）

43. 棉小造桥虫

棉小造桥虫［*Anomis flava*（Fabricius）］属鳞翅目夜蛾科。又名棉夜蛾、量地虫。

分布与寄主

棉小造桥虫在长江流域和黄河流域棉区均有发生。寄主有棉花、木槿、蜀葵、冬葵、锦葵、苘麻、黄麻、烟草、木耳菜等植物。

形态特征

成虫：体长10 ~ 13mm，翅展26 ~ 32mm。头、胸部黄色，腹部灰黄色。前翅外缘中部向外突出呈角状；前翅内半部淡黄色，布满红褐色细点，有4条横的波状纹，近前缘中部有一椭圆形白斑。后翅灰黄色，翅脉褐色。雄蛾体色黄褐色，触角栉齿状；雌蛾体色较淡，触角丝状。

卵：扁圆形，直径约0.6mm，高约0.2mm，青绿色，顶端有环状隆起线，有很多纵棱和横格。

幼虫：共6龄。灰绿色或青黄色，各节有褐色刺毛。老熟幼虫体长35mm左右；背线、亚背线、气门上线灰褐色，中间有不连续的白斑；胸足3对，腹足3对，尾足1对，爬行时虫体中部拱起。

蛹：纺锤形，红褐色，长约17mm，头中部有一乳头状突起，有2对并列的臀棘，内方两根较长而且向腹部弯曲，外方两根较短而直。

为害特征

幼虫主要取食为害棉花叶片，初孵幼虫取食叶肉，留下表皮似筛孔状，后取食成缺刻或孔洞，常将叶片吃光，仅剩叶脉。亦为害蕾、花和幼铃，受害青铃不能充分成熟。

发生规律

在黄河流域棉区1年发生3 ~ 4代，主要在8—9月为害；在长江流域棉区1年发生4 ~ 6代，在7—8月为害。在长江流域棉区以蛹在棉花枯叶或棉铃苞叶间结茧越冬，越冬蛹于4月下旬羽化产卵，5月中下旬第一代幼虫取食木槿、冬苋菜。第一代成虫6月中下旬迁入棉田产卵，二至四代幼虫为害棉花，以第二、三代发生重，为害盛期在7月下旬至8月。末代成虫到越冬寄主上产卵繁殖。雌蛾可产卵200 ~ 1 000粒，散产于棉株中、下部靠近主茎的叶片背面。老熟幼虫常在蕾铃苞叶间吐丝化蛹。雨日多、湿度大有利于棉小造桥虫的发生和为害。

防治要点

生态调控：棉花收获后及时清园，处理残存枯铃、落叶，压低越冬基数。结合整枝、打杈，摘除老叶并带出田外，可杀灭部分幼虫。

理化诱控：成虫发生高峰期可用频振式杀虫灯、黑光灯等诱杀。应用杨树枝或柳树、刺槐、紫穗槐、洋槐等带叶树枝诱杀成虫。

生物防治：保护和利用自然天敌。

科学用药：孵化盛期末至三龄幼虫盛期，当百株虫量达到100头时，选用氟啶脲、茚虫威、多杀霉素、辛硫磷、溴氰菊酯等药剂防治。

形态特征

棉小造桥虫（①陆宴辉提供，②肖留斌提供，③许冬提供，④引自曾娟等，2017，⑤崔金杰提供）

①棉小造桥虫成虫 ②棉小造桥虫低龄幼虫 ③～⑤棉小造桥虫六龄幼虫

44. 鼎点金刚钻

鼎点金刚钻（*Earias cupreoviridis* Walker）属鳞翅目夜蛾科。

分布与寄主

鼎点金刚钻主要分布于长江流域棉区，黄河流域棉区也有发生，除为害棉花外，还可为害木棉、苘麻、冬葵、向日葵、蜀葵、锦葵、黄秋葵、木芙蓉、木槿等。

形态特征

成虫：体长6～8mm，翅展18～23mm。头青白色或青黄色，触角褐色，下唇须红褐色。前翅桨状，大部绿色或黄绿色；前缘从基部至中部红褐色，后部橘黄色；外缘有2条波状纹；前缘与中室之间有1个褐色小点，中室有2个深褐色小点，3个小斑点呈鼎足状分布，此为鼎点金刚钻重要识别特征。

卵：初产淡绿色，近孵化时为棕黑色。直径0.4mm，高0.32mm。鱼篓状，顶有指状突起，表面有纵棱25～32条。

幼虫：共6龄。老熟幼虫体长10～15mm。粗短，通体浅灰绿色间有黄斑，中部略肥大而呈纺锤形。头部黄褐色，有不规则褐斑。腹部第二至十二节各有6个发达的毛突，尖端各生1根黄褐色刚毛；毛突横向排列，背面两个最大，在背面两个毛突之间每节有6个黑点，其余毛突之间各有1个橙色或黑色点。

蛹：体长7.9 ～ 9.5mm。粗短，初为绿色，后腹面黄色、背中央黄褐色，有粗糙网纹。腹部第五节两侧有2 ～ 3排小突刺，腹末节较圆，肛门侧面有角状突起3 ～ 4 个。

为害特征

幼虫蛀食为害花蕾，蛀孔多在蕾基部，孔中型而圆，在蛀孔的四周堆集有黑色虫粪，蕾内器官未被全部吃光。有时幼虫腹部末端露出孔外，被害蕾的苞叶张开变黄而脱落。为害花时从花朵中下部蛀入，花内器官部分被咬食。幼铃被害不脱落，造成烂铃。

发生规律

1年发生4 ～ 5代，世代重叠明显，以蛹在棉秸、枯铃、残枝落叶等处越冬。黄河流域棉区每年有3 ～ 4个高峰，分别在6月上旬、7月上旬、8月上旬、9月上旬，其中尤以7—8月为害较重。早播、早发或贪青晚熟的棉田常常被害重。卵主要产于棉株顶部嫩叶、顶心或果枝顶端。初孵幼虫主要取食棉花嫩头、嫩叶，稍大即蛀食花、蕾和幼铃。幼虫三龄前转移频繁，取食量虽小，但破坏性很大。老熟后多选择在蕾、铃、苞叶内化蛹，也有少数在棉叶背面和烂铃缝隙间化蛹。

防治要点

生态调控：每年5月之前应及时处置越冬场所，压低早春发生基数，减轻棉田压力。早春可在棉田边种植蜀葵、黄秋葵、冬葵等诱集植物，诱集产卵，便于集中治理。

理化诱控：利用成虫趋光性，利用黑光灯、频振式杀虫灯等诱虫灯诱杀成虫。

生物防治：保护和利用自然天敌。

科学用药：当百株有卵20粒或嫩头受害率达3%时，选择阿维菌素、氟铃脲、甲氧虫酰肼、辛硫磷、毒死蜱等药剂进行防治。

形态特征

鼎点金刚钻（①刘靖涛提供，②张谦提供，③肖海军提供）

①、②鼎点金刚钻成虫 ③鼎点金刚钻幼虫

45. 旋幽夜蛾

旋幽夜蛾（*Scotogramma trifolii* Rottemberg）属鳞翅目夜蛾科。又名三叶草夜蛾。

分布与寄主

旋幽夜蛾主要分布于西北内陆棉区。喜好取食甜菜、菠菜、灰藜、野生白藜等藜科植物，其次为害棉花、苘麻、甘蓝、白菜、大豆、豌豆、胡麻等作物。

形态特征

成虫：体长12 ~ 18mm，翅展30 ~ 34mm，体和前翅呈暗灰色。前翅外缘线有7个近三角形的黑斑，肾形斑较大，深灰色，楔形斑为灰黑色。后翅淡灰色，外缘有较宽的暗褐色条带。

卵：半球形，直径约0.60mm。卵面具有放射状纵脊15条，两长脊间有1条短脊，初产时为乳白色，后渐变深，临孵化前为灰黑色。

幼虫：幼虫体色多变，老熟幼虫体长30 ~ 35mm。幼虫体表刚毛稀疏，无肉瘤，有光泽。腹足趾钩排列为单序缺环。雄性幼虫进入四龄后，有些个体在体背出现排列整齐的倒“八”字形黑纹。

蛹：体长15 ~ 18mm。蛹末两根臀刺较短，相距较远，呈括号形，并有6根短刺。

为害特征

低龄幼虫主要取食叶片背面的叶肉，仅留下上表皮，呈窗膜状。高龄幼虫常造成大型孔洞或食尽整片叶的叶肉，仅剩叶柄和叶脉。可为害棉蕾，亦可蛀食棉花顶心，使其枯折，形成多头棉。

发生规律

旋幽夜蛾在新疆北疆地区1年发生3代，以蛹在土壤中作土室滞育越冬。越冬成虫一般始现于4月中下旬，越冬代成虫发生高峰为5月中旬，第一代成虫发生高峰为6月中下旬，第二代成虫发生高峰在7月下旬至8月上旬。

防治要点

生态调控：秋耕冬灌，杀死土壤中的越冬蛹，压低越冬虫源。及时清除田边藜科杂草，切断成虫转移的桥梁，减少虫源。结合田间管理，摘除叶背面卵块和低龄幼虫团。避免与甜菜等偏好寄主作物邻作套种。

理化诱控：利用成虫趋光性，在发生高峰期用杀虫灯诱杀成虫。

生物防治：保护利用自然天敌。使用核型多角体病毒、苏云金杆菌等生物制剂防治低龄幼虫。

科学用药：在低龄幼虫期，选用灭幼脲、氯虫苯甲酰胺、甲氧虫酰肼、茚虫威、辛硫磷等药剂防治。

形态特征及为害状

旋幽夜蛾不同体色幼虫（李国英提供）

旋幽夜蛾低龄幼虫为害棉花叶片（李国英提供）

46. 甘蓝夜蛾

甘蓝夜蛾［*Mamestra brassicae*（L.）］属鳞翅目夜蛾科。

分布与寄主

甘蓝夜蛾主要分布于黄河流域棉区和西北内陆棉区。寄主植物达120多种，可为害棉花，以及甘蓝、白菜、萝卜、菠菜、胡萝卜等多种蔬菜，尤其嗜好十字花科芸薹属和藜科甜菜属植物。

形态特征

成虫：体长15～25mm，翅展40～50mm。体、翅灰褐色，复眼黑紫色。前翅中央位于前缘附近内侧有1个灰黑色的环状纹和1个相邻的灰白色肾状纹。外横线、内横线和亚基线黑色，沿外缘有黑点7个，下方有白点2个，前缘近端部有等距离的白点3个。亚外缘线色白而细，外方稍带淡黑色。缘毛黄色。后翅灰白色，外缘一半黑褐色。前足胫节末端有巨爪。

卵：底径0.6～0.7mm，半球形，有纵横棱边相隔的方格纹。初产黄白色，孵化前紫黑色。

幼虫：老熟幼虫体长约40mm，头壳宽度为3.4mm。体色多变，受气候和食料影响而在黄、褐、灰间变化，体表腺体色泽分明，背线两侧有多个倒“八”字形纹。

蛹：长约20mm，赤褐色，臀棘较长，末端有两根长刺，顶端膨大，形似大头针。

为害特征

幼虫咬食棉花叶片，啃食叶肉，造成孔洞或缺刻，大龄幼虫亦可钻蛀棉桃或花。低龄幼虫集中为害，三龄后可分散为害，随着虫龄增大，食量增加，为害加重。

发生规律

在黄河流域棉区1年发生3代，以蛹在土中越冬，翌年5月中下旬羽化为成虫，每年以第一代和第三代幼虫为害较重，第一代幼虫6月上旬至7月上旬出现，第三代幼虫8月下旬至10月上旬出现。

防治要点

参见旋幽夜蛾。

形态特征及为害状

甘蓝夜蛾幼虫（袁海滨提供）

甘蓝夜蛾幼虫为害棉花花（袁海滨提供）

47. 银纹夜蛾

银纹夜蛾［*Argyrogramma agnata*（Staudinger）］属鳞翅目夜蛾科。

分布与寄主

银纹夜蛾分布于长江流域棉区、黄河流域棉区和西北内陆棉区。除为害棉花外，主要喜好为害甘蓝、花椰菜、白菜、萝卜等十字花科蔬菜，以及豆类、茄科蔬菜等。

形态特征

成虫：体长12 ~ 17mm，翅展32mm。头、胸灰褐色，前翅深褐色，中央处有一银白色近三角形的斑纹和一马蹄形的银边褐斑，两斑靠近但不相连。

卵：半球形，长约0.5mm，初产为乳白色，后变淡黄至紫色，从顶端向四周放射出隆起纵线若干条。

幼虫：末龄幼虫体长约30mm，头部绿色，体淡黄绿色，身体前端较细，后端较宽，有腹足2对，背线为白色双线，亚背线白色，背线、亚背线间白色，气门线黑色，气门黄色，边缘黑褐色，腹部腹足第一、二对退化。

蛹：纺锤形，长约18mm，第一至五腹节背面前缘灰黑色，腹部末端延伸为方形臀棘，上生钩齿6根。

为害特征

低龄幼虫啃食叶背，残留上表皮，呈透明，大龄幼虫将叶片吃成孔洞或缺刻，甚至将叶片吃光。

发生规律

在黄河流域棉区1年发生3 ~ 5代，在长江流域棉区1年发生5 ~ 6代，以蛹在叶面或土表结薄茧越冬。越冬代成虫4中下旬开始出现，通常7—9月为发生盛期，田间幼虫发生量较大。

防治要点

参见旋幽夜蛾。

形态特征

银纹夜蛾幼虫（门兴元提供）

48. 东方黏虫

东方黏虫［*Mythimna separata*（Walker）］属鳞翅目夜蛾科。又名行军虫、剃枝虫。

分布与寄主

东方黏虫分布于长江流域棉区和黄河流域棉区。主要为害小麦、水稻、玉米、谷子、高粱、糜子等禾谷类作物，偶尔为害棉花。

形态特征

成虫：体长15 ~ 17mm，翅展36 ~ 40mm。淡灰褐色或淡黄褐色。前翅散布有细小的黑褐色小点，中央有两个淡黄色的圆形斑点，外侧斑纹的下面有1个小白点；其两侧伴有1个小黑点，外横线处有7 ~ 9个小黑点，排列呈弧形，自顶角向后缘有1条黑褐色斜纹。

卵：馒头形，长约0.5mm，单层成行排成卵块。

幼虫：老熟幼虫体长38mm。体色多变，头红褐色，头颜正面“八”字形黑褐色区明显，颅侧区具暗褐色网状纹。老熟幼虫背面有5条纵纹，中央1条白色较细，两旁两条黄褐色，上下镶有灰白细纹。

蛹：长约19mm，红褐色，腹部第五至七节前缘各有1列明显的黑褐色刻点，尾端有1对粗大而弯曲的尾刺，附近又有2对细而弯曲的钩状刺。

为害特征

幼虫啃食叶片，吃成孔洞或缺刻。

发生规律

具有群聚性、迁飞性、杂食性、暴食性等特点。在长江流域棉区以幼虫和蛹在稻桩、田埂杂草、绿肥田、麦田表土下等处越冬。

防治要点

参见旋幽夜蛾。

形态特征

东方黏虫幼虫（袁海滨提供）

49. 棉大卷叶螟

棉大卷叶螟［*Haritalodes derogata*（Fabricius）］属鳞翅目螟蛾科。又叫叶包虫、打包虫、大卷叶虫。

分布与寄主

棉大卷叶螟主要分布在长江流域棉区、黄河流域棉区，以长江流域棉区发生较为普遍。主要寄主有棉花、黄秋葵、苘麻、黄蜀葵、蜀葵、木槿、木棉、冬苋菜、扶桑、梧桐等植物。

形态特征

成虫：体长10 ~ 14mm，翅展22 ~ 30mm。全体黄白色，有闪光，触角鞭状，淡黄色，细长。胸部背面有12个黑褐色小点，排成4行。前、后翅外缘线、亚外缘线、外横线、内横线均为褐色波状纹，前翅中央接近前缘处有似OR形褐色斑纹。雄蛾腹末节基部有1个黑色横纹。

卵：椭圆形，略扁，长约0.12mm，宽约0.09mm。初产时乳白色，后变淡绿色，孵化前为灰白色。

幼虫：头扁平，赤褐色。老熟幼虫体长约25mm，宽约5mm。胸、腹部青绿色或淡绿色，前胸背板为褐色，胸足黑色，背线暗绿色。除前胸及腹部末节外，每体节两侧各有毛片5个。腹足趾钩多序，外侧缺环。越冬期老熟幼虫呈桃红色。

蛹：细长，纺锤形，体棕红色，长13 ~ 14mm。第四腹节气门较大，第五、六、七节各节前缘1/3处有明显的环状隆起脊，臀棘末端有钩刺4对，中央1对最长，两侧各对依次逐渐短小。

为害特征

低龄幼虫一般卷曲叶片一角或直接潜伏于高龄幼虫为害过的叶片卷筒内取食，高龄时卷曲整张叶片呈喇叭状或几片叶缀合成虫苞，在卷叶内取食为害。幼虫偏好转移为害，食源匮乏或虫量较大时整株叶片被卷曲，大发生时叶片被全部食光。

发生规律

在长江流域棉区1年发生4 ~ 5代，世代重叠。以老熟幼虫在地面枯叶、杂草或裂缝内越冬。翌年4月下旬化蛹，5月上中旬成虫羽化。成虫产卵于叶背，5月中下旬可见幼虫为害，6月下旬成虫出现，7月上中旬为发生高峰期。8—9月进入棉大卷叶螟为害盛期，10月上旬以后，棉大卷叶螟种群数量逐渐下降，11月幼虫开始越冬。

防治要点

生态调控：应及时彻底清除田间残枝落叶、田边杂草，集中销毁，消灭越冬幼虫，有效降低越冬虫口基数。幼虫卷叶结苞时，可摘除卷叶销毁，或用手捏死卷叶中的幼虫和蛹。

生物防治：保护和利用自然天敌。

理化诱控：利用成虫趋光性，采用黑光灯、频振式杀虫灯等诱杀成虫。

科学用药：虫口密度高时，应抓住棉大卷叶螟初发时期，即卵孵化高峰至低龄幼虫盛发、尚未卷叶时，选用氟啶脲、氟铃脲、甲氧虫酰肼、多杀霉素、辛硫磷、溴氰菊酯等农药进行防治。

形态特征

棉大卷叶螟（耿亭提供）

①棉大卷叶螟成虫 ②棉大卷叶螟低龄幼虫 ③棉大卷叶螟高龄幼虫 ④棉大卷叶螟蛹

为害状

棉大卷叶螟为害棉花（①耿亭提供，②、③杨益众提供）

①棉大卷叶螟造成叶片卷叶状 ②棉大卷叶螟造成整株棉花叶片卷叶状 ③棉花植株被害后期

棉大卷叶螟在其他寄主植物上的发生与为害

棉大卷叶螟喜好苘麻，在苘麻植株上的发生为害常较棉花更早且更重。因此，苘麻是棉田棉大卷叶螟的重要虫源，可也在棉田周围种植用于诱集防治。

棉大卷叶螟为害苘麻（陆宴辉提供）

50. 亚洲玉米螟

亚洲玉米螟［*Ostrinia furnacalis*（Guenée）］属鳞翅目草螟科。

分布与寄主

亚洲玉米螟在我国从南至北分布广泛。是一种多食性害虫，主要寄主植物有玉米、高粱、谷子、棉花等100多种。曾经主要在长江流域棉区江苏地区严重为害棉花。

形态特征

成虫：雄蛾体长10 ~ 14mm，翅展20 ~ 26mm。雌蛾体长13 ~ 15mm，翅展26 ~ 30mm。雄成虫黄褐色。前翅底色淡黄，内、外横线锯齿状之间有2个小褐斑。外缘线与外横线间有1条宽大褐色带。环纹为1暗褐色斑点，肾纹呈暗褐色短棒状，两斑之间有1个黄色斑。后翅淡褐色，中部亦有2条横线与前翅的内、外线相接。雌虫较肥大，前、后翅颜色比雄虫淡，内、外横线及斑纹不明显，后翅黄白色线纹常不明显。

卵：短椭圆形或卵形，扁平，长约1mm，宽约0.8mm。略有光泽，20 ~ 60粒卵排列成不规则鱼鳞状卵块。

幼虫：老熟幼虫体长20 ~ 30mm。初孵幼虫头壳黑色，体乳白色，半透明。老熟幼虫头壳深棕色，体淡灰褐色或红褐色，有纵线3条，背线较明显。中、后胸背面各具4个圆毛瘤，第一至八腹节背面各有6个毛瘤，前排4个大，后排2个小。第九腹节毛瘤3个。腹足趾钩缺环的缺口很小。

蛹：纺锤形，黄褐至红褐色，长15 ~ 18mm。腹背第一至七节有横皱纹，第三至七节具一横列褐色小齿，第五、六腹节有腹足残迹1对。臀棘黑褐色，端部有5 ~ 8根向上弯曲的钩刺。雄蛹瘦削，尾端较尖，生殖孔开口于第九腹节腹面；雌蛹腹部肥大，尾端较钝圆，生殖孔开口于第八腹节腹面。

为害特征

亚洲玉米螟初孵幼虫为害棉株时，先在嫩头或上部叶片的叶柄基部或赘芽处蛀入，使嫩头和叶片凋萎下垂，被害嫩头和叶柄因蛀空而折断。叶片枯死后，向主茎蛀食，蛀入孔处有蛀屑和虫粪堆积，蛀孔以上的枝叶逐渐枯萎，易折断。二代幼虫也为害幼蕾和幼铃。三代幼虫主要蛀食棉铃，常从青铃基部和中部蛀入，蛀孔外有大量潮湿的虫粪，引起棉铃腐烂。

发生规律

以老熟幼虫在玉米等寄主的秸秆、穗轴、根茬中越冬。在长江流域棉区1年发生3 ~ 4代。越冬幼虫5月上旬化蛹，5月底6月初羽化。第一代幼虫主要为害春玉米，以后各代成虫的盛发期分别为7月中旬、8月上中旬和9月上旬。第二代幼虫开始为害棉花，产卵于棉株中、下部叶片背面。在棉花与玉米、高粱并存的情况下，亚洲玉米螟主要为害玉米、高粱，一般不为害棉花。20世纪80年代，江苏盐城等棉区大面积种植早中熟玉米，一代亚洲玉米螟基本上在玉米上为害，到二代时早中熟玉米植株开始衰老，大部分成虫被迫转向棉田产卵为害，蛀茎率高，这是作物种植结构和耕作制度影响农作物害虫发生的一个典型案例。

防治要点

生态调控：种植转*Bt*基因抗虫棉品种。

理化诱控：利用成虫的趋光性，设置高压汞灯、频振式杀虫灯诱杀玉米螟成虫。

生物防治：田间释放赤眼蜂可显著降低亚洲玉米螟卵孵化率；利用白僵菌等生物制剂可防治幼虫。

科学用药：卵孵化初期至盛期，选择灭幼脲、辛硫磷、毒死蜱、阿维菌素、氟啶脲、氟铃脲、甲氧虫酰肼等药剂防治。

形态特征

亚洲玉米螟（①耿亭提供，②陆宴辉提供，③门兴元提供）

①亚洲玉米螟成虫　②亚洲玉米螟幼虫　③亚洲玉米螟蛹

为害状

亚洲玉米螟为害棉花（①、②、⑥刘定忠提供，③李瑞军提供，④、⑤张谦提供，⑦荀贤玉提供）

①、②棉花茎秆中的亚洲玉米螟　③亚洲玉米螟蛀屑和虫粪堆积状　④亚洲玉米螟蛀食叶柄状　⑤～⑦亚洲玉米螟蛀食棉花主茎状

亚洲玉米螟在其他寄主植物上的发生与为害

玉米是亚洲玉米螟最主要的寄主，在玉米心叶期亚洲玉米螟主要取食心叶，此后陆续蛀入茎秆、雄穗、花丝、穗柄、穗轴等，严重为害玉米植株生长。

玉米叶片上的亚洲玉米螟近孵化卵（董建华提供）

亚洲玉米螟为害玉米叶片呈现成排小孔（刘杰提供）

亚洲玉米螟钻蛀玉米茎秆（姚明辉提供）

亚洲玉米螟为害玉米穗（陆宴辉提供）

51. 棉大造桥虫

棉大造桥虫（*Ascotis selenaria* Denis et Schiffermüller）属鳞翅目尺蛾科。又名棉步曲、棉尺蠖。

分布与寄主

棉大造桥虫广泛分布于全国各大棉区，其中长江流域和黄河流域棉区发生较普遍。可为害棉花、辣椒、茄子、豆类、花生、向日葵、麻类、柑橘、梨等多种植物。

形态特征

成虫：雌蛾体长16mm，翅展45mm；雄蛾体长15mm，翅展38mm。全体暗灰色，遍布黑褐色或淡黄色小鳞片。触角细长，雄蛾羽状，雌蛾鞭状。前翅中央有半月形白斑，外缘有7 ~ 8个半月形黑斑互相连接。后翅花纹大致与前翅相同，但颜色稍淡。

卵：长椭圆形，青绿色，长0.73mm，宽0.39mm。上有深黑色或灰黄色纹，卵壳表面有小凸粒。

幼虫：老熟幼虫体长40mm，体宽6mm。黄绿色，圆筒形，体表光滑，两侧密生小黄点，头黄褐色。背线淡青色，亚背线黑色，气门线黄褐色，气门下线深黑褐色。胸足3对，第六腹节腹足1对，尾足1对。

蛹：深褐色，头部细小，体长14mm，体宽5mm。触角长达腹部第三节。尾端尖，有刺1对。

为害特征

与棉小造桥虫为害症状类似。幼虫咬食棉花嫩芽和嫩茎，从叶边缘咬食叶片，受害严重时全株叶片被吃光呈光秆。有时也为害花蕊，影响结铃。

发生规律

在长江流域棉区1年发生4 ~ 5代，以蛹在土中越冬，第一代幼虫发生在5月上中旬，第二代为6月中下旬，第三代为7月中下旬，第四代为8月中下旬，第五代为9月中旬至10月上中旬，二至四代幼虫为害严重。第一代主要为害豆类，第二代为害棉花，第三代由于气温炎热干燥发生轻，第四代在棉田内发生量增加。棉花、大豆间作的棉田发生重。成虫昼伏夜出，趋光性强，卵散产在土缝中或土面上，初孵幼虫能吐丝随风飘移，幼虫期行走似拱桥形。

防治要点

生态调控：棉花收获后及时清园，及时翻耕，处理残存枯铃、落叶，压低越冬基数。

理化诱控：成虫发生高峰可用频振式杀虫灯、黑光灯等诱杀。

生物防治：保护和利用自然天敌。

科学用药：孵化盛期末至三龄盛期，选用辛硫磷、甲基阿维菌素苯甲酸盐、氟铃脲、甲氧虫酰肼等药剂防治。

形态特征

棉大造桥虫（①、②耿亭提供，③张帅提供，④潘洪生提供，⑤李瑞军提供）

①棉大造桥虫雄成虫　②～⑤棉大造桥虫幼虫

52. 眩灯蛾

眩灯蛾［*Lacydes spectabilis* (Tauscher)］属鳞翅目灯蛾科。

分布与寄主

眩灯蛾分布于西北内陆棉区，是新疆草场和荒漠植被的一种重要害虫，春季间歇性侵害农田，为害棉花、小麦、玉米、向日葵、大豆、油菜、甜菜等作物。2006年春季在新疆石河子莫索湾垦区荒漠与农田交错带发现此害虫，幼虫前期主要取食梭梭、红柳、沙拐枣、枇杷柴、茵陈蒿等荒漠植被的幼嫩组织，5月开始迁入农田，为害棉花等作物。

形态特征

成虫：雄虫翅展24～30mm，体长12～14mm；雌虫翅展29～35mm，体长13～16mm。头、胸浅黄褐色。雄虫触角栉齿状，雌虫触角丝状。下唇须白色、顶尖褐色，翅基片及胸部具褐色纵纹，腹部背面橙色，具黑褐色带，腹面白色，雌虫黑褐色带较雄虫浓密。前翅乳白色，前缘基部具浅黄褐色纹，内线浅褐色，在中室下方为三角形斑，前缘中部至中室下角有一浅黄褐色V形纹，然后从此处后具一斜带，从翅顶向后缘中部外有一浅黄褐色斜带，斜带内边在5脉（M_2）处有一短带与前缘相接，翅顶至臀角有一污黄褐色带与端线的点相接。后翅乳白色，横脉纹暗褐色，亚端线与端线各有1列浅黄褐色点。雌蛾斑纹暗褐色，后翅翅脉间或多或少填充暗褐色斑。

卵：馒头形，直径1mm，高0.7 ～ 0.8mm。初产乳白色，有金属光泽，后为米黄色，表面较平滑。

幼虫：毛虫型。老熟幼虫体长23mm左右。体黑褐色，头黑色，体毛灰白色，较整齐，呈丛状着生于毛瘤上，每节具12个毛瘤，体侧毛瘤黄褐色，上生白色丛毛，体背毛瘤浅黄色，白色丛毛间杂少量黑褐色丛毛，部分个体若干体节背丛毛黄色。腹部第三至六节各有1对腹足，第十节有1对臀足，趾钩16 ～ 17个，棕黑色，单序中列式。

蛹：纺锤形，棕褐色，体长10 ～ 16mm，体宽2.4 ～ 5.0mm。腹部正面观末端有7 ～ 14个褐色臀棘。

为害特征

幼虫啃食棉苗，造成棉花叶片缺刻和断头，食害棉花的顶端生长点，造成公棉花、多头棉，甚至将地上部吃光，引起棉花缺苗断垄。

发生规律

在西北内陆棉区新疆北疆1年发生1代，以二龄幼虫在杂草根部表土层中越冬。4月中旬越冬代幼虫大量出现，并为害荒漠植被，4月下旬部分幼虫开始陆续进入农田，为害持续到5月上旬，5月中下旬以老熟幼虫在驼绒藜、柽柳等植株基部的表土层下越夏，而在春季牧场的幼虫此时则选择在洞穴内、牛等大型牲畜踩踏形成的浅坑或其粪便下蛰伏越夏。7月下旬至8月上旬在越夏处化蛹，8月下旬到9月上旬成虫羽化，9月上旬见卵，9月中旬幼虫孵化，冬前入土越冬。卵聚产，多排列整齐，以近根茎部较多。幼虫食性杂、食量较大，行动快速。

防治要点

理化诱控：利用成虫趋光性，9—10月定期用杀虫灯诱杀靠近戈壁沙漠棉田附近的成虫。

生物防治：在二至三龄越冬代幼虫大量出蛰，未迁入农田为害农作物前，利用苏云金杆菌生物制剂进行防治。

科学用药：在四至五龄幼虫迁入农田开始为害农作物时，利用氟铃脲、氟啶脲、茚虫威、多杀霉素等农药进行防治。

形态特征及为害状

眩灯蛾成虫（王佩玲提供）

眩灯蛾幼虫为害棉苗（王佩玲提供）

53. 棉茎木蠹蛾

棉茎木蠹蛾（*Zeuzera coffeae* Nietner）属鳞翅目木蠹蛾科。

分布与寄主

棉茎木蠹蛾主要分布于长江流域棉区。可为害棉花、茶树及葡萄、梨、桃、苹果等多种果树。

形态特征

成虫：体灰白色，体长13 ~ 26mm，翅展26 ~ 55mm。胸部背面有3对蓝黑色斑点，在前2对斑的侧下方各有2个纵列的淡蓝黑色斑，前翅散布多数蓝黑色斑点，后翅外缘的8个最为明显。雌蛾触角丝状，雄蛾触角基部羽状。

卵：长椭圆形，长1mm，黄色至棕褐色。

幼虫：老龄幼虫体长30mm，暗红色，头黄褐色锯齿状突起，第一排齿突较大，排列较密，向后齿突渐次变小，排列较稀，整个齿突形成一梯形。腹部各节都有10个左右的小颗粒状突起毛片，上生1根灰白色刚毛。

蛹：长筒形，体长16 ~ 27mm，赤褐色，腹部第二至七节背面有2排齿状突起，第八节仅具齿突1排，末端有10个端刺。

为害特征

初孵幼虫钻蛀棉花叶柄或细枝为害，幼虫稍大后，转蛀粗枝或主茎，间隔一定距离向外咬一排粪孔，多沿髓部向上蛀食，使植株上部或全部枯死。

发生规律

在长江流域棉区1年发生1 ~ 2代，以幼虫在棉花茎秆中越冬。2代区越冬幼虫4月中旬至6月下旬化蛹，5月中旬至7月中旬羽化。第一代成虫8—9月发生，第二代幼虫秋后于被害枝隧道内越冬。

防治要点

生态调控：及早处理棉花秸秆和残株，减少茎内越冬幼虫。

理化诱控：根据趋光性，利用杀虫灯诱杀成虫。

科学用药：卵高峰期喷施辛硫磷、甲氧虫酰肼、阿维菌素等药剂防治。

形态特征及为害状

棉茎木蠹蛾幼虫（尹丽提供）

棉茎木蠹蛾为害棉花（尹丽提供）

①棉茎木蠹蛾幼虫钻蛀棉花嫩茎 ②棉茎木蠹蛾幼虫钻蛀棉花根部

54. 双斑长跗萤叶甲

双斑长跗萤叶甲［*Monolepta hieroglyphica*（Motschulsky）］属鞘翅目叶甲科萤叶甲亚科。

分布与寄主

双斑长跗萤叶甲在全国各棉区均有分布，在西北内陆棉区发生严重。近年来在新疆北疆部分地区已上升为棉花上的主要害虫。为多食性害虫，为害玉米、棉花、谷子、高粱、大豆、白菜、萝卜、马铃薯、辣椒、苜蓿等作物。

形态特征

成虫：长卵形，棕黄色，体长3.6 ～ 4.8mm，体宽2.0 ～ 2.5mm。头、前胸背板色较深，头部三角形的额区稍隆，复眼较大，明显突出。触角丝状，11节，端部黑色。鞘翅淡黄色，有1个近圆形的淡色斑，周缘为黑色，淡色斑的后外侧常不完全封闭，其后的黑色带纹向后突伸成角状。鞘翅被密而浅细的刻点，侧缘稍膨出，端部合成圆形，腹端外露。后胫节端部具一长刺。

卵：椭圆形，初棕黄色，长轴约0.6mm。表面具网状纹。

幼虫：一般体长5 ～ 6mm，白色至黄白色，体表具瘤和刚毛，前胸背板颜色较深。

蛹：白色，体长2.8 ～ 3.8mm，表面具刚毛。

为害特征

成虫偏好群集趋嫩为害，以成虫先取食棉花叶片下表皮，再取食叶肉，造成叶片孔洞或枯斑，被害叶片下表皮、叶肉被食后，形成许多不规则的水渍斑块，后叶片焦枯形成破孔，严重时棉叶枯斑连片干卷。成虫为害棉花的花蕾，影响了花蕾生长及授粉坐铃。

发生规律

1年发生1代，以卵在地表浅土层越冬。越冬卵翌年5月中下旬孵化，幼虫共3龄，在土中取食作物或杂草根。6月下旬至7月上旬始见成虫为害，7月中下旬盛发，持续为害到9月。成虫有群集性、弱趋光性，能短距离飞翔。棉田成虫发生高峰一般在花蕾盛期。种植密度大、田间郁闭、杂草较多的田块发生重。春季湿润、秋季干旱的年份发生较重。

防治要点

生态调控：秋冬或早春深耕表土，消灭越冬卵，减少越冬虫口基数；清除田埂、沟旁和田间杂草，减少中间寄生。在棉田周围种植花生、玉米等作为诱集带，诱杀双斑长跗萤叶甲成虫。

生物防治：保护利用自然天敌。

科学用药：选用噻虫嗪、氟啶虫胺腈等药剂进行防治。注重统防统治，集中连片施药。

形态特征

双斑长跗萤叶甲（①、⑥张建萍提供，②～⑤、⑦、⑧何康来提供）

①双斑长跗萤叶甲成虫 ②双斑长跗萤叶甲初孵卵 ③双斑长跗萤叶甲近孵化卵 ④双斑长跗萤叶甲幼虫破壳而出 ⑤双斑长跗萤叶甲幼虫 ⑥双斑长跗萤叶甲蛹 ⑦双斑长跗萤叶甲产卵 ⑧双斑长跗萤叶甲交配

为害状

双斑长跗萤叶甲为害棉花（①杨陈提供，②张建萍提供）

①双斑长跗萤叶甲为害棉花叶片 ②双斑长跗萤叶甲为害造成棉花叶片连片枯斑

双斑长跗萤叶甲在其他寄主植物上的发生与为害

在玉米、向日葵等作物，以及苍耳、灰藜等杂草，榆树等木本植物上，常见双斑长跗萤叶甲成虫高密度发生和严重为害。这些植物生境为棉田双斑长跗萤叶甲发生提供了重要虫源。

双斑长跗萤叶甲为害玉米（①何婉洁提供，②、③关志坚提供，④孟涵颖提供，⑤张建云提供）

①双斑长跗萤叶甲为害玉米花丝 ②、③双斑长跗萤叶甲为害玉米穗部 ④、⑤双斑长跗萤叶甲为害玉米叶片

双斑长跗萤叶甲为害向日葵（①李民龙提供，②张建云提供）

①双斑长跗萤叶甲为害向日葵叶片 ②双斑长跗萤叶甲为害向日葵头状花序

双斑长跗萤叶甲为害苍耳叶片

（李庆国提供）

双斑长跗萤叶甲为害灰藜叶片

（李庆国提供）

双斑长跗萤叶甲为害榆树叶片

（李庆国提供）

55. 弓形钳叶甲

弓形钳叶甲（*Labidostomis arcuata* Pic）属鞘翅目肖叶甲科。

分布与寄主

弓形钳叶甲分布于西北内陆棉区，取食棉花、向日葵、芦苇、梭梭等植物。

形态特征

成虫体长方形，蓝绿色，有金属光泽。头大，长方形，被短刚毛。触角长，伸达鞘翅基部，基部4节黄褐色，第一节粗大，第二节小，球形，第三节近锥形，第四节长三角形，自第五节起锯齿状，末节顶端中央尖突。口器上颚强大，钳形前伸，长而直，外缘锋利；上唇黄色，上颚顶端泛红褐色光泽。前胸背板宽约为长的2倍；前缘前角下弯，后角上翘较高，使侧缘弧圆；前缘密布粗刻点，着生刚毛，刚毛长，倒伏，形成多处辐射状区域。小盾片长三角形，几乎光滑无刻点。鞘翅黄褐色，长约为宽的1.56倍，两侧平行，弱光泽，肩部各有1个黑色圆斑；翅面布浅粗刻点。腹面及足被细密长白毛。足长，腿节粗壮，胫节弱拱形，前足胫节明显长于中后足。雄虫阳茎具皱纹，腹面有两个很长的浅刻痕。雌虫体较雄性宽短；上颚不如雄性发达，不前伸；复眼之间凹陷浅；唇基前缘呈弧形凹切；触角短；前足胫节不长于中后足。

为害特征

主要蚕食棉花幼苗子叶和生长点，造成子叶干枯并脱落，植株呈光秆状，生长点被取食或折断，全株死亡。

发生规律

多见于戈壁等荒漠生境，主要在梭梭植株上发生并建立种群。成虫有一定飞行扩散能力，会迁入邻近的棉田进行取食为害。

防治要点

生态调控：调查监测与控制棉田外围的梭梭等寄主植物上的成虫，实施虫源治理与区域防控。

科学用药：利用高效氯氰菊酯、溴氰菊酯、毒死蜱等化学农药进行喷雾防治。

形态特征

弓形钳叶甲成虫（王冬梅提供）

为害状

弓形钳叶甲为害棉花（王冬梅提供）

①弓形钳叶甲成虫为害棉花苗 ②防治后弓形钳叶甲死亡成虫 ③弓形钳叶甲成虫为害导致整行棉花幼苗被毁

56. 黑绒金龟子

黑绒金龟子［*Maladera orientalis*（Motschulsky）］属鞘翅目金龟科鳃金龟亚科。

分布与寄主

黑绒金龟子在全国各大棉区均有发生。在春季以越冬成虫为害棉花等多种农作物，以及果树、林木、中药材等，已记载的寄主植物达45科116属149种。

形态特征

成虫：体黑色或黑褐色，密被短绒毛，具天鹅绒光泽。体长7～8mm，体宽4.5～5.0mm，雄虫比雌虫略小。触角10节，黑褐色，柄节膨大，着生3～5根刚毛，鳃片部3节。雄虫鳃叶部细长，雌虫短粗。前胸背板密布小刻点，侧缘弧形，具1列刺毛。鞘翅点刻较多，有10条纵隆起带。前足腿节具长绒毛，胫节有2个刺；后足胫节细长，具2枚端距。雄虫臀板末端指向腹部下方或下前方，雌虫臀板末端指向下后方。

卵：椭圆形，长1.1～1.2mm，初产乳白色，孵化前为黄褐色。

幼虫：老熟幼虫体长14～16mm，称为蛴螬，体弯曲，呈C形，头黄褐色，胴部乳白色，全身被黄褐色刚毛。头壳前顶毛每侧各1根，腹部末节腹面肛门裂口呈倒Y形，后缘具1列弧形小刺。

蛹：裸蛹，体长6～9mm，黄褐色，头部黑褐色，复眼突出，呈黑色，腹部分节明显，腹末有1对臀棘。

为害特征

成虫常群集取食棉花幼苗、幼芽、嫩叶，将叶片食成不规则缺刻或孔洞，严重时常将叶、芽、花食光。

发生规律

在我国1年发生1代，主要以成虫越冬。成虫在20 ~ 40cm深的土中越冬，一般4月上中旬越冬成虫逐渐上升。成虫出土后首先为害返青的杂草等植物，成虫为害期约80d，棉田为害盛期在5月中旬至6月中旬。雌、雄成虫交尾盛期在5月中旬。6月为产卵期，雌虫产卵多选择在植物种类多、杂草茂盛的地方。6月中下旬开始出现新一代幼虫，幼虫一般为害不严重。幼虫有3个龄期，以腐殖质及少量嫩根为食，幼虫期80 d左右。8—9月间三龄老熟幼虫在20 ~ 30cm深的土层中作土室化蛹，蛹期15d左右。当年羽化成虫有个别出土取食的，但大部分不出土，在原土室内越冬。

防治要点

生态调控：结合秋施基肥深翻土壤，破坏越冬成虫的生存条件，压低越冬虫口密度。清除田边杂草，毁减成虫产卵场所；粪肥充分腐熟，降低虫源基数。

理化诱控：利用成虫的趋光性，可用黑光灯诱杀；在成虫发生期，使用糖醋液进行诱杀。

科学用药：成虫发生期选用辛硫磷、高效氯氰菊酯、金龟子绿僵菌、啶虫脒、高效氯氰菊醋、阿维菌素等药剂进行喷雾。成虫有入土潜伏的习性，棉田撒施氯虫苯甲酰胺、溴氰虫酰胺、丁硫克百威、辛硫磷复配颗粒剂等毒土，毒杀成虫及幼虫。

形态特征

黑绒金龟子（①、②耿亭提供，③、④李耀发提供）

①、②黑绒金龟子成虫 ③黑绒金龟子卵 ④黑绒金龟子幼虫

为害状

黑绒金龟子成虫取食棉花叶片（耿亭提供）

黑绒金龟子在其他寄主植物上的发生与为害

黑绒金龟子寄主范围广，成虫发生盛期在很多木本、草本植物上常有发现，同时经常出现聚集为害的现象。

龙爪槐上的黑绒金龟子成虫（李耀发提供）

黑绒金龟子成虫为害果树嫩芽（陆宴辉提供）

黑绒金龟子为害樱桃（陆宴辉提供）

黑绒金龟子为害核桃树（尹姣提供）

57. 白星花金龟

白星花金龟［*Potosia brevitarsis*（Leiwis）］属鞘翅目金龟科花金龟亚科。

分布与寄主

白星花金龟在全国各棉区均有分布，近年来在西北内陆棉区为害严重。成虫食性杂，取食棉花、玉米等多种农作物、果树等植物的叶片和果实，幼虫为害棉花、玉米、葡萄和蔬菜等。

形态特征

成虫：体长17 ~ 24mm，体宽9 ~ 12mm。椭圆形，背面较平，体较光亮，体背面和腹面散布很多不规则的白绒斑。触角深褐色，雄虫鳃片部长、雌虫短。前胸背板长短于宽，两侧弧形，基部最宽，后角宽圆；盘区刻点较稀少，具有不规则排列的白绒斑。小盾片呈长三角形，表面光滑，仅基角有少量刻点。鞘翅宽大，后缘圆弧形，缝角不突出；背面遍布粗大刻纹，鞘翅的中、后部白绒斑多为横波纹状。臀板短宽，密布皱纹和黄绒毛，每侧三角形排列3个白绒斑。后足基节后外端角齿状；足粗壮，膝部有白绒斑，前足胫节外缘有3齿，跗节具两个弯曲的爪。

卵：圆形或椭圆形，大小为（1.7 ~ 2.4）mm×（2.5 ~ 2.9）mm，乳白色。

幼虫：乳白色，头部褐色，体圆筒形，蜷曲如马蹄状。老熟幼虫体长24 ~ 39mm。体背每节生刚毛3横列。胸足3对，短小。肛腹片具2列倒U形粗短毛，每行毛19 ~ 22枚不等。

蛹：裸蛹，卵圆形，长20 ~ 23mm，体稍弯曲，初黄色，渐变黄褐色。腹背有6对发音器，有3对明显气门，围气门片窄而突出。尾节腹面观为半椭圆形，雄蛹有一较大的瘤突，雌蛹平坦。

为害特征

成虫常群集在棉铃基部吸取汁液，初期啮食表面造成较大较深的窟窿，甚至吃光。为害处可分泌许多白色泡沫状唾液，尤其喜欢取食带有伤斑的棉铃。被害棉铃基部往往变黑腐烂，用手轻触即可脱落。

发生规律

在西北内陆棉区，白星花金龟1年发生1代，以二至三龄幼虫在粪堆中、粪土交界处等有机质较丰富的地方越冬，一般4月中下旬化蛹，成虫于5月上中旬开始出现，6—7月是羽化盛期，8月下旬白星花金龟成虫数量逐渐减少。幼虫期自7月上旬到翌年4月上旬，蛹期为4月中下旬至5月上中旬。成虫昼伏夜出，飞翔能力强，有假死性、趋腐性及趋糖性，喜食腐烂的果实，对信息素也有很强的趋性。多产卵于粪堆、腐草堆等腐殖质较多、环境条件比较潮湿或施有未经腐熟肥料的场所。

防治要点

生态调控：尽量减少白星花金龟的越冬场所。对发生严重的棉田，在深秋或初冬深翻土地，减少越冬虫源。避免施用未腐熟的厩肥、鸡粪等。利用成虫在早晚或阴天温度较低时多不活动且有假死性、易于捕捉的特点，进行人工灭虫。

理化诱控：在成虫发生期，利用糖醋液进行诱杀。利用成虫聚集特性，在棉田周围的树干离地面1.0 ~ 1.5m处悬挂细口瓶，瓶内放入2 ~ 3头白星花金龟成虫，可以诱集其他成虫。利用白星花金龟的趋腐性，在发生严重的棉田四周，放置腐烂有机肥若干堆，再倒入食用醋和白酒，定期向内灌水，可捕杀大量的白星花金龟成虫、幼虫。

科学用药：由于白星花金龟虫体大、鞘翅硬、飞翔能力强，一般化学喷雾防治效果不理想。但可采取幼虫和成虫分别治理的方法，在沤制厩肥、圈肥时，可浇入辛硫磷、毒死蜱配成的药水，大量杀死粪肥中的幼虫和卵，降低虫口基数。成虫羽化盛期前用辛硫磷、氯唑磷等颗粒剂均匀撒于地表，杀死蛹及幼虫。利用高效氯氰菊酯等药剂喷雾，进行应急防治。

形态特征

白星花金龟（①、②刘永强提供，③、⑤潘卫萍提供，④徐韬提供）

①白星花金龟成虫　②白星花金龟卵　③白星花金龟幼虫　④腐熟粪堆中的高密度白星花金龟幼虫　⑤白星花金龟蛹

为害状

白星花金龟为害棉铃（①毛亮提供，②芦屹提供）

白星花金龟在其他寄主植物上的发生与为害

白星花金龟在玉米、向日葵、番茄等农作物，杏、葡萄等果树以及杨树等林木上常见高密度发生，是上述植物上的重要害虫，这也构成了棉田的重要虫源。

白星花金龟为害玉米（①、②徐韬提供，③李民龙提供）

①白星花金龟为害玉米籽粒 ②白星花金龟为害玉米花丝 ③白星花金龟为害玉米穗部

白星花金龟聚集为害向日葵花盘（雷勇刚提供）

白星花金龟为害番茄果实（雷勇刚提供）

白星花金龟聚集为害桃（刘永强提供）

白星花金龟为害杏（刘永强提供）

白星花金龟为害葡萄（潘卫萍提供）

杨树上的白星花金龟（徐韬提供）

58. 中华弧丽金龟

中华弧丽金龟［*Popillia quadriguttata*（Fabricius）］属鞘翅目金龟科丽金龟亚科。

分布与寄主

中华弧丽金龟广泛分布于全国各大棉区。可为害棉花、花生、玉米、高粱等作物。

形态特征

成虫：体长7.5 ~ 12mm，体宽4.5 ~ 6.5mm，体椭圆形，体色多为深铜绿色，雄虫大于雌虫。头小，密布点刻。触角鳃叶状，9节，棒状部由3节构成。前胸背板具强闪光且明显隆凸，中间有光滑的窄纵凹线，小盾片三角形，前方呈弧状凹陷。鞘翅浅褐至草黄色，四周深褐至墨绿色；鞘翅宽短，略扁平，后方窄缩，肩凸发达，背面具近平行的刻点纵沟6条，沟间有5条纵肋。臀板基部具白色毛斑2个，腹部一至五节腹板两侧各具白色毛斑1个，由密细毛组成。足短粗，黑褐色；前足胫节外缘具2齿，端齿大而钝，内方距位于第2齿基部对面的下方；爪成双，不对称；前足、中足内爪大，后足则外爪大。

卵：初产乳白色，椭圆形，长径1.46mm，短径0.95mm，孵化前为近圆球形。

幼虫：头赤褐色，体乳白色。头部前顶刚毛每侧5 ~ 6根排成1纵列；后顶刚毛每侧6根，其中5根排成1斜列。肛背片后部具心脏形臀板；肛腹片后部覆毛区中间刺毛列呈“八”字形，每侧5 ~ 8根锥状刺毛。

蛹：裸蛹，长9 ~ 13mm，宽5 ~ 6mm，黄色，唇基长方形。

为害特征

成虫为害叶片造成缺刻或孔洞，喜群集咬食，食去叶肉，留下叶脉。

发生规律

1年发生1代，以三龄幼虫在土壤中越冬。越冬幼虫翌年4月到土表为害，5—6月幼虫老熟，在土中作蛹室化蛹，6月始见成虫，7月上旬为羽化盛期。成虫羽化2 ~ 3d后交配，卵期孵化高峰在7月中下旬。成虫白天活动为害植株叶片，夜间入土潜伏。

防治要点

参见白星花金龟。

形态特征

中华弧丽金龟成虫（袁海滨提供）

59. 棉尖象甲

棉尖象甲（*Phytoscaphus gossypi* Chao）属鞘翅目象甲科。又名棉象鼻虫、棉小灰象。

分布与寄主

棉尖象甲在我国黄河流域与长江流域棉区分布。寄主范围很广，除为害棉花外，还为害茄子、豆类、玉米、甘薯、谷子、桃、高粱、小麦、水稻、花生、牧草及杨树等33科85种植物。

形态特征

成虫：体长4.1 ~ 5.0mm，体黄褐色，鞘翅上具褐色不规则云斑；体侧、腹面黄绿色，具金属光泽。喙长为宽的2倍，触角膝状弯曲，柄节细长。前胸背板有3条褐色纵纹。翅鞘上有明显的纵沟，行间散布半直立的毛。后足腿节内侧有一刺状突起。雄虫较瘦小，腹板中间略凹；雌虫较肥大。

卵：椭圆形，长约0.7mm，淡黄色，具光泽，孵化时呈淡红色。

幼虫：体长4 ~ 6mm，头及前胸背板黄褐色，体黄白色。整个虫体向后端渐细，末节略呈管状突起。围绕肛门后方有5片骨化瓣，中间的较大，骨化瓣间各有1根刺毛，中间两根刺毛长。

蛹：裸蛹，长4 ~ 5mm。翅紧贴于腹背，后翅边缘外露，达腹部末端。腹部末端有2根较粗的尾刺。初化蛹时体乳白色，翅向两侧伸出；近羽化时，头、足变黄，翅变灰，复眼变黑。

为害特征

主要在棉花苗期和蕾铃初期以成虫咬食嫩苗、叶片和叶柄、嫩尖和嫩蕾、蕾铃苞叶、萼片，造成棉株叶片孔洞或缺刻，幼蕾脱落，为害嫩尖后易造成无头棉。

发生规律

棉尖象甲1年发生1代，多以幼虫在棉花、茄子、大豆、玉米根部土壤中越冬。长江流域越冬幼虫5月中旬化蛹，5月中下旬成虫出现。黄河流域越冬幼虫5月下旬至6月下旬化蛹，6月上旬成虫出现，6月中旬至7月中旬进入为害盛期。8月以后棉田成虫数量逐渐下降，9月基本绝迹。成虫喜群集，具有假死性和趋化性，昼伏夜出，白天隐藏于花蕾苞叶内或棉顶尖内。

防治要点

生态调控：清除棉田及四周杂草，田间深耕灭茬，减少虫源基数。利用其假死性人工捕杀成虫，可减少成虫的数量。

生物防治：保护利用自然天敌。

科学用药：可以喷施辛硫磷、甲氨基阿维菌素苯甲盐酸等防治。

形态特征

①

②

③

棉尖象甲成虫（①、④李耀发提供，②潘洪生提供，③耿亭提供，⑤门兴元提供）

60. 隆脊绿象

隆脊绿象（*Chlorophanus lineolus* Motschulsky）属鞘翅目象甲科。

分布与寄主

隆脊绿象分布于长江流域棉区和黄河流域棉区。能取食棉花、毛白杨等多种植物。

形态特征

成虫体壁黑褐色，体长11 ~ 13mm，体宽4 ~ 5mm，密被均一淡绿色或蓝绿色闪银光的鳞片；鳞片间散布白色倒状的鳞片状毛，有的前翅和鞘翅两侧硫黄色。头部喙长大于宽，两侧平行，中隆线延长至额，特别突出，边隆线较钝，延长至眼，其内侧有略明显的亚边隆线。触角沟达到眼，不向下弯；触角索节1短于2，其他节均长大于宽；眼小而颇凸隆。前胸宽大于长，基部最宽，基部至中部前近于平行，中部前逐渐缩窄，后缘二凹较深而宽，背面散布很深的横皱纹，中沟深而宽，但中间往往被横皱纹切断。小盾片细长，三角形，淡绿色。鞘翅的奇数行间高而宽于其他行间，鳞片往往较淡，行纹刻点很深，刻点间距离约等于刻点之长，锐突长而尖。腿节后端半部、胫节及跗节亮粉红色。

为害特征

以成虫为害棉花叶片，造成叶片破损。

发生规律

成虫多在早晚活动为害，中午静止不动，具假死性、群集性。

防治要点

参见棉尖象甲。

形态特征

隆脊绿象成虫（刘定忠提供）

61. 扁翅筒喙象

扁翅筒喙象（*Lixus depressipennis* Roelofs）属鞘翅目象甲科。

分布与寄主

扁翅筒喙象广泛分布于全国各大棉区。能取食棉花、蒲公英等多种植物。

形态特征

成虫体狭长形，体长15 ~ 17mm，黑褐色，触角和爪褐色，被覆灰白色毛。头部散布大刻点，其间散布小刻点；喙细长，向端部逐渐略扩大，两侧有一些较大的刻点，基部有1条细隆线；触角位于喙的中间以前，短而粗，索节第一、二节等长；眼卵形，下端尖。前胸长大于宽，圆锥形，雄虫前端突然收缩，雌虫前端逐渐收缩，基部几乎直，散布略深而连合的刻点，其间在前端散布小颗粒和刻点，有1条略明显的隆线，前端两侧的纤毛黄色，两侧各有灰色毛纹。在肩片以后鞘翅略放宽，两侧平行，端部分别缩圆，鞘翅缝略开裂；小盾片周围和鞘翅基部有横洼。鞘翅行纹明显，向端部逐渐变浅，鞘翅近外缘的第九至十一纵行刻点行间散布较多的毛。腹面散布稀疏刻点，腹面以及足被覆灰白色毛。腿节无齿。

为害特征

以成虫为害棉花叶片，造成叶片破损。

发生规律

成虫白天多隐蔽，傍晚或夜间取食，有假死性，受惊扰即落地不动，过一段时间后开始爬动。

防治要点

参见棉尖象甲。

形态特征

扁翅筒喙象成虫（刘定忠提供）

62. 棉蝗

棉蝗［*Chondracris rosea*（De Geer）］属直翅目蝗科斑腿蝗亚科。

分布与寄主

棉蝗主要分布在长江流域棉区，在黄河流域棉区也有一定发生。寄主范围广，主要有棉花、水稻、麻黄、刺槐、柚木、竹类、可可、生菜、花生、大豆、苎麻及杂草等。

形态特征

成虫：雄虫体长45 ~ 51mm，雌虫体长60 ~ 80mm，雄虫前翅长12 ~ 13mm，雌虫前翅长16 ~ 21mm。体色青绿带黄，头短而宽，头顶钝圆，无中缝线。触角丝状，24节。前胸背板中隆线较高，板面粗糙，有3条横沟并均割断中隆线。后翅发达透明，翅基部红色。后足胫节红色，沿外缘和内缘各具刺8根和11根，刺的端部黑色。第一跗节较长。

卵：长椭圆形，中间稍弯曲。卵粒长达5.1 ~ 7mm，宽1.8 ~ 2.0mm。卵块长圆柱状，外黏有一层薄纱状物，卵粒不规则形堆积于卵块的下半部，其上部由产卵后排出的乳白色泡状物覆盖。

若虫：共6龄，极少数雌虫7龄。六龄雌蝗蝻体长42.0 ~ 51.0mm，雄蝗蝻体长36.0 ~ 41.0mm。七龄雌蝗蝻体长45.6～55.0mm。初孵或刚蜕皮为淡绿色，3d后变为绿色。二龄后前胸背板隆起呈屋脊状，并有1条淡黄色隆短线。除一龄外，其余各龄都可见到明显的翅芽。三龄后外生殖器较明显。六龄若虫翅芽伸达第四腹节背板前缘附近，盖及听器，翅脉明显可见。

为害特征

以若虫、成虫为害叶片，造成缺刻或孔洞，减少叶片光合作用面积，严重时可将整株叶片食尽。

发生规律

棉蝗每年发生1代，以卵块在土中越冬。在黄河流域棉区于5月下旬孵化，6月上旬进入盛期，7月中旬为成虫羽化盛期，9月后产卵越冬。雌蝗产卵往往选择土质颗粒大、不易黏结、较干燥、地势较高、向阳的地方。一龄蝗蝻身体较软，少跳跃，一般取食较低矮的植物；二龄前蝗蝻群集取食，数百头乃至成千头聚集取食；三至七龄蝗蝻虫体随着龄期的增加而增大，食量渐增，可将整片叶吃光，跳跃能力增强，活动范围扩大。

防治要点

生态调控：消灭滋生地，人工挖卵及捕灭蝗蝻。在虫源地、蝗蝻二龄群聚期人工捕杀。

生物防治：应用绿僵菌、微孢子虫等微生物农药，在棉蝗聚集取食阶段施药处理。同时保护和利用自然天敌。

科学用药：重视虫源地治理，二龄蝗蝻群聚活动前用溴氰菊酯、氰戊菊酯等进行防治。

形态特征

棉蝗（肖海军提供）

①棉蝗成虫 ②棉蝗成虫交配

63. 短额负蝗

短额负蝗（*Atractomorpha sinensis* Bolivar）属直翅目锥头蝗科。又称尖头蚱蜢、锥头蝗。

分布与寄主

短额负蝗分布于长江流域棉区、黄河流域棉区。可为害棉花以及多种其他植物。

形态特征

成虫：体长30mm，瘦长，体绿色，黄绿或橘灰黄色。头尖，呈长圆锥形，前头长而突出，触角扁锥形，基部较粗，向尖端渐削。前胸背板中央有黄沟2条，后缘钝圆，中央有一小凹陷，头部自复眼下至前胸背板下缘有1列白色颗粒状小突起，前翅长超过腹末，翅端尖小。后翅玫瑰色，翅基部色深，向外缘色泽渐淡。

卵：长椭圆形，中央略弯曲，深黄色。

若虫：体型与成虫相似，草绿色，翅芽逐渐增长。

为害特征

以成虫、若虫为害叶片，造成缺刻或孔洞。

发生规律

长江流域棉区1年发生2代，秋季是为害高峰期。以卵在土层中越冬。翌年5—6月越冬卵孵化，7月中旬为第一代成虫羽化盛期。第二代若虫为害期主要在7—8月，8月中旬至10月中旬第二代成虫羽化。卵多产于杂草多、向阳的沙土中。

防治要点

参见棉蝗。

形态特征

短额负蝗（①刘定忠提供，②张帅提供，③耿亭提供）

①、②短额负蝗成虫　③短额负蝗若虫

64. 花胫绿纹蝗

花胫绿纹蝗［*Aiolopus tamulus* (Fabricius)］属直翅目蝗科斑翅蝗亚科。

分布与寄主

花胫绿纹蝗广布于全国各大棉区。主要为害禾本科作物及棉花等。

形态特征

成虫：雄虫体长15.0 ~ 21.5mm，雌虫体长20 ~ 29mm，体瘦长，暗褐至黄褐色，色彩鲜明。头的侧面在复眼下常有浅绿斑，头顶窝近似蛇头形，其前缘尖；头侧窝梯形，颜面倾斜。前胸背板上有X形纹，侧片底缘及沟后区常呈鲜绿色，中隆线较低。前翅狭长，有黑色大斑，基部近前缘处有鲜绿色纵纹。后足股节内侧有2个黑斑，膝黑色，后胫节基部1/3黄色，中部蓝色，顶端鲜红色。

卵：长卵形，卵在卵囊内呈放射状排列。

若虫：雄有5龄，雌有6龄。一龄蝗蝻浅褐至黄褐色，体背色甚浅，体侧色较深，近背面部分更深，形成2道纵带。二龄后体背出现X形纹。

为害特征

以成虫、若虫为害叶片，造成缺刻或孔洞。

发生规律

黄河流域棉区1年发生2代。以卵在土中越冬。第一代蝗蝻4月下旬至5月上旬由卵孵化，6月上旬成虫开始羽化，6月下旬交尾、产卵。第二代蝗蝻7月上中旬孵化，7月下旬至8月上旬成虫羽化，8月下旬至9月上旬交尾，然后产卵越冬。

防治要点

参见棉蝗。

为害状

花胫绿纹蝗为害棉铃（张帅提供）

65. 疣蝗

疣蝗［*Trilophidia annulata*（Thunberg）］属直翅目蝗科斑翅蝗亚科。

分布与寄主

疣蝗广泛分布于全国各大棉区。取食多种植物，也可为害棉花。

形态特征

成虫：雄虫体长11.7 ~ 16.2mm，雌虫体长15 ~ 26mm，体黄褐色或暗灰色，体色会随环境改变，体上有许多颗粒状突起。颜面斑纹复杂，2个复眼间有1个粒状突起。前胸背板前狭后宽，前缘略突，后缘近于直角；有2个较深的横沟，形成2个齿状突。前、后翅发达，超过后足股节的中部，前翅狭长，中脉域的中闰脉发达，其顶端部分较接近中脉。后足腿节粗短，有3个宽型的黑色横斑；后足胫节有2个较宽的淡色环纹，后足胫节缺外端刺；上侧外缘具刺8个，内缘具刺9个。

卵：长卵形，在卵囊中平斜排列。

若虫：体型、体色与成虫相似，体灰褐色或褐色，会随环境改变，体背较成虫平滑，斑纹较简单，颜面不具绒毛。

为害特征

以成虫、若虫为害棉花叶片，造成缺刻或孔洞。

发生规律

疣蝗成虫出现于夏、秋二季，田间地头比较常见，特别是杂草丛中。

防治要点

参见棉蝗。

形态特征

疣蝗成虫（门兴元提供）

66. 镰尾螽斯

镰尾螽斯［*Phaneroptera falcata*（Poda）］属直翅目螽斯科。

分布与寄主

镰尾螽斯广泛分布于全国各大棉区。取食鸭跖草、一年蓬和苦苣菜等多种草本植物，也为害棉花。

形态特征

成虫：体绿色，具赤褐色散点。触角丝状，比体长。前胸背板背面圆凸，缺侧隆线；侧片长与高约相等。前翅不透明，雄虫左前翅发音部不突出。后翅比前翅长，且端部尖锐，像一把镰刀；前翅、后翅超越前翅部分淡绿色，翅室内具细小的黑点，雄虫左前翅发音部具2个暗棕色大斑。雄虫第十腹节背板后缘截形，肛上板横宽，后缘截形，背面中央凹陷。雄虫尾须较长，端半部呈角形弯曲，指向上方，端部尖锐。雄性下生殖板长大于宽，端部稍扩宽，后缘具三角形凹口，腹面中隆线明显。雌虫产卵瓣腹缘近基部明显凸出。

卵：黄白色，似长谷粒形。

若虫：若虫与成虫体型、体色相似，体绿色，具赤褐色散点，可见翅芽。

为害特征

以成虫、若虫为害棉花叶片，造成缺刻或孔洞。

发生规律

多见于草势较高的草丛中。白天潜伏在草丛中，夜间活动。行动缓慢。

防治要点

参见棉蝗。

形态特征

镰尾螽斯若虫（王佩玲提供）

第四节 害 螨

67. 朱砂叶螨

朱砂叶螨［*Tetranychus cinnabarinus*（Boisduval）］属蛛形纲蜱螨亚纲真螨总目绒螨目叶螨科。别名棉红蜘蛛、红叶螨。

分布与寄主

朱砂叶螨在我国各棉区均有发生，是黄河流域、长江流域为害棉花的叶螨优势种和主要害虫。寄主植物非常广泛，除为害棉花外，还可为害小麦、玉米、高粱、辣椒、茄子、豆类、西瓜、葱、苋菜、蔷薇、桃等32科113种植物。

形态特征

雌成螨：体长为0.47 ~ 0.56mm，宽约0.26mm。体近椭圆形。夏型雌成螨初羽化呈鲜红色，后变为红褐色或锈红色。体两侧背面有黑斑2对，前面1对较大，足4对。冬型雌成螨体橘黄色，体两侧背面无黑斑。

雄成螨：体长为0.37 ~ 0.42mm，宽约0.16mm。比雌螨小，背面观略呈菱形，体色橙红色或淡红色。头部前端近圆形，腹部末端稍尖。

卵：球形，直径约为0.13mm，初产时无色，渐变为淡黄色，卵表面具有2个红点。

幼螨：由卵初孵的虫态为幼螨，体长约0.18mm，宽约0.13mm。有3对足。

若螨：幼螨蜕皮后变为若螨，有4对足。雄若螨比雌若螨少蜕一次皮，由前若螨羽化为雄成螨，雌若螨蜕皮成为后若螨，由后若螨羽化为雌成螨。前若螨体长为0.20 ~ 0.30mm。后若螨（雌）体长为0.30 ~ 0.34mm。

朱砂叶螨与其余4种棉花叶螨的形态特征比较

种类	夏型雌螨体色	体背、侧黑斑	阳茎端锤
朱砂叶螨	红色、锈红色或红褐色	体背和侧面各有2个黑斑，前面1对较大	阳茎端锤顶部呈弧形，两侧突起大小相似
截形叶螨	红色或深红色	体侧具黑斑	阳茎端锤小，顶部呈截形，并在外侧1/3处有一浅凹
土耳其斯坦叶螨	浅黄色、黄绿色或黄褐色	体两侧有不规则的黑斑	近侧突起长而圆钝，端锤顶部近外侧1/3处有一明显角度
二斑叶螨	浅黄色、黄绿色或黄褐色	体背两侧各有1个黑斑，其外侧3裂，内侧接近体躯中部	阳茎端锤较大，与柄部平行，两侧突起尖而小
敦煌叶螨	浅黄色、黄绿色或黄褐色	体侧各有3个大型黑斑	阳茎端锤小，与柄部呈一角度，远侧突起较突出

为害特征

成、若、幼螨均为害棉花叶片，常聚集在叶背，以口针刺吸汁液，破坏细胞中的叶绿体。为害初期，叶正面出现黄白色斑点，3 ~ 5d后斑点扩大，加密，开始出现红褐色斑块。被害处叶背有丝网黏结，呈土黄色斑块。随为害加重，棉叶卷曲，最后脱落，受害严重的，叶片稀少甚至光秆，棉铃明显减少。中后期，叶片变红，干枯脱落，如火烧状。引起中下部叶片、花蕾和幼铃脱落，造成大幅度减产甚至绝收。

发生规律

主要进行两性生殖，也可孤雌生殖。未受精卵发育成雄螨，未经交配的雌成螨所繁殖后代均为雄性。长江流域棉区1年发生18 ~ 20代，黄河流域棉区1年发生12 ~ 15代，西北内陆棉区1年发生10 ~ 15代。10月中下旬交配后的雌成螨在寄主植物的枯枝落叶、土缝和周围树皮裂缝中滞育越冬。翌年2月下旬出蛰活动，早春在寄主上繁殖1 ~ 2代，5月上旬开始迁入棉田，初期点片状发生，而后蔓延至整个田块。6月上旬为第一次螨量高峰，6月下旬为第二次螨量高峰，若持续干旱，8月仍可出现第三次螨量高峰。9月中旬后越冬。黄河流域棉区6月中下旬至8月下旬可发生2次高峰，长江流域棉区4月下旬至9月上旬可发生3 ~ 5次高峰，西北内陆棉区7月下旬至9月下旬有1个发生高峰。朱砂叶螨喜高温低湿，高温干旱有利于其发生，风是其扩散最有利的条件，高湿和暴雨能抑制其种群发生。

防治要点

调查测报：参见《棉花叶螨测报技术规范》(GB/T 15802—2011)。

生态调控：清除田间的杂草及枯枝落叶，秋耕冬灌，降低越冬基数。棉田合理布局，避免与大豆、菜豆、茄子、玉米等寄主作物连作、邻作和间套作。

生物防治：保护利用长毛钝绥螨、德氏钝绥螨、双尾新小绥螨、异绒螨、塔六点蓟马和深点食螨瓢虫等自然天敌，引进释放捕食螨。

科学用药：以挑治为主，辅以普治，控制在点片发生阶段和局部田块。点片发生时或有螨株率低于15%时挑治中心株，有螨株率超过15%时全田防治。药剂可选用哒螨灵、阿维菌素等，建议轮换交替使用。

形态特征

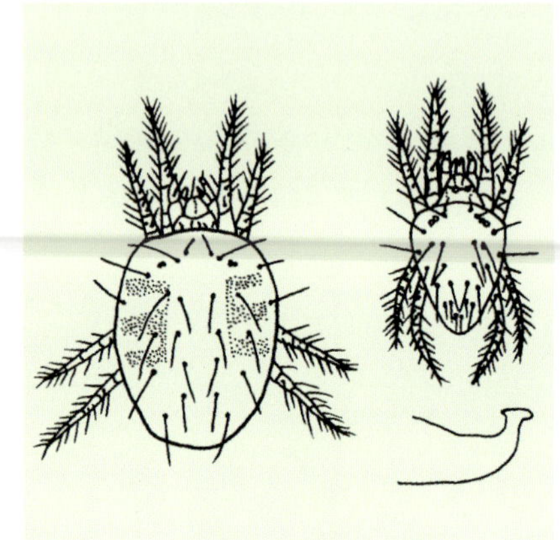
朱砂叶螨（张天涛提供）

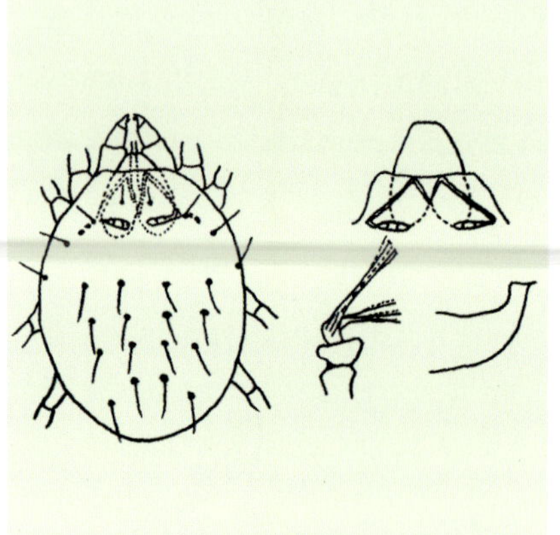
截形叶螨（张天涛提供）

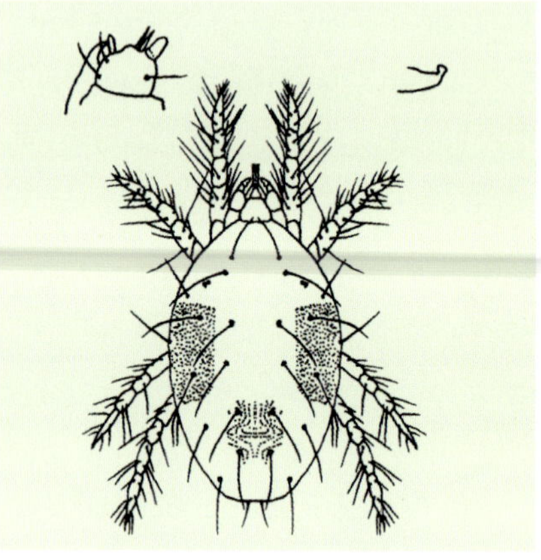
二斑叶螨（张天涛提供）

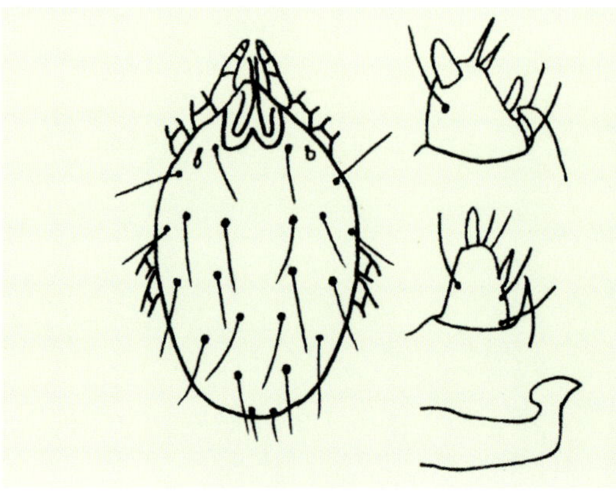
土耳其斯坦叶螨（张天涛提供）

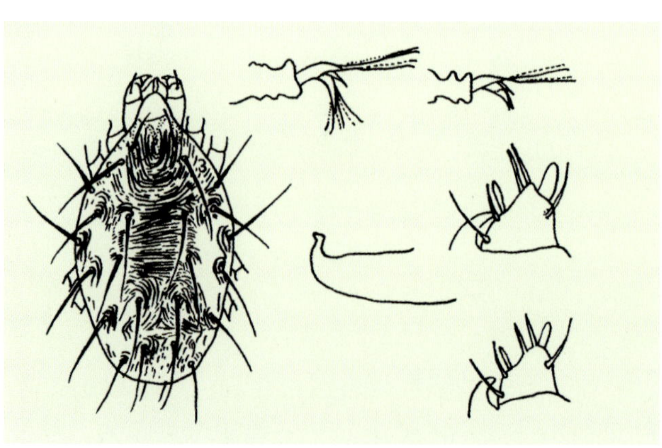
敦煌叶螨（张天涛提供）

朱砂叶螨（张建萍提供）

①朱砂叶螨雌成螨　②朱砂叶螨雄成螨　③朱砂叶螨雌、雄成螨　④朱砂叶螨卵　⑤朱砂叶螨幼螨　⑥朱砂叶螨若螨

为害状

朱砂叶螨为害棉花（①、②陆宴辉提供，③陈华提供，④～⑥李恺球提供）

①朱砂叶螨为害棉花叶片正面观　②朱砂叶螨为害棉花叶片背面观　③朱砂叶螨为害棉花幼苗
④朱砂叶螨为害初期　⑤朱砂叶螨为害后期　⑥朱砂叶螨大田为害状

朱砂叶螨在其他寄主植物上的发生与为害

朱砂叶螨适宜寄主种类多，在适宜的环境条件下易形成高密度种群，严重为害植物叶片以及植株生长。

四季豆叶片上的朱砂叶螨（吴圣勇提供）

朱砂叶螨为害蓖麻（张建萍提供）

①蓖麻叶片上的朱砂叶螨 ②蓖麻花上的朱砂叶螨

朱砂叶螨为害红花（张建萍提供）

①红花叶片上的朱砂叶螨 ②红花植株上的朱砂叶螨

68. 截形叶螨

截形叶螨（*Tetranychus truncatus* Ehara）属蛛形纲蜱螨亚纲真螨总目绒螨目叶螨科。又名红叶螨、火蜘蛛等。

分布与寄主

截形叶螨在全国各棉区均有分布，在西北内陆棉区常发生，是重要害虫之一。为害棉花、玉米、薯类、豆类、瓜类、茄子等100多种植物。

形态特征

截形叶螨与朱砂叶螨外部形态上不易区别，但两者雄螨的阳具差异明显。截形叶螨阳茎端锤顶部呈截形，并在外侧1/3处有1浅凹；朱砂叶螨阳茎端锤顶部呈弧形，两侧突起大小相似。

雌成螨：体椭圆形，深红色，足及颚体白色，体侧具黑斑。须肢端感器柱形，背感器约与端感器等长。气门沟末端呈U形弯曲。各足爪间突裂开为3对针状毛，无背刺毛。

雄成螨：梨圆形，体红色，足4对，无爪。阳具柄部宽大，末端向背面弯曲形成一微小端锤，背缘平截状，端锤内角钝圆，外角尖削。

卵：圆球形，初产时无色透明，后变淡黄至深黄色，微见红色，孵化前有红色眼点。

若螨：近圆形，色泽透明，足3对。

为害特征

截形叶螨为害后只产生黄白色斑点，不产生红叶。叶螨多时，叶背有细丝网，网下群聚螨体。截形叶螨为害在棉叶正面出现症状较晚，为害更加隐蔽，为害严重时，棉苗瘦弱，生长停滞，常导致受害叶大量焦枯脱落。

发生规律

1年发生10～20代。以雌螨在土缝中或枯枝落叶上越冬。翌年早春气温达10℃以上，越冬成螨开始大量繁殖，多于4月中下旬至5月上中旬迁入棉田、玉米田等为害，先是点片发生，后向周围迅速扩散。在植株上先为害下部叶片，后向上蔓延，繁殖数量多及大发生时，常在叶或茎、枝的端部群聚成团，滚落地面被风刮走扩散蔓延，6—8月为害较重。喜高温低湿，当湿度超过70%时不利于其繁殖。

防治要点

同朱砂叶螨。

形态特征

①

②

截形叶螨（①、②张建萍提供，③～⑤胡恒笑提供，⑥耿亭提供）

①截形叶螨雌成螨　②截形叶螨雄成螨　③截形叶螨卵　④截形叶螨幼螨
⑤截形叶螨若螨　⑥截形叶螨的不同螨态

为害状

截形叶螨为害棉花（①张谦提供，②张建萍提供）

①截形叶螨为害棉叶背面状　②截形叶螨为害棉叶正面状

截形叶螨在其他寄主植物上的发生与为害

截形叶螨是新疆南疆地区枣树等果树上的主要害虫，近年来发生为害严重。气候适宜年份会严重发生，可引起枣树提早落叶，降低枣果产量和质量。在大豆等寄主植物上也常见高密度发生。

截形叶螨为害枣（①、②、④张建萍提供，③苏杰提供，⑤、⑥赵思峰提供）

①截形叶螨为害枣树叶片　②、③截形叶螨为害枣树花和叶片

④截形叶螨为害枣树果实　⑤截形叶螨严重为害枣树　⑥截形叶螨严重为害的枣园

截形叶螨为害万寿菊（刘冰提供）

①、②万寿菊植株上的高密度截形叶螨种群　③截形叶螨严重为害导致万寿菊植株枯死

大豆叶片上的高密度截形叶螨种群

（张建萍提供）

69. 土耳其斯坦叶螨

土耳其斯坦叶螨（*Tetranychus turkestani* Ugarov et Nikolski）属蛛形纲蜱螨亚纲真螨总目绒螨目叶螨科。

分布与寄主

土耳其斯坦叶螨仅在西北内陆棉区发生，为新疆北疆棉区叶螨优势种。寄主广泛，主要取食棉花、玉米、高粱、豆类、苹果、十字花科等25科150余种植物。

形态特征

雌成螨：体长0.48 ~ 0.58mm，体宽0.36mm。椭圆形，黄绿、黄褐、浅黄或墨绿色（越冬雌螨为橘红色），体两侧有不规则的黑斑；须肢端感器柱形，长为宽的2倍，背感器短于端感器，梭形；气门沟末呈U形弯曲；各足爪间突裂开为3对刺状毛，足第一跗节2对双毛远离。

雄成螨：体长0.38mm。浅黄色，菱形；须肢端感器和背感器与雌螨相似，端感器细长；阳具柄部弯向背面，形成一大端锤，近侧突起圆钝，远侧突起尖利，其背缘近端侧的1/3处有一角度。

卵：直径为0.12 ~ 0.14mm，圆形，初产时透明如珍珠，近孵化时为淡黄色。

幼螨：体长0.16 ~ 0.22mm，足3对，体近圆形。

若螨：体长0.30 ~ 0.50mm，体椭圆形，足4对，体浅黄色或灰白色，行动迅速。与雌成螨所不同的是基节毛少2对，生殖毛1对，同时无生殖皱裂。

为害特征

成、若、幼螨均为害棉花叶片，聚集于叶背，用口针刺吸汁液。受害叶片正面出现黄白色斑，后变红，后期皱缩畸形，直至干枯脱落。

发生规律

田间的雌雄比生长季节为（8 ~ 10）：1，而深秋时为（4 ~ 5）：1。干旱时雄螨增加，但雌螨比例远大于雄螨，1头雄螨可与多头雌螨交配。在新疆北疆1年发生9 ~ 11代。以交配后的雌成螨群集越冬。翌年温度超过8℃越冬螨出蛰活动。在新疆北疆棉区，5月上中旬随越冬寄主衰老，陆续迁入棉田开始点片出现，前期温度较低，繁殖速度慢，棉苗受害较轻。5月下旬、6月初集中为害，棉叶上很快出现红斑。6月下旬至7月初出现第一个高峰期，7月中下旬出现第二个高峰期，8月出现第三个高峰，且螨量逐代增多、为害加重。8月下旬严重受害棉田呈现一片红色。9月中旬后从棉田逐渐转移至秋播作物或者杂草上为害，准备越冬。

防治要点

同朱砂叶螨。

形态特征

①

②

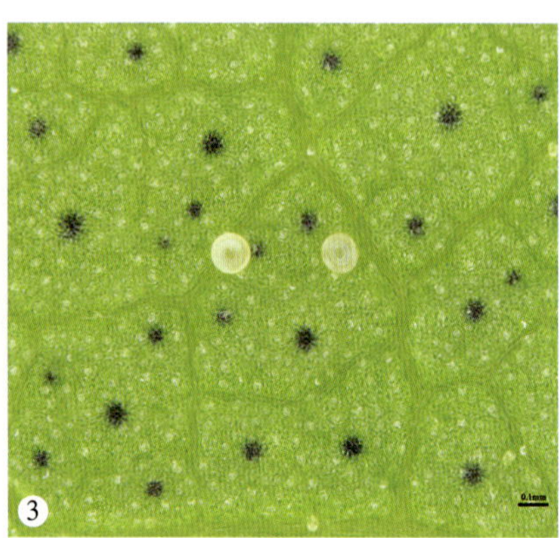
③

土耳其斯坦叶螨（①～⑤张建萍提供，⑥耿亭提供）

①土耳其斯坦叶螨雌成螨 ②土耳其斯坦叶螨雄成螨 ③ 土耳其斯坦叶螨卵
④土耳其斯坦叶螨幼螨 ⑤土耳其斯坦叶螨若螨 ⑥土耳其斯坦叶螨的不同螨态

为害状

土耳其斯坦叶螨为害棉花（张建萍提供）

①土耳其斯坦叶螨为害棉花叶片正面状 ②土耳其斯坦叶螨为害棉花叶片背面状 ③、④土耳其斯坦叶螨为害棉花叶片

土耳其斯坦叶螨在其他寄主植物上的发生与为害

土耳其斯坦叶螨在玉米、蔬菜等植物上也常严重发生，是多种作物上的重要害虫，同时构成了重要的棉田外虫源。

土耳其斯坦叶螨为害玉米叶片（张建萍提供）

土耳其斯坦叶螨为害茄子叶片（张建萍提供）

土耳其斯坦叶螨为害黄瓜叶片（张建萍提供）

土耳其斯坦叶螨为害草莓叶片（张建萍提供）

70. 二斑叶螨

二斑叶螨（*Tetranychus urticae* Koch）属蛛形纲蜱螨亚纲真螨总目绒螨目叶螨科。

分布与寄主

二斑叶螨在我国各棉区均有分布。寄主植物广泛，常见的有草莓、茄子、黄瓜、番茄、辣椒、豇豆、芸豆、西瓜、黄瓜、桃、天竺葵、一品红等50余科200多种。

形态特征

雌成螨：体长0.45～0.55mm，宽0.30～0.35mm。背面卵圆形，体躯两侧各有黑斑1个，其外侧3裂，内侧接近体躯中部。背毛12对，呈刚毛状，无臀毛。腹面有腹毛16对。第一对足胫节毛数10根。爪间突分裂成几乎相同的3对刺毛，无背刺毛。

雄成螨：体长0.35～0.40mm，宽0.20～0.25mm。背面略呈菱形，远比雌螨小。体色为淡黄色或黄绿色，背毛13对，最后1对为从腹面向背面的肛后毛。阳茎端锤稍大，两侧突起尖而小。

卵：呈球形，光滑，初产为乳白色，直径0.1mm。渐变橙黄色，将孵化时出现红色眼点。

幼螨：初孵时近圆形，白色，取食后变暗绿色，眼红色，足3对。

若螨：体椭圆形，足4对。夏型体黄绿色，体背两侧有黑色斑；越冬型体橙黄或橘黄色，色斑消失。

为害特征

成、若、幼螨均为害棉花叶片，聚集于叶背，用口针刺吸汁液。被害叶初期仅在叶脉附近出现失绿斑点，以后逐渐扩大，叶片大面积失绿，变为褐色。密度大时，被害叶布满丝网，提前脱落。

发生规律

1年发生10～20代，由北向南递增，世代重叠严重。在黄河流域棉区，以雌成螨在土缝、枯枝落叶下或旋花、夏枯草等宿根性杂草的根际及枝蔓裂缝等处吐丝结网越冬，3月中旬至4月上中旬开始出蛰，集中在早春杂草上为害。5月开始迁入棉田，初期点片状发生，再向全田蔓延。一般都集中在叶背叶脉两侧、丝网下栖息为害，大发生的年份或季节，成螨也可以转向叶面和叶柄、果柄及其他绿色部分为害。二斑叶螨有吐丝结网的习性，当大发生或食料不足时，常群集成团，吐丝下垂，靠风力传播。高温干旱有利于蔓延为害，造成叶片早落。

防治要点

同朱砂叶螨。

形态特征

①

②

③

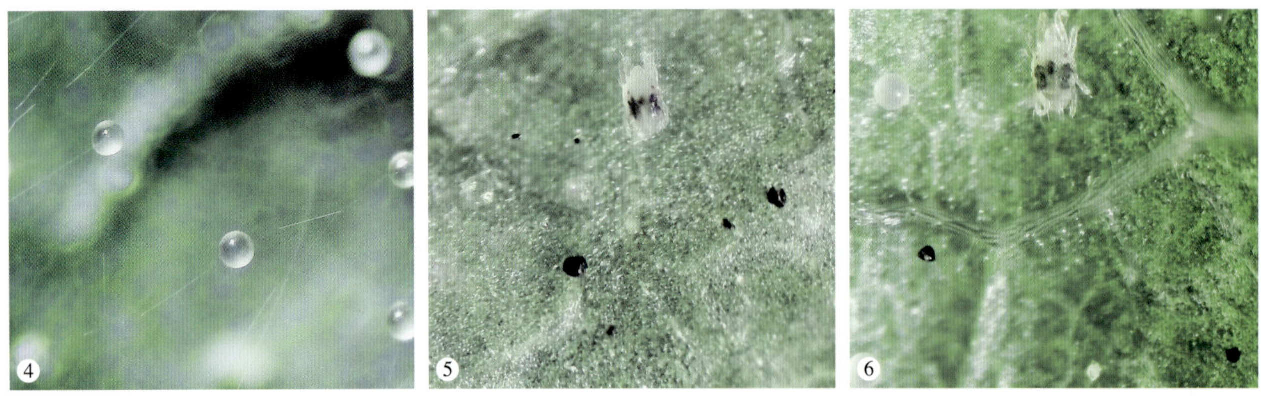

二斑叶螨（①、②门兴元提供，③～⑥岳文波提供）

①、③二斑叶螨雌成螨 ②二斑叶螨雄成螨 ④二斑叶螨卵 ⑤二斑叶螨幼螨 ⑥二斑叶螨若螨

为害状

二斑叶螨为害棉花（①门兴元提供，②～④姚永生提供）

①～③二斑叶螨为害棉花叶片 ④二斑叶螨大田为害状

二斑叶螨在其他寄主植物上的发生与为害

二斑叶螨的寄主种类丰富，除棉花以外，在豆类等植物上常高密度发生，也是苹果、梨等果树上的主要害虫。

二斑叶螨为害四季豆叶片（岳文波提供）

二斑叶螨为害芸豆叶片（门兴元提供）

71. 敦煌叶螨

敦煌叶螨（*Tetranychus dunhuangensis* Wang）属蛛形纲蜱螨亚纲真螨总目绒螨目叶螨科。

分布与寄主

敦煌叶螨为中国特有种，主要分布于西北内陆棉区，为新疆南疆棉区的叶螨优势种。可为害棉花、甘草、马铃薯、大豆、高粱、梨和向日葵等多种作物。

形态特征

雌成螨：体长0.47 ~ 0.53mm，椭圆形，黄绿色或浅绿色，体侧各有3个大型黑斑，足及颚体呈黄色，前足端部土黄色。须肢端感器呈柱形，背感器小棍状，刺状毛明显长于端感器。气门沟末端呈U形弯曲。第三对背毛和内骶毛间有菱形纹。背毛细长，具微绒毛26根。外骶毛稍短于内骶毛，肛侧毛1对。各足爪间突裂开为3对针状毛。

雄成螨：体长0.28 ~ 0.37mm，土黄色，须肢端感器长为宽的2.5倍，背感器稍短于端感器，阳具基部宽阔，末端弯向背面，形成与柄部横轴有一定角度的小型端锤，其近侧突起短而圆钝，远侧突起稍长，顶端圆钝。

为害特征

成、若、幼螨均为害棉花叶片，聚集于叶背，用口针刺吸汁液。在叶片背面沿叶脉两侧取食为害，正面出现黄白色斑点，严重时出现黄褐色斑块，大发生时最终会造成叶片干枯。

发生规律

一般于5月中下旬，由田埂杂草迁入棉田为害，6月中下旬进入第一个高峰期，8月下旬进入第二个发生为害高峰期，为害期可持续到棉花收获前后。

防治要点

同朱砂叶螨。

形态特征

①

②

敦煌叶螨（耿亭提供）

①敦煌叶螨雌成螨　②敦煌叶螨雌、雄成螨　③敦煌叶螨卵　④敦煌叶螨若螨和幼螨

为害状

敦煌叶螨为害棉花（①、②张鹏杉提供，③、④芦屹提供）

①～③敦煌叶螨为害棉花叶片　④敦煌叶螨大田为害状

第五节 有害软体动物

72. 灰巴蜗牛

灰巴蜗牛（*Bradybaena ravida* Benson）属软体动物门腹足纲柄眼目巴蜗牛科。

分布与寄主

灰巴蜗牛主要分布于长江流域和黄河流域棉区。食性杂，可为害棉花、蔬菜、小麦、油菜、玉米、花生、烟草、甘薯、花卉、果树等58科200多种作物的幼嫩组织。近年来发生为害呈现加重趋势，主要为害棉花幼苗，偶尔严重为害成株期棉花。

形态特征

成体：壳高18 ～ 21mm，壳宽20 ～ 23mm，贝壳中等大小，壳质稍厚，坚固，呈圆球形，有5 ～ 6个螺层，体螺层急骤增长、膨大。壳面黄褐色或琥珀色，有细致而稠密的生长线和螺纹。壳顶尖，缝合线深，壳口呈椭圆形，口缘完整。生殖孔（交配孔）位于头左后下侧。前触角短，后触角长，顶端有黑色眼。

卵：直径（1.9 ± 0.2）mm。多产在泥土中，圆球形，初产时乳白色，光亮湿润，后变淡黄色，最后呈土黄色。卵粒间有胶状物黏结，10 ～ 50粒卵成堆。

幼体：初孵幼贝背壳淡褐色，壳体宽度（1.7 ± 0.2）mm。1个月后壳左旋增加，2个月后壳右旋延长为2个小螺旋，4个月后壳右旋增加到3个小螺旋，8个月后变成成体，壳增加到5 ～ 6旋。春季孵化的幼贝到秋季可发育为成贝，秋季孵化的幼贝翌年春末就能交配产卵。

为害特征

喜阴湿，昼伏于草丛或土缝中，傍晚或清晨活动取食。成贝和幼贝以齿舌和颚片刮锉取食为害棉花的嫩叶、茎、花、蕾、铃，形成不整齐的缺刻或孔洞。初孵幼贝只取食叶肉，留下表皮。棉花子叶期受灰巴蜗牛为害最重，苗期易被咬断造成缺苗断垄，真叶期则可被吃光叶片，现蕾期的棉叶嫩头易被灰巴蜗牛咬破。灰巴蜗牛自身可分泌白色有光泽的黏液，食痕部位易受细菌侵染，粪便和分泌的黏液还可产生霉菌。

发生规律

1年发生1 ～ 2代，以成贝和幼贝在作物根部以及灌木丛、草堆、石块下、土缝里越冬，气温回升时开始活动。在长江流域棉区，2月至3月上旬复苏，5—6月为成贝为害盛期。7—8月高温干旱少雨，常隐藏在棉花根部或钻入土中，分泌薄膜封闭壳口，蛰伏越夏。8月下旬后随气温下降，再次活动取食，9—10月进行交配产卵和繁殖后代，11月以后，在作物根际附近入土越冬。灰巴蜗牛是雌雄同体、异体授精的软体动物。在长江以南地区发生较多，尤以低洼潮湿杂草多的棉田受害严重，前茬为蔬菜、豆类及绿肥的田块发生多、受害重。

防治要点

生态调控：清除棉田及周围的杂草，破坏栖息地和产卵场所；堆草诱集，使蜗牛潜伏于诱集堆内，进行集中捕杀。产卵高峰期及时锄草松土，翻耕晒土，使卵暴露于土表而爆裂死亡。秋季耕翻，使部分越冬成贝和幼贝暴露于地面冻死或被天敌啄食。

生物防治：保护利用天敌，如利用鸡、鸭压低灰巴蜗牛的数量。

科学用药：在发生始盛期，当成、幼贝密度达到3 ～ 5头/米^{2}或棉苗被害率达5%时，施用甲萘·四聚、四聚乙醛、多聚乙醛等颗粒剂进行诱杀，也可用四聚乙醛等可湿性粉剂进行喷雾防治。

形态特征

灰巴蜗牛（①门兴元提供，②李国平提供）

为害状

灰巴蜗牛为害棉花（李国平提供）

①灰巴蜗牛为害棉花叶片 ②灰巴蜗牛为害整片棉田

73. 同型巴蜗牛

同型巴蜗牛（*Bradybaena similaris* Ferussac）属软体动物门腹足纲柄眼目巴蜗牛科。

分布与寄主

同型巴蜗牛主要分布于长江流域棉区和黄河流域棉区。可为害棉花、豆科、十字花科、茄科等蔬菜和麻、禾谷类、紫薇、芍药、海棠、月季、桑等多种植物。近年来发生为害呈现加重趋势，主要为害棉花幼苗等。

形态特征

成体：壳高9.1 ~ 13.6mm，壳宽11.2 ~ 18.4mm，头发达，位于体前端。有两对触角，眼在后触角的顶端。口位于头部腹面，具有触唇。足在身体腹面，跖面宽。螺中等大小，壳质厚，坚实，呈扁球形，有5 ~ 6个螺层，顶部几个螺层增长缓慢，略膨胀，螺旋部低矮，体螺层增长迅速、膨大。壳顶钝，缝合线深。壳面呈黄褐色或红褐色，有稠密而细致的生长线。螺口呈马蹄形，口缘锋利，轴缘外折，遮盖部分脐孔。脐孔小而深，呈洞穴状。个体之间形态变异较大。

卵：呈圆球形，乳白色，直径1.0 ~ 1.5mm。有光泽，但不透明，孵化前色稍变深。卵粒间有胶状物黏结，10 ~ 40粒黏结成为卵堆，分布在疏松的表土内。

幼体：体型较小，形态与成贝相似。初孵幼贝壳薄，半透明，淡黄色，螺壳高0.8 ~ 1.7mm，从外面可隐约看到壳内肉体。触角深蓝色；壳顶及第一层并不高起。1个月后，壳右旋增加；2个月后，壳右旋延长到2个小螺旋；4个月后，壳右旋增加到3个小螺旋；6个月后，壳旋大增，达到4 ~ 5旋；8个月后变为成贝，壳右旋增加到5.5 ~ 6旋。

为害特征

以成贝和幼贝取食嫩叶、嫩茎。成贝和幼贝用齿舌舐刮嫩叶、嫩茎及果实，造成缺刻和孔洞，严重时，能吃光棉叶，咬断棉茎。会用齿舌刮锉植株叶片，轻则造成叶片孔洞与缺刻，导致植株僵苗迟发、生长不良，严重时会食光叶片造成死苗。刮锉茎秆，造成茎秆破损，严重时导致茎秆截断，造成植株死亡。会分泌黏液，引发多种病害。

发生规律

1年发生1 ~ 2代，以幼贝和成贝在草丛、落叶或浅土层里越冬，产生一层白膜封住螺口。每年2月下旬至3月上旬开始活动，喜在阴雨天和晚上取食为害。3月下旬至4月上旬会有成贝聚集在树盘表面、枯枝落叶下或浅土层内产卵。7—8月高温期间封口蛰伏越夏，9月气温下降后是第二个活动为害高峰，11月下旬气温下降至10℃以下时，在作物根部附近封口入土越冬。喜潮湿，发生量与3—9月的降水量关系密切，低洼潮湿、杂草较多的地块发生较重。

防治要点

参见灰巴蜗牛。

形态特征

同型巴蜗牛（①耿亭提供，②刘定忠提供）

为害状

同型巴蜗牛为害棉花幼苗（刘定忠提供）

74. 蛞蝓

蛞蝓（*Agriolimax agrestis* Linnaeus）属软体动物门腹足纲柄眼目蛞蝓科。

分布与寄主

蛞蝓在全国各棉区均有分布，主要在长江流域棉区为害棉花，为害程度较轻。蛞蝓食性广，寄主包括大多数蔬菜、粮食作物、棉花、果树、花卉、药用植物、烟草、麻类、食用菌等，以及绿化草坪及其他树木、杂草等。

形态特征

成体：体长20 ~ 25mm，爬行时体长可达30 ~ 36mm，体宽4 ~ 6mm。体柔软裸露，无外壳，灰褐色，有不明显的暗带或斑点。头部有2对触角，暗黑色，前触角在头部前下方，较短，具感触作用，后触角在前触角上后方，细长，顶端有黑色的眼。前触角下方的中间是口。背部中段略前方有一外套膜，具有保护头部和内脏的作用，其边缘卷起，内有1块卵圆形透明的薄内壳。体背及腹面有很多腺体，能分泌无色黏液，生殖孔在前触角右后方约2mm处。

卵：圆形，透明，长2.0 ~ 2.5mm，宽1mm左右。初产时晶莹透明，后呈乳白色，有弹性，从外可见卵核。

幼体：初孵幼体体长2.0 ~ 2.5mm，体宽1mm，淡褐色，外套膜下后方的内壳隐约可见，一般5个月左右发育成为成体。

为害特征

成体和幼体昼伏夜出，口中有角质的颚，舌齿在咽头内，以颚片来固定食物，用齿舌来舐刮食物，主要为害幼芽、嫩茎，受害叶片被咬食成小孔，受害轻的造成叶片大小不等的缺刻和孔洞，重者叶片被吃光，或造成缺苗断垄。爬过后留下的白色胶质也能造成棉苗枯萎死亡。粪便污染易诱发菌类侵染而导致腐烂。

发生规律

蛞蝓在大多数地区1年繁殖2代。雌雄同体、异体授精。以成体、幼体和卵潜伏在作物根部周围潮湿的土缝里、沟河边的草丛中及石板下越冬。3月上旬开始活动并为害，4月上旬其越冬幼体可发育成熟，5—7月在田间大量活动为害。7—8月高温干旱停止为害，潜入作物根部、土下、草堆下、石块下等处越夏。9月中旬以后气温下降，恢复活动，遂再度为害秋季作物。至11月中旬后，气温下降，陆续转入越冬。

防治要点

生态调控：冬季深翻，消灭越冬虫态。彻底清除田间及周边杂草，耕翻晒地，清除蛞蝓的滋生场所。采用高畦栽培、地膜覆盖，可减轻为害。可在苗床周围撒施生石灰造成封锁带，防止蛞蝓侵入为害。

科学用药：施用四聚乙醛颗粒剂等进行诱杀。

形态特征

蛞蝓为害棉花叶片（肖海军提供）

天敌

第六节 捕食性天敌

75. 瓢虫

瓢虫是鞘翅目瓢虫科昆虫的统称。瓢虫绝大多数为捕食性，可捕食蚜虫、介壳虫、粉虱等农业害虫。棉田主要捕食性瓢虫主要有多异瓢虫、异色瓢虫、龟纹瓢虫、七星瓢虫、方斑瓢虫、菱斑巧瓢虫、十一星瓢虫等种类。

瓢虫能在不同作物上和不同生境中发生，有时还会多个个体聚集发生、多个种类混合发生，形成了棉田瓢虫丰富多样的虫源。

棉花上的瓢虫（刘冰提供）

①～③棉花叶片上的瓢虫成虫 ④棉花叶片上瓢虫幼虫聚集

玉米上的瓢虫成虫（刘冰提供）

小麦上的瓢虫（张云慧提供）

①、②小麦上的瓢虫蛹　③小麦上的瓢虫成虫

油葵上的瓢虫成虫（张谦提供）

茴香上的瓢虫成虫（刘冰提供）

莳萝上的瓢虫成虫（孙梦潇提供）

杨树上的瓢虫（潘洪生提供）

①杨树上的瓢虫成虫与幼虫　②杨树上的瓢虫幼虫

红柳上的瓢虫成虫（刘冰提供）

甘草上的瓢虫蛹与成虫（刘冰提供）

蕾丝花上的瓢虫成虫（刘冰提供）

骆驼刺上的瓢虫成虫（刘冰提供）

小飞蓬上的瓢虫成虫（潘洪生提供）

乳苣上的瓢虫蛹（刘冰提供）

（1）多异瓢虫

多异瓢虫［*Hippodamia variegata*（Goeze）］在全国各棉区均有分布，是西北内陆棉区的优势种。

形态特征

成虫：体长4.0～4.7mm，体宽2.5～3.2mm。头前部黄白色，后部黑色，或颜面有4个黑斑，毗连或融合，有时与黑色的后方部分连接。复眼黑色，触角、口器黄褐色。唇基前缘在两前角之间齐平，触角锤节紧密。前胸背板黄白色，基部通常有黑色横带，向前4叉分开，或构成2个“口”字形斑。前胸背板后缘有细窄的边缘。前胸腹板无纵隆线。鞘翅黄褐色至红褐色。两鞘翅上共有13个黑斑，除鞘缝上、小盾片有1个黑斑外，其余每鞘翅上有黑斑6个。鞘翅黑斑的变异很大，基本型为1斑在小盾片下侧，2斑在肩胛上，位于外线1/8处，3斑在内线1/4处，4斑在外线1/3处，5斑在内线与中线之间，鞘翅1/2处，6斑在外线3/4处，7斑在中线7/8处。向黑色型变异时，鞘翅上所有黑斑相互连接或部分黑斑相互连接；向浅色型变异时，鞘翅黑斑消失。腹面黑色，仅侧片部分黄白色。第五腹板后缘舌形，向后突出；第六腹板基部三角形下凹，后缘突出。足基部黑色，端部褐色。跗爪中部有小齿。雄虫体较雌虫小，雄虫第五腹板后缘全线微凹入，第六腹板基部后缘平截。

卵：长椭圆形，橙黄色，成堆竖立状排列。

幼虫：老熟幼虫体深灰色，体长7mm，头前端灰白色，后缘灰黑色。前胸背板四周黄色，上有4条黑色背盾，中央1对较长，两侧2条较短且稍弯曲，后端常与中央1对相连。中、后胸背板中央有灰色小斑块，两侧各有两块背盾，外大内小，彼此靠近几成一块。腹部背面深灰色，第一节从中央到第一、二、三对刺疣依次为黑色、橙黄色，腹部第四节刺疣全为黑色，第一、二对之间有一浅黄色斑块，有时第五至七腹节1～2对刺疣之间也有浅黄斑，其余各节刺疣均为黑色。胸部和腹部腹面灰色，中央灰白色。足灰黑色。

蛹：灰黑色，体长4mm，宽3mm，腹部背中线为纵纹。前、中胸背纵纹两侧各有1个黑斑，黑斑两侧各有1个白斑。翅芽黑色。腹部第二至五节背中线两侧有1个黑斑。随着蛹的发育，体色加深。

不同虫态

多异瓢虫（①、②、④、⑤耿亭提供，③孙梦潇提供）

①初羽化斑型未显露的多异瓢虫成虫　②多异瓢虫成虫　③多异瓢虫成虫交配　④多异瓢虫卵　⑤多异瓢虫幼虫　⑥多异瓢虫蛹

不同斑型

多异瓢虫成虫不同斑型

（①～④、⑭耿亭提供，⑤、⑧、⑨、⑪孙梦潇提供，⑥、⑦潘洪生提供，⑩、⑫刘冰提供，⑬王佩玲提供）

不同生境

棉花上的多异瓢虫成虫（刘冰提供）

玉米上的多异瓢虫成虫（刘冰提供）

花生上的多异瓢虫蛹（刘冰提供）

油菜上的多异瓢虫成虫（孙梦潇提供）

向日葵上的多异瓢虫成虫（刘冰提供）

红花上的多异瓢虫成虫（①刘冰提供，②孙梦潇提供）

薄荷上的多异瓢虫成虫（刘冰提供）

紫花苜蓿上的多异瓢虫成虫（刘冰提供）

杏树上的多异瓢虫成虫（刘冰提供）

桃花上的多异瓢虫成虫（刘冰提供）

香梨上的多异瓢虫成虫（刘冰提供）

紫穗槐上的多异瓢虫成虫（潘洪生提供）

红柳上的多异瓢虫成虫（刘冰提供）

梭梭上的多异瓢虫成虫（刘冰提供）

甘草上的多异瓢虫成虫（刘冰提供）

骆驼刺上的多异瓢虫成虫（孙梦潇提供）

茴香上的多异瓢虫成虫（孙梦潇提供）

莳萝上的多异瓢虫成虫（孙梦潇提供）

芫荽上的多异瓢虫成虫（孙梦潇提供）

益母草上的多异瓢虫成虫（孙梦潇提供）

刺儿菜上的多异瓢虫成虫（孙梦潇提供）

黄花蒿上的多异瓢虫成虫（潘洪生提供）

蕾丝花上的多异瓢虫成虫（孙梦潇提供）

琉璃苣上的多异瓢虫成虫（孙梦潇提供）

乳苣上的多异瓢虫成虫（刘冰提供）

小飞蓬上的多异瓢虫成虫（潘洪生提供）

野艾蒿上的多异瓢虫成虫（潘洪生提供）

千日红上的多异瓢虫幼虫（孙梦潇提供）

（2）异色瓢虫

异色瓢虫［*Harmonia axyridis*（Pallas）］在全国各棉区均有分布，是长江流域棉区、黄河流域棉区的天敌优势种之一。

形态特征

成虫：体长5.4 ~ 8.0mm，体宽3.8 ~ 5.2mm。雌成虫体卵圆形，突肩形拱起，但外缘向外平展的部分较窄。体色和斑纹变异很大。头部橙黄色、橙红色或黑色。前胸背板浅色，有1个M形黑斑，向浅色型变异时该斑缩小，仅留下4个黑点；向深色型变异时，该斑扩展相连以致前胸背板中部全为黑色，仅两侧浅色。小盾片橙黄色或黑色。鞘翅上各有9个黑斑，向浅色型变异的个体鞘翅上的黑斑部分消失或全部消失，以致鞘翅全部为橙黄色；向深色型变异时，斑点相互连成网形斑，或鞘翅基色黑而有2、4、6个浅色斑纹甚至全黑色。腹面色泽亦有变异，浅色型的中部黑色，外缘黄色；深色型的中部黑色，其余部分棕黄色。鞘翅末端7/8处有1个明显的横脊痕，是该种的重要特征。第五腹板外突，第六腹板后缘弧形突出。雄虫第五腹板后缘弧形内凹，第六腹板后缘半圆形内凹。

幼虫：老熟幼虫体黑色，体长11mm。头部黑色，蜕裂线U形。前胸背板具两个大的半圆形背盾，其前侧后缘约有15个刺突。中、后胸背面各有2个近椭圆形背盾，内侧各具1个二叉状刺毛，背侧线处各具1个三叉状矮刺和数根不分叉的矮刺，侧线处为1个不分叉的矮刺。腹部第一至八节各具3对矮刺，背矮刺三分叉，侧矮刺二分叉，侧下矮刺不分叉。腹部第一、四、五节背矮刺及第一至五节侧矮刺淡黄色或橙黄色，其余矮刺黑褐色。腹部第一至五节背矮刺区有1个三角形淡橙黄色区域。

蛹：橘黄色。前胸背部后缘中央有1个黑斑。中胸后侧有1个黑斑，端部黑色。后胸背中央有1个黑斑。腹部第二至五节背面中央有2个黑斑，第三、四节黑斑大。腹部第二至五节黑斑外侧有橘黄色斑。腹末有四龄幼虫虫蜕。虫蜕的矮刺仍为橘黄色。

不同虫态

异色瓢虫（①陆宴辉提供，②、③、⑤、⑥潘洪生提供，④、⑦～⑨耿亭提供）

①初羽化斑纹未显现的异色瓢虫成虫　②斑纹初显现的异色瓢虫成虫　③斑纹近完全显现的异色瓢虫成虫
④异色瓢虫成虫　⑤、⑥异色瓢虫交配　⑦异色瓢虫卵　⑧异色瓢虫幼虫　⑨异色瓢虫蛹

不同斑型

异色瓢虫成虫不同斑型（①～⑦耿亭提供，⑧～⑮潘洪生提供，⑯～⑱张谦提供）

不同生境

棉花上的异色瓢虫（①～③潘洪生提供，④、⑤张谦提供）

①～④棉花上的异色瓢虫成虫　⑤棉花上的异色瓢虫幼虫

高粱上的异色瓢虫成虫（潘洪生提供）

小麦上的异色瓢虫（潘洪生提供）

①小麦上的异色瓢虫成虫　②小麦上的异色瓢虫幼虫

玉米上的异色瓢虫成虫（潘洪生提供）

绿豆上的异色瓢虫成虫（潘洪生提供）

油菜上的异色瓢虫成虫（张谦提供）

紫花苜蓿上的异色瓢虫成虫（潘洪生提供）

寒麻上的异色瓢虫成虫（潘洪生提供）

李树上的异色瓢虫成虫（潘洪生提供）

葡萄上的异色瓢虫成虫（潘洪生提供）

枣树上的异色瓢虫成虫（潘洪生提供）

枣花上的异色瓢虫成虫（潘洪生提供）

桃树上的异色瓢虫幼虫（潘洪生提供）

枸杞上的异色瓢虫成虫（张谦提供）

杨树上的异色瓢虫幼虫（潘洪生提供）

龙爪槐上的异色瓢虫成虫（潘洪生提供）

刺槐上的异色瓢虫成虫（潘洪生提供）

紫穗槐上的异色瓢虫成虫（潘洪生提供）

益母草上的异色瓢虫成虫（张谦提供）

白花菜籽上的异色瓢虫幼虫（潘洪生提供）

月见草上的异色瓢虫成虫（潘洪生提供）

野胡萝卜上的异色瓢虫成虫及幼虫（张谦提供）

艾蒿上的异色瓢虫成虫（张谦提供）

红蓼上的异色瓢虫成虫（潘洪生提供）

黄花蒿上的异色瓢虫成虫（潘洪生提供）

篱打碗花上的异色瓢虫成虫（潘洪生提供）

芦苇上的异色瓢虫成虫（潘洪生提供）

泥胡菜上的异色瓢虫成虫（潘洪生提供）

小飞蓬上的异色瓢虫成虫（潘洪生提供）

野艾蒿上的异色瓢虫（潘洪生提供）
①野艾蒿上的异色瓢虫成虫 ②野艾蒿上的异色瓢虫幼虫

播娘蒿上的异色瓢虫幼虫（潘洪生提供）

(3) 七星瓢虫

七星瓢虫（*Coccinella septempunctata* Linnaeus）在全国各棉区均有分布，在长江流域、黄河流域棉区和新疆北疆地区为天敌优势种之一。

形态特征

成虫：体长5 ~ 7mm，体宽4.0 ~ 5.6mm，雌成虫呈半球形，背面光滑无毛。刚羽化时鞘翅嫩黄色，质软，3 ~ 4h后逐渐由黄色变为橙红色。头黑色，额与复眼相连的边缘上各有一淡黄色斑。复眼黑色，其内侧凹入处各有1个淡黄色小点，有时与上述黄斑相连。触角栗褐色，稍长于额宽，锤节紧密，侧缘平直，末端平截。唇基前缘有窄黄条，上唇、口器黑色，上颚外侧黄色。前胸背板黑色，两前角上各有1个近于四边形的淡黄色斑。小盾片黑色。前胸腹板突窄而下陷，有纵隆线，后基线分支。两鞘翅上有7个黑色斑点，位于小盾片下方者为小盾斑1个，小盾斑被鞘缝分割成两半；在每一鞘翅上各有3个黑斑，鞘翅基部靠小盾片两侧各有 1个小三角形白斑。腹面黑色，但中胸后侧片白色。第六腹节后缘突出，表面平整。足黑色，胫节有2个刺距，爪有基齿。雄虫第六腹节后缘平截，中部有横凹陷坑，上缘有1排长毛。

幼虫：一龄幼虫体黑色，二龄时第一腹节背面两侧各有1个黄色矮刺疣，三龄时第一、四腹节背面各有2对黄色矮刺疣。头部黑色，有稀疏淡色长毛。前胸背盾黄色，其上有4块黑斑，中央2块靠近，两侧2块小，中、后胸背盾合成2块，呈瓜籽形，中央色浅，两侧黑色。腹部第一至八节背面刺疣黑色。而腹部第一、四节的外2对刺疣黄色。腹部腹面灰色。足灰黑色。四龄幼虫体长11mm左右。

蛹：体长7mm，黄色。前胸背板前缘有4个黑点，中央2个呈三角形，前胸背板后缘中央有2个黑点，两侧角有2个黑斑。中胸背板有2个黑斑。腹部第二至六节背面左右有4个黑斑。腹末常留有末龄幼虫的黑色虫蜕。

不同虫态

七星瓢虫（耿亭提供）

①七星瓢虫成虫　②七星瓢虫成虫口器　③七星瓢虫成虫交配
④七星瓢虫卵　⑤七星瓢虫幼虫　⑥七星瓢虫幼虫捕食蚜虫　⑦七星瓢虫蛹

不同斑型

不同斑型的七星瓢虫成虫（张谦提供）

不同生境

棉花上的七星瓢虫（①、②、⑤潘洪生提供，③、④张谦提供）

①～④棉花上的七星瓢虫成虫 ⑤棉花上的七星瓢虫幼虫

玉米上的七星瓢虫成虫（潘洪生提供）

小麦上的七星瓢虫成虫（张谦提供）

油葵上的七星瓢虫成虫（张谦提供）

葡萄上的七星瓢虫成虫（潘洪生提供）

苋菜上的七星瓢虫幼虫（潘洪生提供）

硫华菊上的七星瓢虫成虫（潘洪生提供）

地肤上的七星瓢虫成虫（潘洪生提供）

黄花蒿上的七星瓢虫成虫（潘洪生提供）

野胡萝卜上的七星瓢虫成虫（张谦提供）

（4）龟纹瓢虫

龟纹瓢虫［*Propylaea japonica*（Thunberg）］在全国各棉区均有分布，主要分布于长江流域棉区、黄河流域棉区。

形态特征

成虫：体长3.8～4.7mm，体宽2.9～3.2mm，体长圆形，呈弧形拱起，体黄色或橙黄色，具龟纹状黑色斑纹。外观变化极大；标准型鞘翅上的黑色斑呈龟纹状；无纹型鞘翅除接缝处有黑线外，全为橙色；另外尚有四黑斑型、前二黑斑型、后二黑斑型等不同的变化。雄虫头部前额黄色而后缘黑色；雌虫前额有1个三角形的黑斑，有的扩展至整个头部。复眼椭圆形、黑色。口器、触角黄褐色。前胸背板黄色，中央有1个大型黑斑。小盾片三角形、黑色，鞘缝黑色，在距鞘缝基部1/3、2/3及5/6处各有方形和齿形黑斑的外伸部分，鞘翅肩部具斜置的长形黑斑，中部还有1个斜置的方斑，其末端与距鞘缝1/3处伸出的黑色部分相连。鞘翅上的黑斑常有变异，黑斑扩大相连或缩小而呈独立的斑点，有时黑斑消失。雌虫胸部各腹板黑色，雄虫的前、中胸腹板黄褐色，中、后胸腹板后侧片呈白色，腹部腹板中央黑色，边缘黄褐色。足黄褐色。

幼虫：共4龄，长纺锤形，褐色。头部黑褐色，蜕裂线U形。前胸2个背盾为半圆形大黑斑，中、后胸2个背盾为圆形黑斑。腹部第一至八节各具3对疣状刺突，各腹节侧下突和第一节侧突及第四节背突、侧突均为淡黄色，其余各突起褐色。第九腹节中央具1个小锥状突，这是区别于其他瓢虫幼虫的重要特征，四龄幼虫体长7mm。

蛹：长椭圆形，黄褐色，前、后胸和第三至五腹节背面各有1对黑褐色斑。

不同虫态

龟纹瓢虫（耿亭提供）

①龟纹瓢虫成虫　②龟纹瓢虫成虫捕食蚜虫　③龟纹瓢虫卵　④龟纹瓢虫幼虫　⑤龟纹瓢虫幼虫捕食蚜虫

不同斑型

不同斑型的龟纹瓢虫成虫（① 刘冰提供，②、③耿亭提供，④潘洪生提供）

不同生境

棉花上的龟纹瓢虫（①～③、⑤～⑦张谦提供，④潘洪生提供）

①棉花上交配的龟纹瓢虫成虫 ②、③棉花上的龟纹瓢虫成虫 ④～⑦棉花上的龟纹瓢虫幼虫

玉米上的龟纹瓢虫成虫（潘洪生提供）

小麦上的龟纹瓢虫（①潘洪生提供，②张谦提供）

①小麦上的龟纹瓢虫成虫 ②小麦上的龟纹瓢虫幼虫

枣树上的龟纹瓢虫成虫（潘洪生提供）

红蓼上的龟纹瓢虫成虫（潘洪生提供）

黄花蒿上的龟纹瓢虫成虫（潘洪生提供）

小藜上的龟纹瓢虫成虫（潘洪生提供）

野艾蒿上的龟纹瓢虫成虫（潘洪生提供）

猪毛蒿上的龟纹瓢虫成虫（潘洪生提供）

刺儿菜上的龟纹瓢虫成虫（潘洪生提供）

（5）方斑瓢虫

方斑瓢虫［*Propylaea quatuordecimpunctata*（Linnaeus）］在全国各棉区均有分布，主要分布于西北内陆棉区。

形态特征

成虫：雌成虫体长圆形，呈弧形隆起，体长3.5 ~ 4.5mm，体宽2.5 ~ 3.6mm。头部黄色，具黑斑，也有少数头部全黑色。复眼黑色。前胸背板黑色，具有6个黑色斑纹，其中4个横列于中部，2个于基部与后缘相接而形成2齿形斑，斑点相连形成黑色大斑。小盾片黑色。鞘翅黄色，鞘缝黑色，每个翅有7个黑色斑点，各斑变异很大，常保持四边形的形态。腹面黑色，中、后胸后侧片白色。足端部黄褐色，腿有不明显黑斑。第五腹板后缘中部舌形，微微突出，第六腹板后缘圆突。爪不分裂，基部具齿。雄虫第五腹板后缘基本齐平，第六腹板后缘平截。

幼虫：老熟幼虫体灰色。头灰白色，两侧及后缘深灰色。前胸背板浅黄色，背盾合成2块，近方形，灰黑色。中、后胸背盾各合成2块，灰黑色，中、后胸中央位置有“工”字形或T形黄斑（有的为白色）1个，侧面有2个黄白色斑，上着生刺瘤。腹背第一节刺瘤从中央到两侧一、二、三对依次为黑色、黄白色、黄白色；第四节刺瘤均为黄白色，而中央1对刺瘤及其附近的白色范围大而明显；其余各节除体侧第三对刺瘤为黄白色外，均为黑色。腹背各节中央有小白色斑，后缘常有白细线，尤以第七节最为明显。胸部腹面浅灰色，足间白色。腹部腹面浅灰色，中央色浅，各节均有3对毛瘤，但不明显。前足腿节前端白色，后端及胫节黑色；中、后足腿节后端黑色，前端及胫节白色。

蛹：黄白色，腹部背中线为纵纹。翅芽灰褐色。腹部第一、四和五节背中线两侧各有1个黑斑。随着蛹的发育，体色加深。

不同虫态

①

②

③

方斑瓢虫（①、③～⑤耿亭提供，②王佩玲提供）
①、②方斑瓢虫成虫交配　③方斑瓢虫卵　④方斑瓢虫幼虫　⑤方斑瓢虫蛹

不同斑型

不同斑型的方斑瓢虫成虫（①王佩玲提供，②～⑥耿亭提供）

（6）十一星瓢虫

十一星瓢虫（*Coccinella undecimpunctata* Linnaeus）主要分布于西北内陆棉区。

形态特征

成虫：雌成虫体卵圆形，体长4.0～5.6mm，体宽3.0～4.1mm。虫体卵圆形，扁平拱起，头部黑色。复眼下部内凹处有小黄斑。前胸背板前角有三角形黄白色斑。小盾片黑色。鞘翅黄色，在小盾片下有1个大的圆形黑斑，横跨两翅，另外每翅有5个黑斑，鞘翅斑纹变异较大，肩胛上的黑斑最小，鞘翅外缘1/3和2/3处各有1个黑斑，前斑大于后斑，鞘翅中部略前近鞘缝处有较大的黑色横斑，鞘翅3/4处有1个小黑斑，此斑与外缘2/3处的黑斑斜列。鞘缝无条纹。腹面黑色，中、后胸腹板后侧片黄色。足黑色。第六腹节表面不下凹，后缘渐缓外突。雄虫第五腹节后缘齐平；第六腹节表面中间全部凹陷，后缘内凹。

卵：黄色，长卵形，两端较尖，常多个成堆竖立在一起。

幼虫：老熟幼虫体深灰色或灰黑色，体长7mm。头灰色，两侧及后缘色较深。前胸背板橘黄色，上有4块灰黑色背盾，中央2块靠近，合成近圆形，两侧2块较小，近椭圆形。中、后胸背板中央均有黄灰色小方斑，背盾各合成两块，长形，横列，灰黑色，侧面刺疣黄白色。腹部背面第一、四节的3对刺疣依次为黑色、橙黄色、橙黄色，其余刺疣均为黑色。腹部各节中央有黄白色方形小斑。胸部和腹部腹面浅灰色，中央较淡。足深灰色或灰黑色。

蛹：裸蛹，体长7mm，体宽5mm，化蛹前腹部末端的足突固定其躯体。四龄幼虫蜕皮，壳蜕于蛹体的尾端。初蜕皮时体色呈淡黄色，以后变为深黄色，背面有4排深褐色的斑点。

不同虫态

十一星瓢虫（①孙梦潇提供，②、③刘冰提供）

①十一星瓢虫成虫 ②十一星瓢虫幼虫 ③十一星瓢虫蛹

不同斑型

不同斑型的十一星瓢虫成虫（①孙梦潇提供，②～⑤刘冰提供）

不同生境

棉花上的十一星瓢虫（刘冰提供）

①～⑤棉花上的十一星瓢虫成虫 ⑥棉花上的十一星瓢虫幼虫

向日葵上的十一星瓢虫成虫（刘冰提供）

紫花苜蓿上的十一星瓢虫成虫（刘冰提供）

荞麦上的十一星瓢虫成虫（刘冰提供）

茴香上的十一星瓢虫成虫（刘冰提供）

罗布麻上的十一星瓢虫成虫（刘冰提供）

罗勒上的十一星瓢虫成虫（刘冰提供）

百日菊上的十一星瓢虫成虫（刘冰提供）

凤仙花上的十一星瓢虫成虫（刘冰提供）

芦苇上的十一星瓢虫成虫（刘冰提供）

乳苣上的十一星瓢虫成虫（刘冰提供）

猪屎豆上的十一星瓢虫成虫（刘冰提供）

（7）菱斑巧瓢虫

菱斑巧瓢虫［*Oenopia conglobata*（Linnaeus）］主要分布于西北内陆棉区。

形态特征

成虫：体椭圆形，呈半圆形拱起，体长约5mm，体宽约4mm。背面光滑无毛。头部黄白色，有时后缘有2个黑斑，复眼黑色，口器、触角黄褐色。前胸背板及鞘翅呈黄褐色或紫红色，前胸背板上具7个小黑斑。中央中线两侧各有1个长点形黑斑，排成“八”字形；后缘中部有1个窄条形小黑斑，在其两侧各有1个不规则形黑斑，在两侧缘后部各有1个逗号形黑斑。小盾片黑色或黄褐色，边缘黑色。鞘翅暗黄色，各具8个不同形状的黑斑，呈2、2、1、2、1排列。鞘缝黑色，腹面大部分黑色，腹部外缘及端末部分褐色或黄褐色。中胸后侧片黄色。足黄色。第六腹板后缘尖弧形突出。雄虫第五腹板后缘齐平，第六腹板后缘弧形内凹。

幼虫：老熟幼虫体黑色，体长7mm。头灰色，两侧有2个黑斑。前胸背板前缘灰黄色，前侧角和前缘紫色，后缘中央有1个三角形紫色斑。中、后胸背盾有2个近方形紫色斑，后侧角有紫色小斑。腹部第一节刺疣从中央到两侧的一、二、三对依次为黑色、淡红色、淡红色。第四腹节刺疣全为淡红色，有时近于白色，背中的第一对刺疣基部淡红，白色范围较大，其余各节体侧第三对刺疣为淡红色或白色，余均为黑色。腹背各节中央有小白色斑。胸部腹面灰色，中央色略淡，各节有2对毛瘤，腹部腹面灰色，各节有3对毛瘤。第三腹节侧下刺疣紫色。第四腹节6个刺疣皆紫色，其余刺疣黑色。足深灰色。

蛹：全体黑红色，体长7mm，体宽2.5mm。前胸背板前侧角各有1个红斑，后缘中央有1个大红斑。腹部第一至五节背中两侧各有1个黑斑，黑斑外侧红色。背中线红色。

棉花上的菱斑巧瓢虫成虫（刘冰提供）

76. 草蛉

草蛉又名草蜻蛉，属于脉翅目草蛉科。成虫和幼虫均可捕食，主要捕食蚜虫、粉虱、叶螨、介壳虫和各种昆虫的初龄幼虫、卵等。草蛉幼虫在有蚜虫滋生的植物上极为常见，常称为“蚜狮”，捕食蚜虫能力很强。我国棉田常见的草蛉种类有大草蛉、丽草蛉和中华草蛉。

草蛉卵的外观在昆虫中是独一无二的。草蛉产卵时，会先分泌一点黏胶，随腹部上翘拉成1条细丝，卵就产在细丝顶上，这样可以防止先孵出来的幼虫将未孵化的卵吃掉，而这些有柄的卵看起来就像茎上开着花。

草蛉卵（①刘冰提供，②潘洪生提供，③陆宴辉提供）

（1）大草蛉

大草蛉［*Chrysopa pallens*（Rambur）］广泛分布于长江流域棉区、黄河流域棉区和西北内陆棉区。

形态特征

成虫：体色较暗，头部黄绿色，体长13 ～ 15mm，前翅长17 ～ 18mm，后翅长15 ～ 16mm，有黑斑2 ～ 7个，常见的多为4斑或5斑型。4斑型具条状唇基斑1对，均较大；5斑型除上述2对斑外，还有1个较小的角中斑（在两触角之间）；7斑型除上述5斑型黑斑外还有1对颊斑。触角较前翅短，黄褐色，基部两节呈绿色。下颚与下唇须均为黄褐色。胸部背板有1条明显的黄色纵带。前翅前缘横脉列及翅后缘基半部的脉多为黑色。后翅仅前缘横脉及径横脉的大半段为黑色，后缘各脉均为绿色，阶脉与前翅相同，翅脉上多黑毛，翅缘的毛则多为黄色。腹部绿色，密生黄色短毛。足黄绿色，跗节黄褐色。

幼虫：纺锤形，为寡足型，3对胸足发达，腹部无足。共4龄。一龄幼虫两头小，中部宽，土黄色，黑色。头部斑纹呈“凸”字形，黑褐色。前胸背板两侧各有1个黑点。前胸与腹部一至九节体侧瘤上有刚毛2根，中、后胸侧瘤毛3根，后胸侧瘤较大。二龄幼虫黑褐色。头部及前胸背板有“凸”字形黑斑。除中、后胸及腹部第一至二节为白色外，其余为黑色。三龄幼虫体背面黑褐色，腹面灰色。触角丝状，褐色，第一节短粗，第二节长，第三节逐渐尖细。中、后胸及腹部第一至二节背面中央有橙褐色方块。腹部第一至二节侧毛瘤白色，侧毛瘤上的刚毛黑色，第一节毛瘤比第二节毛瘤小，第三至七节侧毛瘤黑色，头部有“品”字形纹。胸、腹部背中线明显。各腹节背面中央有1个圆形黑点，黑点周围淡黄色。幼虫老熟后，变为红褐色。

茧：圆球形，直径4 ～ 5mm，白色，表面光滑无杂物。茧内为活动的裸蛹，翅芽、足和触角与身体分开，上颚发达。

大草蛉（①、③刘冰提供，②潘洪生提供）

①、②大草蛉成虫　③大草蛉幼虫

（2）丽草蛉

丽草蛉（*Chrysopa formosa* Brauer）广泛分布于长江流域棉区、黄河流域棉区和西北内陆棉区。

形态特征

成虫：体绿色。体长9～11mm，前翅长13～15mm，后翅长11～13mm。下颚须和下唇须均为黑色。触角比前翅短，黄褐色，第一节与头部颜色相同，第二节黑褐色。头部有9个黑色斑纹：中斑1个，角上斑1对，角下斑1对，呈新月形；颊斑、唇基斑各1对，呈长形。前胸背板长略大于宽，中部有一横沟，横沟两侧各有一褐斑。中胸和后胸背面也有褐斑，但常不显著。翅端较圆，翅痣黄绿色，前、后翅的前缘横脉列大多数均为黑色，径横脉列仅上端一点为黑色，所有阶脉为绿色，翅脉上有黑毛。腹部为绿色，密生黄毛，腹端腹面则多生黑毛。足绿色，胫节及跗节为黄褐色。

卵：着生于长卵柄末端，椭圆形，翠绿色。端部白色，卵盖明显。

幼虫：共3龄。一龄幼虫浅褐色，斑纹褐色。头顶有对称的三叉形褐色斑纹。前胸和腹部一至八节侧毛瘤上有刚毛2根。中、后胸侧毛瘤上有刚毛8根。前胸背板有倒“八”字形黑褐色斑纹。除胫节黄色外，腿节末端与胫节基部有褐斑。二龄幼虫黄绿色，斑纹黑褐色。头背面有对称的V形斑纹，前端有X形纹。体侧毛瘤上有刚毛多根。体背面两侧有2条较粗的亚背线。三龄幼虫橘黄色，腹面青灰色，斑纹黑色，体长8.5～10.0mm。头背面有对称的三叉形黑褐色斑纹，前方有“八”字形黑褐色斑纹，胸部有黑褐色斑纹，侧毛瘤上有刚毛多根。

茧：圆球形，白色，体长3.5～3.8mm，体宽3～3.2mm，表面光滑无杂物。茧内为活动的裸蛹，翅芽、足和触角与身体分开，上颚发达。

丽草蛉（刘冰提供）

①丽草蛉成虫　②丽草蛉幼虫

（3）中华草蛉

中华草蛉［*Chrysoperla nipponensis*（Okamoto）］广泛分布于长江流域棉区、黄河流域棉区和西北内陆棉区。

形态特征

成虫：体黄绿色。体长9～10mm，前翅长13～14mm，后翅长11～12mm，翅展30～31mm。胸部和腹部背面两侧淡绿色，中央有黄色纵带。头部淡黄色，两颊及唇基两侧各有一黑条，上下多接触。下颚和下唇须暗褐色。触角比前翅短，呈灰黄色，基部两节与头部同色。翅窄长，端部较尖，翅脉黄绿色，翅痣黄白色。前缘横脉下端、径分脉和径横脉的基部、内阶脉和外阶脉均为黑色，翅基部的横脉也多为黑色。翅脉上有黑色短毛。足黄绿色，跗节黄褐色。

幼虫：纺锤形，为寡足型，具3对发达胸足，无腹足。幼虫共3龄。一龄幼虫初孵时胸部浅红色，腹部前4节红褐色，后6节黄色，以后变成红棕色。头部有2个V形黑纹。前胸背板有W形黑纹。前胸侧瘤上刚毛2根，中、后胸侧瘤上刚毛3根，腹部一至八节侧瘤上刚毛2根。二龄幼虫体灰绿色，背线细，两侧有褐色带。头部有倒“八”字形纹。前胸背板上有H形黑色斑纹。三龄幼虫黄绿色，背面和气门上线红褐色，体长7.2 ~ 8.5mm。头部有褐色倒“八”字形纹，头两侧过单眼至上下颚有褐色纹通过。各侧瘤上刚毛均多根。

茧：圆球形，白色，长3 ~ 4mm，宽2.5 ~ 3.4mm，表面光滑无杂物。茧内为活动的裸蛹，翅芽、足和触角与身体分开，上颚发达。

中华草蛉（①、③刘冰提供，②潘洪生提供）

①、②中华草蛉成虫　③中华草蛉幼虫

（4）叶色草蛉

叶色草蛉（*Chrysopa phyllochroma* Wesmael）广泛分布于长江流域棉区、黄河流域棉区和西北内陆棉区。

形态特征

成虫：头部绿色，具9个黑褐色斑纹，头顶、触角下、颊和唇基两侧各1对，触角间1个。触角第一节绿色，第二节黑色，鞭节黄褐色。触角长达前翅翅痣前缘。下颚须第一至二节黄褐色，第三至四节中部为黑褐色，节间黄色，端节深褐色。下唇须第一节黄褐色，第二至三节黑褐色，节间黄色。前胸背板宽大于长，淡黄绿色，背板中部一道纵脊、两道横沟。腹板黄绿色，中央有1条黑色纵带。中胸背板上长有灰白色的毛，中部为淡绿色，小盾片前、后缘各有1个圆形黑褐色斑。足从基节到腿节为绿色，基节、转节上长有灰色的毛，腿节到跗节上皆为黑色刚毛。胫节基部绿色，跗节、爪黄褐色，爪基部不弯曲。前翅端部钝圆，翅面及翅缘有黑褐色的毛。前翅前缘横脉列绿色，仅靠近亚前缘脉一端为黑色。前缘横脉列在翅痣前有26条，翅痣淡黄绿色，内有绿色的脉。径横脉12条，Rs分支13条，近Rs一端稍有褐色，内中室三角形。后翅略小于前翅。前缘横脉列在翅痣前为20条，基部第一条为绿色，第二条为黑褐色，并逐渐变绿，以至金绿，翅痣黄绿色。腹部绿色，密生果色毛。

卵：散产，椭圆形，绿色，长约0.8mm，卵柄长6 ~ 7mm。

幼虫：体红棕色，老熟幼虫体长约8.5mm，宽约2.5mm。头部背面有3对黑纹。胸部3节背面各有1对不定形小黑斑。背中线两侧灰白色晕纹明显，腹部第一至八节有白色椭圆形斑，腹部背面两侧各有1条红棕色纵带。

叶色草蛉（①戴长春提供，②、③刘璐提供）

①叶色草蛉成虫　②、③叶色草蛉幼虫

77. 蜘蛛

蜘蛛是蛛形纲蜘蛛目的统称。蜘蛛是棉田重要捕食性天敌类群之一，种类繁多，主要有横纹金蛛、三突花蛛、条纹绿蟹蛛、直伸肖蛸、鳞纹肖蛸等。

（1）三突花蛛

三突花蛛［*Misumenops tricuspidatus*（Fabricius）］属蛛形纲蜘蛛目蟹蛛科。全国各棉区均有分布，为长江流域和黄河流域棉区的优势种类。

形态特征

成蛛：雌蛛体长4 ～ 6mm，雄蛛体长3 ～ 5mm。成蛛体色随环境变化很大，有绿色、白色、黄色等，体斑也有变化。8眼分为二列，均后曲，前侧眼较大，其余6眼等大，各眼均位于眼丘上，两侧眼丘靠近。头、胸部一般雌蛛绿色，雄蛛红褐色。雌蛛腹部呈梨形，前窄后宽，腹部背面常有红棕色斑纹，近末端有褐色V形斑纹。雄蛛触肢短小而圆，末端像1个小圆镜，其一侧有3个突起，腹部较雌蛛小。第一、二步足显著长于后两对，各步足具爪，有3 ～ 4个齿。

幼蛛：一般蜕皮5次，有6个龄期，亦有5个龄期（雄）、8个龄期和9个龄期（雌）。一龄幼蛛体长1.2 ～ 1.5mm。全体黄色、透明无斑纹。体毛不直立，背甲处有3 ～ 4根刺。头、胸部与腹部几乎等长，呈圆形。步足粗壮，爪不显。二龄幼蛛体长1.9mm左右。体橘黄色，透明。眼丘出现。体毛和刺直立，胸板桃形，腹部扁平，背面有银白色斑块。第一、二对步足长于第三、四对步足。三龄幼蛛体长1.7 ～ 2.5mm，头、胸部黄白色或浅绿色。半透明或不透明。腹部长于头、胸部。腹背面心脏斑明显。前两对步足颜色较后两对步足的颜色稍深。四龄幼蛛头、胸部浅绿色或浅黄色，腹部由白、黄、浅绿色组成不规则云状斑。五龄幼蛛雌、雄蛛已开始可见区别，雄蛛体色较雌蛛绿，雌蛛腹部呈梨状，明显大于头、胸部，出现各种斑纹。

雄蛛背甲从侧后方呈现出1对褐色环带。前两对步足明显有褐色环纹。触肢末端已开始膨大呈荷苞状。六龄雌蛛腹侧到腹末有斜形环带，有的个体有斑纹，体长3.7 ~ 6.3mm。生殖器已开始隐约可见。

三突花蛛（①耿亭提供，②潘洪生提供，③、⑤陆宴辉提供，④李恺球提供）

① ~ ③三突花蛛成蛛　④三突花蛛捕食棉蚜　⑤三突花蛛捕食三点盲蝽

（2）条纹绿蟹蛛

条纹绿蟹蛛［*Oxytate striatipes*（L.Koch）］属蛛形纲蜘蛛目蟹蛛科绿蟹蛛属，捕食性天敌。主要分布于长江流域棉区和黄河流域棉区。

形态特征

成蛛：雌蛛头、胸部长大于宽，扁平少毛，体长9.26 ~ 11.48mm。活体翠绿色，固定后全体黄色。头窄，具刚毛。前侧眼最大，后侧眼次之，后中眼与前中眼较小。前中眼间距大于前中侧眼间距，后中眼间距小于后中侧眼间距。胸甲淡褐色，颈沟、放射沟红褐色，头窄，具刚毛。螯肢无齿，左右颚叶的端部在体中轴相汇合。胸板、步足黄褐色，步足上有长刺，步足跗节爪下有毛簇，足式1，2，4，3。腹部非常长，后端似分节状。腹部背面黄褐色，心斑淡褐色，在心斑中、后部两侧各有1对褐色肌痕。外雌器有1对兜，插入孔有几丁质覆盖，插入管短，纳精囊小，呈卵圆形。雄蛛触肢胫节的腹突拇指状，长6.96 ~ 10.59mm；后侧突很大，末端骨化程度高，弯曲成弧状，弯曲部分的形状像火烈鸟头的侧影；无间突。生殖球简单，插入器部分短而呈刺状。

条纹绿蟹蛛捕食绿盲蝽（耿亭提供）

（3）直伸肖蛸

直伸肖蛸［*Tetragnatha extensa*（Linnaeus）］属蛛形纲蜘蛛目肖蛸科。全国各棉区均有分布，为长江流域棉区的优势种。

形态特征

成蛛：雌蛛头、胸部背面黄褐色，体长8～12mm。中窝后凹。颈沟可见。头、胸部后端有4个银色纵斑。前眼列平直或微后曲；后眼列后曲。前中眼间距小于前中侧眼间距，后列各眼间距相近。中眼区近梯形，长、宽约等，前边小于后边。前、后侧眼基部分离。螯肢黄褐色，短于头、胸部，螯爪粗壮，前齿堤9齿，一至三齿较大，其间距较远，其他6齿则由大渐小顺次排列；后齿堤10齿，第一齿最大，最后1小齿与前齿堤倒数第四齿并列。胸板褐色，中央有一淡黄色三角形斑。腹部淡黄绿色或银白色，腹背密布银色鳞斑，中央有1条纵带直达体末端，近1/3处有T形斑。腹部腹面生殖沟后方有1条银白色纵条直达体末，其两侧各有1条较细的褐色线纹。纺器两侧具有椭圆形银斑。步足褐色，多刺。爪基端腹侧有一小丘突。雄蛛螯肢末部的背侧有一刺状突起，末端分叉，体长6～9mm；前齿堤近爪基部有一小齿，离爪基稍远处有一向后弯的刺，紧接着有一长刺，后有1排6个小齿；后齿堤的齿分3组，近爪基有2齿，第二组3齿，第三组4齿。步足细长，第一步足最长，为身体的4倍多。

直伸肖蛸成蛛（李恺球提供）

（4）鳞纹肖蛸

鳞纹肖蛸（*Tetragnatha squamata* Karsch）属蛛形纲蜘蛛目肖蛸科。广泛分布于长江流域棉区、黄河流域棉区和西北内陆棉区。

形态特征

成蛛：雌蛛背甲黄褐色，颈沟、中窝皆明显，体长5mm。头、胸部近后缘有4条银色短纵纹。前、后两眼列均后曲，前中眼间距小于前中侧眼间距，而后列各眼间距约等长，中眼区方形，前边稍小于后边，前后侧眼远离。螯肢黄褐色，短于头、胸部，但超过头、胸部长度一半，螯肢基部背面有一明显齿突，位于螯肢前端1/4处有一末端不分叉的针刺。螯爪基部无突起，前齿堤近螯爪部的一端无副齿，有7齿；后齿堤5齿，最后1小齿并列于前齿堤倒数第三至四齿之间。胸板为淡褐色。步足黄褐色，具长刺。腹部椭圆形，比雄蛛肥胖，活体时呈鲜绿色，具银色鳞斑。腹部中央有一纵向带纹并向后分出3～4对“人”字形斜纹。第一对斜纹最长，可伸达体两侧。外雌器具1对豆芽状受精囊。雄蛛螯肢短于头、胸部，螯爪长，体长4mm左右，基部背面有一明显齿突，位于螯肢前端1/4处有一末端不分叉的针刺。前齿堤7齿，其中以第一至三齿间距大；后齿堤7齿，前3齿集聚于近爪基的一端，其他4齿间距约等长。腹部呈长筒状，比雌体小。腹部背面前、后端各有1块鲜艳夺目的红色长方形纵斑。触肢器的插入器粗而直。引导器伴随插入器而扭转，末端钩状。

幼蛛：共6龄，末龄头、胸部梨形，绿色，体长4.56mm。颈沟、眼域色淡，背甲下缘色深。腹部前宽后窄，中间有粗纵纹且分支，密布白色斑点，腹面绿色，有网状纹。雄蛛触肢膨大；雌蛛可见生殖厣。

鳞纹肖蛸雄成蛛（左）和雌成蛛（右）（李恺球提供）

（5）横纹金蛛

横纹金蛛［*Argiope bruennichi*（Scopoli）］属蛛形纲蜘蛛目园蛛科。广泛分布于长江流域棉区、黄河流域棉区和西北内陆棉区。

横纹金蛛成蛛（陆宴辉提供）

形态特征

成蛛：雌成蛛头、胸部密生银白色体毛，腹部长椭圆形，背面黄色，前端两侧各有一隆起，有多条黑色横纹，前端银白色，其余部分黄色、银白和黄色相间，体色艳丽。胸板中央黄色，边缘黑色，腹部腹面中央有黑斑，两侧各有1条黄色纵纹，雄蛛颜色不及雌蛛鲜艳，腹部背面淡黄色，无黑色横纹。横纹金蛛雌蛛步足黄色，有黑色轮纹，雄蛛步足无黑色轮纹。

78. 捕食蝽

半翅目蝽科、花蝽科、盲蝽科、姬猎蝽科等类群中的部分种类是捕食性的，可捕食多种鳞翅目、鞘翅目等害虫的卵、幼虫或蛹，以及叶蝉、飞虱、粉虱、蚜虫、蓟马、棉叶螨等。棉田主要捕食性蝽类有大眼蝉长蝽、东亚小花蝽、黑食蚜盲蝽、中国小花蝽等种类。

（1）东亚小花蝽

东亚小花蝽（*Orius sauteri* Poppius）属半翅目花蝽科小花蝽属。广泛分布于长江流域棉区、黄河流域棉区和西北内陆棉区。

形态特征

体长1.9 ~ 2.3mm，成虫头部黑褐色，头顶中部有纵列毛，呈Y形分布，两单眼间有一横列毛；触角第一、二节污黄褐色，第三、四节黑褐色。前胸背板黑褐色，四角无直立长毛；雄虫侧缘微凹，雌虫侧缘直，全部或大部分呈薄边状；胝区隆出较弱，中线处具刻点及毛，胝后下陷清楚，胝区之前及之后刻点较深，呈横皱状；雄虫前胸背板较小。前翅爪片和革片淡色，楔片大部黑褐或仅末端色深，膜片灰褐色或灰白色。足淡黄褐色，股节外侧色较深；胫节毛长不超过该节直径。雄虫阳基侧突叶部较狭细，弯曲，约呈一直角，有一细小的齿。雌虫交配管基段弯曲，呈直角状，端段细长。

东亚小花蝽（①、⑤潘洪生提供，② ~ ④王佩玲提供）

①、②东亚小花蝽成虫　③东亚小花蝽成虫和若虫　④东亚小花蝽若虫　⑤东亚小花蝽捕食蚜虫

（2）中国小花蝽

中国小花蝽（*Orius chinensis* Bu et Zheng）属半翅目花蝽科。广泛分布于长江流域棉区、黄河流域棉区和西北内陆棉区。

形态特征

体长2.4 ~ 2.6mm，头黑，头顶中部有刻点和纵列毛，呈Y形，两单眼间有1横列毛，触角第二节基部3/4黄褐色，余黑褐色，第三、四节毛长者可稍长于该节直径。前胸背板黑色，侧缘微凹成薄边状，前角处略宽大；四角无直立长毛；毛被稍

中国小花蝽成虫（耿亭提供）

密；胝区隆出显著，中部有纵列毛，将胝区前部分为左右两部分，胝区中部偏前有1列毛横贯；后叶刻点较深，较大，呈横皱状，胝后凹陷深，中部更深。前翅爪片和革片浅黄褐色，楔片大部黑褐色，某些雌虫爪片和革片颜色亦呈浅黑褐色。足黄褐色，转节、股节端部1/4以及前、中足胫节黄色，基节、股节大部、后足胫节褐色至黑褐色。雄虫胫节毛长者稍长于该节直径（不长于1.5倍），雌虫很少有长于该节直径者。

（3）黑食蚜盲蝽

黑食蚜盲蝽（*Deraeocoris punctulatus* Fallen）属半翅目盲蝽科。广泛分布于长江流域棉区、黄河流域棉区和西北内陆棉区。

形态特征

体长4.8mm左右。成虫体大致黑褐色。头部黑色，中间常有1条淡色纵线，头部后缘常呈淡黄色细线，有时细线中部向前突出呈小三角形。复眼内缘外有时有淡黄色细线。细线后部向中间伸出小尖突。触角比体短，第一节色常较淡，其余各节黑褐色，第二节最长，第三、四节则显著短而细。前胸背板有橘皮状黑色小刻点，除中线及周缘色淡外其余黑色，有时中央显淡的纵线，有些个体前胸背板前缘中部有淡黄色细线，细线中部向后伸出淡黄色小三角。小盾片三个顶角色淡，中央黑色，呈倒V形。前翅基半部有黑色小刻点；爪片端部、革片中央和端部外缘与楔片交界处以及楔片顶角各有1个黑色大斑点，膜片透明，有2个翅室，翅脉靠近楔片一端大部分有一深色条纹，看似弯月。足赭褐色，腿节与胫节有色较浓的斑纹。腹部黑色。若虫共5龄，初孵若虫暗红色，触角红白相间。五龄若虫大致为赭褐色，全身被有长毛。触角第二节中央、第三节基部色淡，其余呈赭红色，前胸背板、小盾片和翅芽有云状斑，腹部红色。

黑食蚜盲蝽成虫（耿亭提供）

（4）大眼蝉长蝽

大眼蝉长蝽［*Geocoris pallidipennis*（Costa）］属半翅目长蝽科。全国各棉区均有分布，主要分布于长江流域棉区和黄河流域棉区。

形态特征

成虫体长约3mm，体宽约1.3mm，体黑色。头部黑色，但前缘包括中叶、侧叶淡灰黄色。复眼黄褐色，大而突出，稍倾斜并向后延伸；单眼橘红色。触角第一、二节大部及第三节部分黑色，其余部分灰黄色，第四节灰褐色。喙黄色，末节大部黑色。前胸背板大部黑色，有粗刻点；前缘中间有一近似三角形的小黄褐色斑，两侧及后缘角黄褐色；小盾片黑色，具粗刻点。前翅革片、爪片均淡黄褐色，膜片色稍深；革片后角与膜片相接处有一黑色小斑，有的个体革片中部有黑色近三角形较大斑；革片内缘有3行排列整齐的大刻点，外缘有1行刻点。足黄褐色，腿节基半部或大部黑色。体腹面黑色，前胸腹面前缘有一黄褐色横斑纹，斑纹两端较尖。初孵若虫棕红色，头、胸部大于腹部。孵化3d后由棕红色变成紫黑色。头、胸部淡黄色，复眼暗红色突出，头部较尖，腹部大而钝圆。二龄以后各龄若虫胸、腹背部中线呈白色，端部中央呈乳白色。

大眼蝉长蝽成虫（耿亭提供）

79. 食蚜蝇

食蚜蝇为双翅目食蚜蝇科昆虫的统称，以捕食蚜虫为主，是蚜虫、介壳虫、粉虱、叶蝉、蓟马、鳞翅目小幼虫等害虫的有效天敌，以幼虫捕食蚜虫而著称。棉田常见种类有黑带食蚜蝇、大灰食蚜蝇等。

（1）大灰食蚜蝇

大灰食蚜蝇［*Syrphus corollae* (Fabricius)］属双翅目食蚜蝇科。广泛分布于长江流域棉区、黄河流域棉区和西北内陆棉区。

形态特征

成虫体长9～10mm，颜面棕黄色，中突棕色。触角棕黄至黑褐色，中胸背板暗绿色，具黄毛。眼裸，头部除头顶区和颜正中棕黑色外，大部均棕黄色，额与头顶被黑短毛，颜面被黄毛。触角第三节呈棕褐至黑褐色，仅基部下缘色略淡。小盾片呈棕黄色，毛同色，有时混以少数黑毛。足大部呈棕黄色。腹部有黄斑3对，腹部两侧具黑边，底色黑，第二至四背板各具大型黄斑1对，雄虫第三至四背板黄斑中

大灰食蚜蝇（耿亭提供）

①大灰食蚜蝇雌成虫 ②大灰食蚜蝇雄成虫 ③大灰食蚜蝇成虫交配 ④大灰食蚜蝇卵
⑤大灰食蚜蝇幼虫 ⑥大灰食蚜蝇蛹 ⑦大灰食蚜蝇幼虫捕食蚜虫

间常相连接，第四至五背板后缘呈黄色，第五背板大部为黄色，露尾节大，亮黑色，雌虫第三至四背板黄斑完全分开，第五背板大部为黑色。腹被毛与底色一致。老熟幼虫体长12 ~ 13mm，纵贯体背中央有1条前狭后宽的黄色纵带，第四至十节背部正中各有1条黑纹，第五至十节上的黑纹较粗，而且两侧各有1条前端向内后端偏外的褐色斜纹。背中央黄色纵带的两侧黄褐色，中间杂以黑、白、紫等色。体背和两侧有刺突，末端呼吸管甚短，黑色。蛹棕黄色，半球形，蛹壳长6 ~ 7mm，后端腹面稍向内凹入，尾端向下略弯，呼吸管甚短，向后伸。背面有横行的黑条纹和短刺突。

（2）黑带食蚜蝇

黑带食蚜蝇（*Episyrphus balteatus* De Geer）属双翅目食蚜科。广泛分布于长江流域棉区、黄河流域棉区和西北内陆棉区。

形态特征

成虫体略狭长。雌虫体长7 ~ 11mm，翅长6.5 ~ 9.5mm。头部棕黄色，被黄粉，额毛黑色，颜毛黄色。复眼红褐色，雄虫两复眼在头背面接合在一起，雌虫则分离。触角3节，第一、二节之和约与第三节等长，橙黄至黄褐色，但第三节的背侧有时略黑，触角芒基部黄褐色，端部黑色。中胸背面上有4条亮黑色纵纹，内侧1对狭，且不到达盾片后缘，外侧1对宽，达盾片后缘。小盾片黄色，背面的毛黑色，侧、后缘的毛黄色。腹部较细长，背面棕黄色，上有黑纹，但黑纹的变化很大。腹背第一节绿黑色；第二、三节后缘及第四节近后缘各有一宽黑横带；第三、四节近前缘各有一细狭的黑横带；第二节中央的黑斑有时呈倒箭头形，有时呈菱形或双钩形等。腹部腹面乳黄色，有的个体第二至四节中央近后缘各有一灰斑。翅较细长、透明，翅脉黄色至黑褐色。幼虫蛆状，头端小，末端大，形似子弹。老熟幼虫肉白色，略透明，密布微小突起，体长9mm，体宽2mm。体多环纹，各节侧面有肉突，上着生1丛短毛。背面常透见体内纵向黑色大斑，黑斑前端小，呈叉状，黑斑内又可透见白色、红色的纵向及不规则条状内藏物。腹部末端有两个圆柱状合并在一起的后呼吸器突起，浅黄绿色，端部略膨大，端面有3对周围红褐色的长形气门裂，气门裂之间有4对近三角形的隆起。围蛹，蛹壳长6.5mm，头端膨大，末端急细，上有3～4条粗细不均的棕色横纹，位于体中部的2条横纹在背线处明显后凸。体中后部背线处有1～2个棕色圆点。腹部末端残留幼虫期后气门痕迹。

黑带食蚜蝇（耿亭提供）

①黑带食蚜蝇雌成虫 ②黑带食蚜蝇雄成虫 ③黑带食蚜蝇卵 ④黑带食蚜蝇幼虫 ⑤黑带食蚜蝇蛹

80. 捕食螨

捕食螨是指具有捕食能力螨类的统称，是害螨的捕食性天敌，有些种类可捕食叶螨、瘿螨、跗线螨及蚜虫和介壳虫等小型害虫。棉田自然发生的主要有双尾新小绥螨等。

双尾新小绥螨

双尾新小绥螨［*Neoseiulus bicaudus*（Wainstein）］属蛛形纲寄螨目植绥螨科。分布于西北内陆棉区。

形态特征

雌成螨淡黄色，头、胸背面和腹背有透明斑，有光泽。雌成螨性成熟后体型急剧增加，体长0.45～0.50mm，体宽0.25～0.30mm。而雄螨在蜕皮后体型无明显变化，体长0.30～0.35mm，体宽0.15～0.18mm。胸骨盾网状，前缘凹入内侧，有3对胸骨刚毛和两对毛孔；腹板刚毛7对，侧毛12对。螯肢可动，趾具1齿，受精囊颈部内方间具碗状短颈萼状。后生刚毛光滑，足4对，足分6节，第四节有大刚毛1

根。成螨腹末有长刚毛1对。幼螨3对足，体长0.2 ~ 0.3mm，体宽0.13 ~ 0.16mm，淡黄白色，透明，体椭圆形；若螨白色，透明，有光泽，取食土耳其斯坦叶螨和截形叶螨后体色变为浅黄色，体椭圆形，4对足。

双尾新小绥螨（① ~ ④王振辉提供，⑤张建萍提供）

①双尾新小绥螨雌成螨 ②双尾新小绥螨卵 ③、④双尾新小绥螨幼螨 ⑤双尾新小绥螨捕食土耳其斯坦叶螨

81. 食蚜瘿蚊

食蚜瘿蚊［*Aphidoletes aphidimyza*（Rondani）］属双翅目瘿蚊科，捕食蚜虫。分布于长江流域棉区、黄河流域棉区和西北内陆棉区。

形态特征

成虫体长1.4 ~ 1.8mm。雌成虫棕褐色，全身密被黄色长毛。头和口喙黄色，触角黄褐色，复眼黑色，左右两眼在头顶完全愈合，无单眼。前、后胸很小，中胸发达。前胸椭圆形，膜翅透明，翅面密生细毛，翅后方基部缘毛较长。翅脉4条。足细长，基节棕色，腿节黑褐色，其余淡黄褐色。雌虫触角14节，念珠状，比身体短。腹部呈椭圆形，共9节，第九节末端具瓣状片1对，第九节可以伸缩于第八腹节内。雄虫触角比体长，着生一圈刚毛，刚毛的背面有2根极明显的长毛。腹部比雌虫小，末端两侧有向上弯曲的攫握器1对，其上着生黄褐色几丁质化的长钩。幼虫纺锤形，蛆状，橙黄色。头部具触角1对。腹部末节有2个突起，每个突起的端部着生4个角刺，呈上下、左右对角排列。剑骨片叉状，叉口较窄，叉端直向前方伸出。蛹橙黄色，长约2mm，宽约0.64mm。胸部背面前胸处着生1对较粗长的毛状呼吸管，头前还有1对短而细的白毛。

食蚜瘿蚊幼虫（①王佩玲提供，②冯宏祖提供）

82. 塔六点蓟马

塔六点蓟马（*Scolothrips takahashii* Prisener）属缨翅目蓟马科，捕食各种叶螨的卵、若螨和成螨。分布于长江流域棉区、黄河流域棉区和西北内陆棉区。

形态特征

成虫体长0.9mm左右。雌虫淡黄至橙黄色；雄虫淡黄色。头顶平滑。单眼区呈半环形隆起，单眼间有1对长鬃。触角8节，较短。前胸周缘有黑褐色长鬃6对，靠近前缘和后缘中部各1对，两侧缘共3对，1对在后缘的两侧。翅狭长，稍弯曲，前缘有鬃20根，后缘有长而密的缨毛。翅上有明显的黑斑3块，翅脉2条，上脉具黑褐色长鬃11根；下脉有长鬃6根，比上脉鬃粗大。腹部第九节上的鬃比第十节上的鬃长。幼虫共3龄，初孵若虫白色，后变为淡红色或橘红色。

塔六点蓟马成虫（王佩玲提供）

第七节 寄生性天敌

83. 鳞翅目害虫寄生蜂

棉田鳞翅目害虫种类众多，每种害虫同样具有多种寄生性天敌，包括寄生蜂、寄生蝇等，其中以寄生蜂为主。按寄主虫态，寄生蜂分为卵寄生蜂、幼虫寄生蜂、蛹寄生蜂、成虫寄生蜂，以卵和幼虫寄生蜂最为常见。已有多种寄生蜂，包括以赤眼蜂为代表的卵寄生蜂、以中红侧沟茧蜂为代表的幼虫寄生蜂、以红铃虫甲腹茧蜂为代表的卵—幼虫跨期寄生蜂实现了规模化扩繁和利用。

(1) 赤眼蜂

赤眼蜂是膜翅目赤眼蜂科赤眼蜂属昆虫的统称。棉田常见种类有稻螟赤眼蜂、螟黄赤眼蜂、松毛虫赤眼蜂等，可寄生棉铃虫、斜纹夜蛾和地老虎等鳞翅目害虫的卵。

①稻螟赤眼蜂

稻螟赤眼蜂（*Trichogramma japonicun* Ashmead）广泛分布于长江流域棉区、黄河流域棉区和西北内陆棉区。

稻螟赤眼蜂成蜂（周淑香提供）

形态特征

成虫体长0.5 ~ 0.8mm，体黑褐至暗褐色。触角柄节淡黄，其余黄褐，触角毛长而尖。前翅外缘的缘毛长度差异不大，臀角上的缘毛相当于翅宽的1/5；翅面上的毛列S与肘脉Cu_1的基部相接近。雄蜂外生殖器腹中突不明显，中脊自两钩爪之间向基部伸出，阳基背突末端钝圆，基部收窄而无侧叶。阳茎明显长于其内突，两者全长相当于阳基的长度，等于或稍长于后足胫节。雌蜂产卵器略超出于腹部末端。

②螟黄赤眼蜂

螟黄赤眼蜂（*Trichogramma chilonis* Ishii）广泛分布于长江流域棉区、黄河流域棉区和西北内陆棉区。

螟黄赤眼蜂雌蜂（周淑香提供）

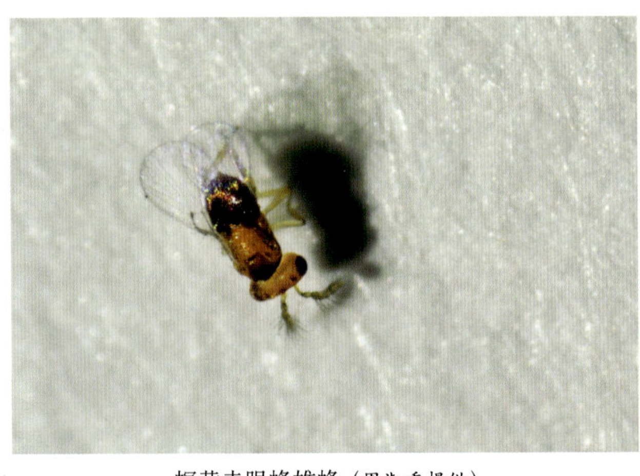
螟黄赤眼蜂雄蜂（周淑香提供）

形态特征

成虫色泽多变，在15 ~ 20℃下育出的成虫体暗黄色，中胸盾片褐色，腹部褐色；在25℃下育出的成虫腹部中央具暗黄色窄横带；而在30 ~ 35℃下育出的成虫中胸盾片为暗黄色，腹部中央具暗黄色宽横带。

③松毛虫赤眼蜂

松毛虫赤眼蜂（*Trichogramma dendrolimi* Matsumura）广泛分布于长江流域棉区、黄河流域棉区和西北内陆棉区。

松毛虫赤眼蜂成蜂（周淑香提供）

形态特征

成虫体长0.5 ~ 1mm，雄蜂触角毛长，常出现前翅发育不全的个体，前翅上的缘毛相对较长，翅面上的毛及行列相对较少，前翅臀角上的缘毛长为翅宽的1/8。雄性阳基背突有明显的宽圆侧叶，阳茎与其内突特长，两者全长相当于阳茎长度，短于后足胫节。

（2）中红侧沟茧蜂

中红侧沟茧蜂［*Microplitis mediator*（Halidag）］属膜翅目茧蜂科，是棉田棉铃虫、黄地老虎、小地老虎、银纹夜蛾等幼虫的寄生性天敌。广泛分布于长江流域棉区、黄河流域棉区和西北内陆棉区。

形态特征

成虫体长3mm，体黑褐色。触角18节，黑色，柄节基部多半红褐色。前胸背板侧方光滑，中央凹陷；中胸背板无盾纵沟，侧板有斜纵沟。前翅有3个肘室，第二室略小，三角形，径脉第一段与肘脉间横脉等长。翅基片淡赤色，翅痣和翅脉暗褐色，翅痣基部有黄白色斑。腹部黑褐色，第二至三腹节背板赤黄色。足赤黄色，基部或中后足基节基部黑褐色，后足胫节距短，为第一跗节长的1/3。卵椭圆形，稍

5

6

⑦

中红侧沟茧蜂（①单双提供，②～⑥李建成提供，⑦许国庆提供）

①、②中红侧沟茧蜂雌成虫 ③中红侧沟茧蜂幼虫 ④从黏虫体内钻出、即将结茧的中红侧沟茧蜂幼虫
⑤中红侧沟茧蜂滞育茧（褐色）和非滞育茧（绿色） ⑥中红侧沟茧蜂非滞育茧 ⑦从棉铃虫幼虫体内钻出的中红侧沟茧蜂茧

微弯曲，乳白色或无色透明。初孵幼蜂头大体小，头部骨化，长有1对触角和1对钳形大颚。体乳白色，13节。后期幼蜂为无头型幼虫，体浅草绿色，尾囊发达，腹节10节。茧纺锤形，一般长4.5mm，直径1.5mm，有时顶端稍钝圆，非滞育茧通常为绿色，也有黄白色；滞育茧为灰褐色或黑褐色，茧表偶有纵形皱纹。

（3）红铃虫甲腹茧蜂

红铃虫甲腹茧蜂［*Chelonus pectinophorae*（Cushman）］属膜翅目茧蜂科，在棉田已知可寄生红铃虫、鼎点金刚钻、棉大卷叶螟等，是卵—幼虫跨期寄生蜂。主要分布于长江流域棉区、黄河流域棉区。

形态特征

雌蜂体长3.2mm左右。成虫头顶、颊、后颊、额两边具细刻点。颜面具微细颗粒，暗淡。唇基有微细刻点，较颜面光泽强。触角短，近端部的几节长稍大于宽。前胸背板具网状皱褶，中胸背板端部中央有密细小刻点，其两侧及端部粗糙，有网状刻点，具光泽。并胸腹节粗糙，具网状皱褶。前翅径脉第一段比第二段稍短，第一、二段相接处形成一清楚的角。腹部基部稍窄，近端部最宽，具纵线皱褶，近端部皱褶呈网状，并密生细短毛。前、中足转节、腿节红褐色，胫节、跗节黄色（端部略黑）；后足黑色，基节端部、转节、腿节基部、胫节基部2/3或中部、跗节（除端部）红黄至白黄色。腹部前端2/5（基部黑包）黄白色。产卵管细长，不超过腹部端部。卵白色，微弯，一头较大。老熟幼虫黄白色，体内呈现黄褐色颗粒，体长5.33mm，体宽1.23mm左右。蛹体淡黄白色，体长5mm左右，复眼红褐色，突出。腹部膨大，第三至六节两侧各有三角形突起。触角达腹部第一节。茧呈长椭圆形，体长4mm，体宽2mm，银白色，具光泽。茧端附有寄主幼虫的头部和皮壳。茧较柔软，从外面隐约可见内部的蛹。

1

2

3

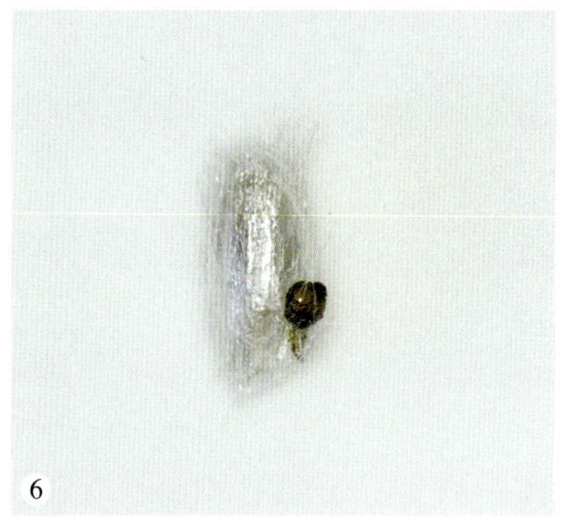

红铃虫甲腹茧蜂（丛胜波提供）

①红铃虫甲腹茧蜂成虫 ②红铃虫甲腹茧蜂寄生红铃虫卵
③红铃虫幼虫被寄生后生长发育对比（左为未被寄生，右为被寄生）
④红铃虫甲腹茧蜂从红铃虫幼虫体内啮出 ⑤红铃虫甲腹茧蜂蛹 ⑥红铃虫甲腹茧蜂茧

84. 蚜虫寄生蜂

蚜虫寄生蜂种类众多，以蚜茧蜂、蚜小蜂为主。我国棉田常见的有烟蚜茧蜂、棉蚜刺茧蜂等。蚜虫被寄生蜂寄生后，僵硬呈鼓胀状，称为“僵蚜”。

蚜茧蜂寄生蚜虫形成僵蚜（①耿亭提供，②、③冯宏祖提供）

（1）棉蚜刺茧蜂

棉蚜刺茧蜂（*Binodoxys communis* Gahan）属膜翅目蚜茧蜂科，成蚜和若蚜均可寄生。广泛分布于长江流域棉区、黄河流域棉区和西北内陆棉区。

形态特征

成虫体长1.1 ~ 1.5mm，雌蜂体褐色，有光泽；口器黄褐色，复眼中等大小，长卵圆形，毛稀短，向唇基收敛。触角11节，达到腹部中部；第一、二鞭节等长，长是宽的3倍；柄节、梗节黄色。中胸盾片垂直升起于前胸背板上，表面接近无毛；盾纵沟在上升部窄，微小扇形。并胸腹节具中央小室。翅痣长是宽的2.5倍，径脉等长或略长于痣长。腹柄节长是气门瘤处宽的2倍多，气门瘤微凸。腹柄节黄色。肛刺突略上曲，背面有4根长毛，顶端有2根简单鬃。雄蜂触角13节。

棉蚜刺茧蜂（耿亭提供）
①棉蚜刺茧蜂雌蜂 ②棉蚜刺茧蜂雄蜂

（2）烟蚜茧蜂

烟蚜茧蜂（*Aphidius gifuensis* Ashmead）属膜翅目蚜茧蜂科，是棉田蚜虫的主要天敌，成蚜和若蚜均可寄生。广泛分布于长江流域棉区、黄河流域棉区和西北内陆棉区。

形态特征

成虫体长1.9～2.6mm，雌蜂多呈黄褐色和橘黄色，少数为暗褐色。复眼大，卵圆形，具明显稀短毛；3单眼呈锐角至直角三角形排列。触角17节，柄节、梗节黄色，鞭节黑褐色，第一、二鞭节等长，端部节微加粗。胸背面暗褐色，侧、腹面黄褐色，少数全胸呈暗黄色。并胸腹节具较窄小的中央小室。盾纵沟在上升部明显；沿盾片边缘与盾纵沟有较长细毛。翅痣长是宽的4.0～4.5倍，约与痣后脉等长，径脉第一、二段略等长。腹柄节长是气门瘤处宽的3.5倍。产卵器鞘较粗短。足全呈黄色。雄蜂触角19～20节，色泽较雌蜂暗。僵蚜多呈黄至黄褐色，个别为浅褐色。

烟蚜茧蜂（耿亭提供）
①烟蚜茧蜂雌蜂 ②烟蚜茧蜂雄蜂 ③烟蚜茧蜂寄生行为

85. 盲蝽寄生蜂

棉田盲蝽有多种卵和若虫寄生蜂，红颈常室茧蜂和遗常室茧蜂是两种优势盲蝽若虫寄生蜂。

（1）红颈常室茧蜂

红颈常室茧蜂［*Peristenus spretus*（Chen et van Achterberg）］属膜翅目茧蜂科，盲蝽各龄若虫均可寄

生，偏好二龄若虫。主要分布于长江流域棉区和黄河流域棉区。

形态特征

雄虫体长2.8mm，前翅长2.5mm。成虫体暗红褐色；头、前胸和中胸盾片红黄色。雌蜂胸部黑色，雄蜂胸部略带黑色，整个虫体呈浅红棕色。额和头顶褐色；触角黄褐色，端部色较深；须和翅基片黄色。前胸背板侧方大部分具平行刻条，前缘背方和后腹方有窄的光滑区；基节前沟仅存中部，窄而深，具平行刻条；中胸侧板大部分光滑，中胸盾片光滑，小盾片前沟宽，具一中脊；小盾片几乎光滑，后方中央凹陷小；并胸腹节具网皱。翅膜透明，翅痣褐色，其基部色浅；翅脉褐色至浅色。前翅1-R_1脉长为翅痣长的1/2；r脉极短。腹背板表面具不规则纵皱，气门位于背板中部后方，不突出。足褐黄色。雌蜂腹部末端比较尖，有突出的产卵瓣；雄蜂腹部末端钝圆，无凸起。幼虫纺锤形，黄乳白至淡绿色。幼虫在绿盲蝽若虫体内发育到三龄后期停止取食，从寄主体内钻出，颜色为乳白至淡绿色。老熟幼虫吐丝结灰褐色茧将躯体包裹其中。蛹为裸蛹，复眼黑褐色，明显，随发育进程，胸背板颜色加深。

红颈常室茧蜂（①～④、⑥、⑪、⑫、⑭耿亭提供，⑤、⑦～⑩、⑬罗淑萍提供）

①红颈常室茧蜂雌蜂 ②红颈常室茧蜂雄蜂 ③红颈常室茧蜂成虫取食棉花蜜腺 ④红颈常室茧蜂成虫取食荞麦花蜜
⑤红颈常室茧蜂交配 ⑥红颈常室茧蜂雄蜂寄生行为 ⑦盲蝽体内的红颈常室茧蜂低龄幼虫 ⑧盲蝽体内的红颈常室茧蜂高龄幼虫
⑨、⑩从盲蝽体内解剖出的红颈常室茧蜂幼虫 ⑪红颈常室茧蜂从绿盲蝽体内钻出
⑫从盲蝽体内钻出的红颈常室茧蜂幼虫 ⑬、⑭红颈常室茧蜂茧

（2）遗常室茧蜂

遗常室茧蜂（*Peristenus relictus* Ruthe）属膜翅目茧蜂科，盲蝽各龄若虫均可寄生，偏好寄生二龄若虫。主要分布于长江流域棉区和黄河流域棉区。

形态特征

成虫体深红黑色，有光泽。额和头顶中间具稀疏点状斑，大部分光滑。头、前胸、中胸盾片和腹部黑色。触角基部数节黄色，其余黑褐色。翅膜质透明，翅痣黑褐色，其基部色浅；翅脉褐色；前翅基部翅室疏生刚毛或大部分无毛，明显比第一中室少刚毛。前足黄色，末端褐色；中后足黄褐色，后足腿节大部分深褐色。幼蜂体乳白色。老熟幼虫吐丝结灰白色茧将躯体包裹其中。蛹为裸蛹，复眼黑褐色，明显，随发育进程，胸背板颜色加深。

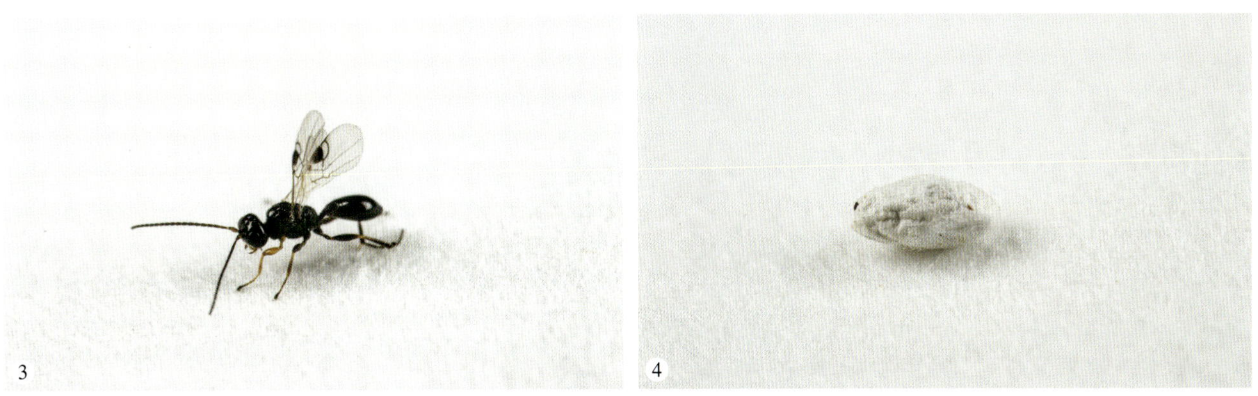

遗常室茧蜂（耿亭提供）

①遗常室茧蜂雌蜂　②遗常室茧蜂雄蜂　③遗常室茧蜂成虫与翅脉特征　④遗常室茧蜂茧

86. 粉虱寄生蜂

我国已发现的粉虱寄生蜂有 27 种，其中恩蚜小蜂属有 21 种，桨角蚜小蜂属有 6 种。海氏桨角蚜小蜂、浅黄恩蚜小蜂和双斑恩蚜小蜂是棉田粉虱的优势寄生蜂。

（1）海氏桨角蚜小蜂

海氏桨角蚜小蜂［*Eretmocerus hayati* (Zolnerowich and Rose)］属膜翅目小蜂科，寄生烟粉虱若虫。广泛分布于长江流域棉区、黄河流域棉区和西北内陆棉区。

形态特征

成虫橘红色或橙色，略有光泽；头的顶部具弱网状横刻纹，复眼浅绿色，具网状格纹，具细毛；胸部两侧、触角各节黄色；前翅透明。雌虫触角5节，具密毛，顶端截形；柄节为基节的2倍；棒节不分节，近端部膨大呈桨形，具5～6个条形感觉器。雌虫触角第一索节梯形，第一索节和第二索节腹面近等长。中胸盾中叶具弱网状纹，2对毛；盾侧叶各具2根毛；三角片具1根毛；小盾片具2对毛；后胸背板窄，并胸腹节条带形，中间窄，两端渐宽。前翅长约为宽的3倍。翅基部1根毛，前缘室末端3根毛，缘脉前缘3根毛，缘脉与无毛斜带区之间6根毛，无毛斜带区后端有1组7～13个毛瘤。雄虫触角3节，缺索节，棒节长；前胸背板的前缘、侧缘暗褐色，其余浅黄色；中胸盾中叶、小盾片浅黑褐色至黑褐色；翅浅褐色至浅黑色。

海氏桨角蚜小蜂（耿亭提供）

①海氏桨角蚜小蜂雌蜂　②海氏桨角蚜小蜂雄蜂

（2）浅黄恩蚜小蜂

浅黄恩蚜小蜂［*Encarsia sophia*（Girault&Dodd）］属膜翅目小蜂科，寄生烟粉虱若虫。广泛分布于长江流域棉区、黄河流域棉区和西北内陆棉区。

形态特征

成虫通体浅黄色，略有光泽。头的顶部具3个明显红褐色斑点，呈等边三角形排列，复眼深褐色。前翅透明。雌虫触角9节，具密毛，顶端尖；棒节分6节，近端部稍膨大。初孵幼虫通体透明，虫体细长，头部钝圆。二龄幼虫体节最为明显，且在第十三体节上有一纽扣状的结构；体表仍然透明，在解剖镜下能够观察到体内脏器的轮廓。三龄幼虫可观察到蜂体节上气门，由黄色变成浅棕色。蛹头部、红色单眼、暗红色复眼、触角、翅和足均可透过寄主的蛹壳观察到。蛹体扁平，体壁平滑，有光泽，头、复眼、翅鞘和足均清晰可见。

浅黄恩蚜小蜂雌蜂（耿亭提供）

（3）双斑恩蚜小蜂

双斑恩蚜小蜂（*Encarsia bimaculata* Hearty & Polaszek）属膜翅目小蜂科，寄生烟粉虱若虫。主要分布于长江流域棉区。

形态特征

雌蜂浅黄色，体长0.6 ~ 0.8mm，触角棒节颜色稍黑。头部具刻纹，复眼3个，呈三角形排列，上颚3齿。前胸背板、中胸盾片前端、三角片以及并胸腹节为棕褐色，其余部位浅黄色；胸部背面具六角形刻纹，中胸盾片中叶4对刚毛，盾侧叶3对刚毛，三角片和小盾片分别具2对刚毛；小盾片上具2个盘形感觉器。足跗节5-5-5式。前翅长约为宽的2 ~ 3倍，缘毛为翅宽的1/4 ~ 1/3，前缘室具1列刚毛，约10根，亚缘脉具2根刚毛，除亚缘脉和痣脉基部略带褐色外，翅绝大部分透明。腹部7节，第一、二节黑褐色，第三产卵瓣略突出于腹部末端。雄蜂体色与雌蜂相似，中胸和头部的褐色部分比例增多，从翅基部起半个翅面为浅褐色；触角末端2个棒节合并，与第一棒节分节明显。

双斑恩蚜小蜂雌蜂（耿亭提供）

第三章 杂草

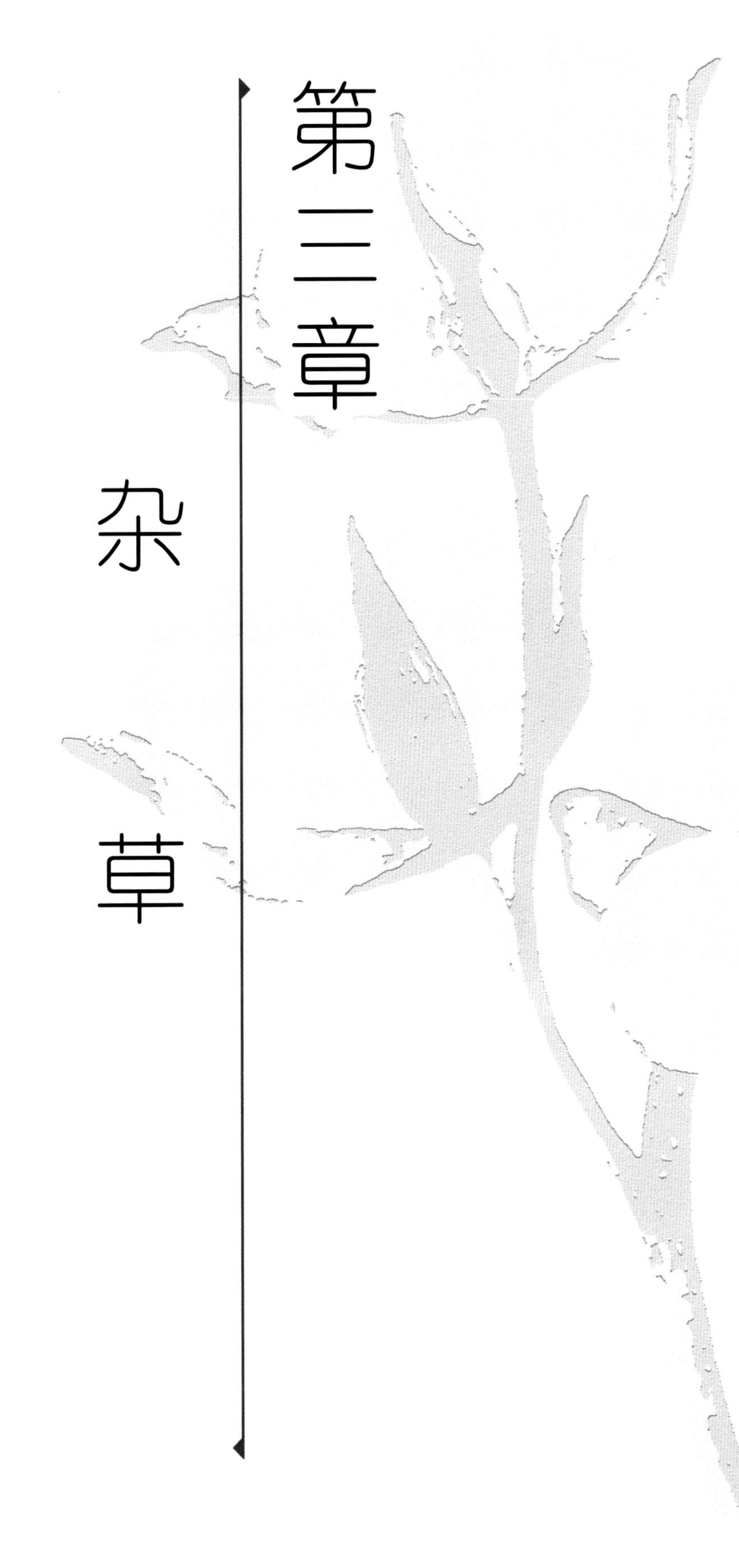

第一节 蕨类植物杂草

1. 问荆

问荆（*Equisetum arvense* L.）属木贼科木贼属，又称木贼草。

分布与危害

广泛分布于全国棉区，长江流域棉区为害较重。

形态特征

多年生草本，以根状茎繁殖为主。根茎斜升而横走，黑棕色。地上茎二型，软草质。春季孢子茎先萌发，高5 ~ 35cm，节间长2 ~ 6cm，黄棕色，肉质、粗壮，无轮生分枝；鞘筒栗棕色或淡黄色，鞘齿9 ~ 12枚，狭三角形。营养茎在孢子茎枯萎后萌发，高达60cm，轮生分枝多，表面粗糙；鞘筒狭长，绿色，鞘齿三角形，黑褐色，边缘灰白色，宿存。侧枝柔软纤细；鞘齿3 ~ 5枚，宿存。孢子囊穗圆柱形，长1.8 ~ 4.0cm，直径0.9 ~ 1.0cm，顶端钝，成熟时孢子囊穗总柄伸长，柄长3 ~ 6cm。孢子叶盾状，下面生6 ~ 8个孢子囊，孢子一型。孢子囊椭圆形，顶生，孢子成熟后枝即枯萎。

防治要点

生态调控：发生较严重的田块，在冬季进行深翻，切断根茎，降低其出土能力；采用黑色地膜或杀草地膜进行防治；问荆喜微酸性至中性土壤，生产上可施用碱性肥料改良土壤进行控制。

科学用药：采用二甲戊灵等二硝基苯胺类除草剂进行土壤处理；移栽棉可以在移栽前用草甘膦 + 2甲4氯钠盐 + 二甲戊灵进行喷雾处理；棉花生长期，用草甘膦异丙胺盐 + 2甲4氯钠盐涂抹或定向喷雾处理，喷雾处理需要加保护罩，防止喷到棉花叶片上造成药害。

问荆孢子茎（刘延提供）

问荆营养茎（王宇提供）

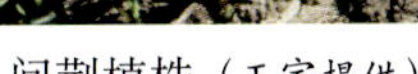

问荆植株（王宇提供）

问荆成片发生（王宇提供）

2. 节节草

节节草（*Equisetum ramosissimum* Desf.）属木贼科木贼属，又称节节木贼。

分布与危害

广泛分布于全国棉区，在局部地区为害较重。

形态特征

多年生杂草，以根状茎或孢子繁殖。根茎黑棕色，表面具硅质突起。地上茎一型，高20 ～ 60cm，中部直径1 ～ 3mm，节间长2 ～ 6cm，纵棱具一行硅质瘤状突起，主枝多在基部分枝，常呈簇生状。鞘筒狭长，达1cm，下部灰绿色，上部灰棕色；鞘齿5 ～ 12枚，三角形，具易脱落的膜质尾尖，背部弧形，

节节草植株（①房锋提供，②黄红娟提供）

棉田节节草（房锋提供）

宿存，齿上气孔带明显。侧枝较硬，圆柱形，有棱脊5～8条；鞘齿5～8枚，披针形，革质，边缘膜质，上部棕色，宿存。孢子囊穗短棒状或椭圆形，尖头，长0.5～2.5cm，无柄，孢子叶六角形，孢子一型。

防治要点

参见“问荆”。

第二节　双子叶植物杂草

3. 车前

车前（*Plantago asiatica* L.）属车前科车前属，又称车轮草、猪耳草、车轱辘菜。

分布与危害

广泛分布于全国棉区，为害较轻。

形态特征

二年生或多年生草本，以种子繁殖。具须根，根茎短。叶基生，呈莲座状，平卧、斜展或直立；叶片薄纸质或纸质，宽卵形至宽椭圆形，先端钝圆至急尖，边缘近全缘，呈波状或有疏齿至弯曲，基部宽楔形或近圆形，具弧形叶脉5～7条；叶柄基部扩大成鞘。花葶数个，直立或弓曲上升；花序梗疏生白色短柔毛；穗状花序细圆柱形，占上端1/3～1/2处，花疏生，下部常间断；花冠白色或淡绿色；雄蕊着生于冠筒内面近基部，花药卵状椭圆形，白色。蒴果纺锤状卵形、卵球形或圆锥状卵形，周裂，黑棕色。种子5～6（～12），长圆形，黑棕色，无光泽。花期为4—8月，果期为6—9月。

车前穗状花序（房锋提供）

防治要点

生态调控：播种前进行深翻，降低种子萌发率；覆膜以减少车前的发生；结合中耕进行人工拔除或机械铲除；合理密植，提高棉苗竞争力，抑制车前生长。

科学用药：苗前采用丙炔氟草胺、敌草隆、氟啶草酮进行土壤封闭；苗后采用草铵膦、草甘膦加保护罩进行定向茎叶喷雾，施药时应避免大风天气，尽量压低喷头，防止药液飘移到棉花茎叶上。

车前植株（①鹿秀云提供，②黄红娟提供）

4. 平车前

平车前（*Plantago depressa* Willd.）属车前科车前属，又称小车前、车前草、车串串。

分布与危害

广泛分布于全国棉区，为害较轻。

形态特征

一年生或二年生草本，以种子繁殖或自根茎萌生。具圆柱形直根。叶基生，呈莲座状，平铺或直立；叶片椭圆形、椭圆状披针形或卵状披针形，边缘疏生不整齐锯齿，先端急尖或微钝，基部宽楔形至狭楔形，具纵脉5～7条，两面疏生白色短柔毛。花葶少数，3～10个；花序梗长5～18cm，疏生白色短柔毛；穗状花序细圆柱形，直立，长6～12cm，上端花密集，基部常间断，下部花较疏；苞片三角状卵形，边缘常呈紫色；花冠白色，裂片4；雄蕊着生于冠筒内面近顶端，稍伸出花冠，花药新鲜时白色或绿白色，干后变淡褐色；胚珠5。蒴果卵状椭圆形至卵状圆锥形，长4～5mm，于基部上方周裂。种子4～5粒，黑棕色，无光泽，腹面明显平截。花期为5—7月，果期为7—9月。

防治要点

参见“车前”。

平车前幼苗（黄红娟提供）

平车前花期植株（黄红娟提供）

平车前穗状花序（黄红娟提供）

5.夏至草

夏至草［*Lagopsis supina*（Stephan ex Willd.）Ikonn.-Gal.］属唇形科夏至草属，又称夏枯草、灯笼棵、白花益母。

分布与危害

广泛分布于全国主要棉区，整体为害较轻。

形态特征

多年生草本，种子于当年萌发，产生具莲座状叶的植株越冬，翌年开花。具圆锥形的主根。茎四棱形，带紫红色，直立或上升，密被倒向微小的伏毛。叶近圆形或卵形，直径为1.5 ~ 2.0cm，先端圆形，掌状3深裂，裂片边缘有牙齿或圆齿，基部心形；叶柄较长，基生叶柄长2 ~ 3cm，上部叶的较短，通常在1cm左右，被短柔毛。轮伞花序，在枝条上部者较密集，在下部者较疏松；小苞片长约4mm；花萼管状钟形，长约4mm，有5脉；花冠白色、淡粉红色，稍伸出萼筒；冠筒长约5mm，直径约1.5mm；冠檐二唇形，上唇直立，比下唇长，下唇3浅裂，中裂片扁圆形，两侧裂片椭圆形；雄蕊4，着生于冠筒中部稍下；花药卵圆形，2室；花柱先端2浅裂。花盘平顶。小坚果长卵形或倒卵状三棱形，长约1.5mm，褐色，有白色或黄褐色鳞秕。花期为3—4月，果期为5—6月。

防治要点

参见“车前”。

夏至草幼苗（黄红娟提供）

夏至草植株（张谦提供）

夏至草花期植株（黄红娟提供）

夏至草四棱形茎（黄红娟提供）

夏至草轮伞花序（黄红娟提供）

夏至草果（黄红娟提供）

6. 铁苋菜

铁苋菜（*Acalypha australis* L.）属大戟科铁苋菜属，又称海蚌含珠、蚌壳草。

分布与危害

广泛分布于全国各棉区，为棉田难治杂草，为害较重。

形态特征

一年生草本，以种子繁殖。高20～50cm。单叶互生，叶膜质，顶端短渐尖，基部楔形，边缘具圆锯齿；基出脉3条且明显，侧脉3对；叶柄具短柔毛；托叶披针形。穗状花序腋生，花单性，雌雄花同序，花序轴具短毛，雌花位于花序下部，雌花苞片卵状心形，花后增大，边缘具三角形齿，苞腋具雌花1～3朵；花柱3裂，全花苞藏于三角状卵形至肾形的苞片内，无花梗；雄花生于花序上部，花序较短，呈穗状或头状排列，雄花苞片卵形，苞腋具雄花5～7朵，簇生；雄花在花蕾时近球形，花萼4裂；雄蕊7～8，花药圆筒形；雌花花萼3裂，子房球形且具疏毛。蒴果具3个分果瓣，钝三棱状，果皮具小瘤体。种子近卵形。花果期为4—12月。

防治要点

生态调控：播种或移栽前进行深翻以降低铁苋菜出苗率；结合间苗、中耕等将铁苋菜人工拔除或机械铲除；采用水旱轮作的栽培模式，降低铁苋菜的危害。

科学用药：在苗前采用丙炔氟草胺、扑草净或仲丁灵进行土壤封闭处理；苗后茎叶处理，可在棉花6叶期及杂草2～3叶期将乙羧氟草醚和草甘膦混用进行定向茎叶喷雾，施药时应避免大风天气，且尽量压低喷头，防止药液飘移到棉花茎叶上产生药害。

铁苋菜幼苗（黄红娟提供）

铁苋菜植株（黄红娟提供）

铁苋菜花序（黄红娟提供）

铁苋菜花序及蒴果（黄红娟提供）

铁苋菜为害棉田（①黄红娟提供，②刘祥英提供）

7. 地锦草

地锦草（*Euphorbia humifusa* Willd.）属大戟科大戟属，又称千根草、奶汁草。

分布与危害

广泛分布于全国主要棉区，整体为害较轻。

形态特征

一年生草本，以种子繁殖。根纤细。茎匍匐，纤细，近基部多分枝，基部常呈红色或淡红色。叶对生，长圆形，长5～10mm，宽3～6mm，先端钝圆，基部偏斜，边缘有细锯齿；叶面绿色，叶背淡绿色，有时淡红色；叶柄极短，长1～2mm。杯状花序单生于叶腋，具1～3mm的短柄；总苞倒圆锥形，边缘4裂，裂片三角形；裂片间有腺体4个，扁椭圆形，边缘具白色或淡红色附属物；雄花数枚；雌花1枚；花柱3，分离；柱头2裂。蒴果三棱状卵球形，直径约2mm，无毛，成熟时分裂为3个分果瓣。种子三棱状卵球形，灰色。花果期为5—10月。

棉田地锦草（房锋提供）

防治要点

参见“铁苋菜”。

地锦草幼苗（黄红娟提供）

地锦草花果期植株（①黄红娟提供，②鹿秀云提供）

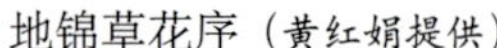
地锦草花序（黄红娟提供）

地锦草蒴果（黄红娟提供）

8. 紫苜蓿

紫苜蓿（*Medicago sativa* L.）属豆科苜蓿属，又称苜蓿、紫花苜蓿。

分布与危害

广泛分布于全国棉区，为害较轻。

形态特征

多年生草本，以种子繁殖。高30～100cm。根系发达，主根粗壮。茎直立或斜向上，四棱形，自基部分枝。羽状三出复叶；托叶大，卵状披针形，先端锐尖；小叶倒卵状长圆形，先端圆，中肋突出。总状花序腋生，具花5～30朵；总花梗直挺；苞片线状锥形，比花梗长或等长；花梗长约2mm；花萼钟形，裂片5，萼齿狭披针形；花冠淡黄色、深蓝色至暗紫色，长于花萼；子房线形，花柱短阔，上端细尖，胚珠较多。荚果螺旋状，中央无孔或近无孔，被柔毛或渐脱落，先端有喙，熟时棕色；有种子10～20粒。种子卵形，平滑，微弯或扭曲，两侧扁，黄色或棕色，有光泽。花期为5—7月，果期为6—8月。

紫苜蓿植株（杨德松提供）

防治要点

生态调控：播种或移栽前深翻土壤，降低紫苜蓿萌发率；结合中耕采取人工拔除或机械铲除等措施，减少紫苜蓿种子产生。

科学用药：苗前采用乙氧氟草醚或丙炔氟草胺进行土壤封闭防治；苗后采用乙羧氟草醚或草甘膦加保护罩进行定向喷雾防治。

紫苜蓿花序（黄红娟提供）

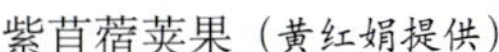

紫苜蓿荚果（黄红娟提供）

棉田紫苜蓿（黄红娟提供）

9. 甘草

甘草（*Glycyrrhiza uralensis* Fisch.）属豆科甘草属，又称甜草、甜根子。

分布与危害

主要分布于西北内陆棉区，发生为害较轻。

形态特征

多年生草本，以根芽和种子繁殖。根与根状茎粗壮，圆柱形，外皮褐色，里面淡黄色，有甜味。茎直立，多分枝，叶长5 ~ 20cm；托叶三角状披针形；叶柄密被褐色腺点和短柔毛；羽状复叶，小叶5 ~ 17片，叶面暗绿色，叶背绿色，叶全缘或微呈波状。总状花序腋生，花密集；苞片长圆状披针形，褐色，膜质；花萼钟形，外有短毛和刺毛状腺体，长7 ~ 14mm，萼齿5，与萼筒近等长，披针形；蝶形花冠紫色、白色或黄色，旗瓣长圆形，顶端微凹，基部具短瓣柄，翼瓣短于旗瓣，龙骨瓣短于翼瓣；子房密被刺毛状腺体。荚果狭长，呈镰刀状或环状，密集成球，密生褐色瘤状突起和刺毛状腺体。每荚种子3 ~ 11，暗绿色，圆形或肾形，长约3mm。花期为6—8月，果期为7—10月。

防治要点

参见“紫苜蓿”。

甘草植株（姚永生提供）

甘草花序（姚永生提供）

甘草荚果（王文全提供）

10. 苦马豆

苦马豆［*Sphaerophysa salsula* (Pall.) DC.］属豆科苦马豆属，又称羊吹泡、红花苦豆子、泡泡豆。

分布与危害

主要分布于西北内陆棉区，发生为害较轻。

形态特征

半灌木或多年生草本，以种子和根芽繁殖。茎直立或下部匍匐，疏生短伏毛。枝开展，具纵棱脊。托叶线状披针形，有毛；奇数羽状复叶，小叶11～21片，倒卵形至倒卵状长圆形，先端微凹，具短尖头；小叶柄极短。总状花序腋生，苞片卵状披针形；序轴及花梗密被白色柔毛，小苞片线形至钻形；花萼钟形，萼齿5，三角形，有毛；花冠初呈鲜红色，后变紫红色，旗瓣瓣片向外反折，基部具短柄，翼瓣较龙骨瓣短，龙骨瓣长为13mm，宽4～5mm，瓣柄长约4.5mm；子房近线形，花柱弯曲，柱头近球形。荚果椭圆形，膜质，膨胀成膀胱状，长1.7～3.5cm，直径1.7～1.8cm，先端圆。种子多数，肾形，长约2.5mm，褐色。花期为5—8月，果期为6—9月。

防治要点

参见“紫苜蓿”。

苦马豆植株（黄红娟提供）

苦马豆果（黄红娟提供）

苦马豆花（黄红娟提供）

11. 苦豆子

苦豆子（*Sophora alopecuroides* L.）属豆科槐属（APG IV：苦参属）。

分布与危害

主要分布于西北内陆棉区，为害较轻。

形态特征

草本或小灌木，以根芽或种子繁殖，高约1m。枝被白色或淡灰白色长柔毛或平贴绢毛。奇数羽状复叶；小叶7 ~ 13对，对生或近互生，长圆状披针形或椭圆形，先端钝圆或急尖，常具小尖头。总状花序顶生，花密集；花梗长3 ~ 5mm；花萼斜钟形，密生平贴绢毛，5萼齿明显；花冠白色或淡黄色，旗瓣形状多变，长15 ~ 20mm，宽3 ~ 4mm；雄蕊10，花丝不同程度连合，柱头圆点状，被稀少柔毛。荚果串珠状，长8 ~ 13cm，具种子多数。种子椭圆形，稍扁，褐色或黄褐色。花期为5—6月，果期为8—10月。

防治要点

参见“紫苜蓿”。

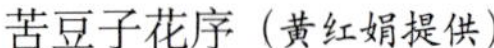

苦豆子花序（黄红娟提供）

苦豆子果（黄红娟提供）

12. 骆驼刺

骆驼刺（*Alhagi Camelorum* Fisch）属豆科骆驼刺属。

分布与危害

主要分布于西北内陆棉区，对棉花为害通常较轻。

形态特征

半灌木或灌木，以种子繁殖。直根粗大，高25 ~ 40cm。茎直立，从基部开始分枝，有针刺，与枝几乎成直角。单叶互生，叶片宽倒卵形或近圆形，全缘，先端微凹或圆形。总状花序腋生，总花梗刺状，刺长为叶的2 ~ 3倍，当年生枝条的刺上具花3 ~ 6（~ 8）朵，老茎的刺上无花；花梗短，基部有1苞片，苞片钻状，长约1mm；花萼钟形，长4 ~ 5mm；萼齿三角形；花冠深紫红色，旗瓣倒长卵形，长8 ~ 9mm，有短爪，先端钝圆或截平，基部楔形，翼瓣长圆形，长为旗瓣的3/4，龙骨瓣与旗瓣约等长；子房线形，无毛。荚果线形，常弯曲，种子间缢缩成串珠状，但荚节不断离。种子肾形。

防治要点

生态调控：播种前进行深翻，切断根系，降低发芽率；采用人工或机械中耕除草，降低种子量。

科学用药：采用草甘膦加防护罩进行定向喷雾防治，施药时应避免大风天气，且尽量压低喷头，防止药液飘移到棉花茎叶上产生药害。

骆驼刺植株（黄红娟提供）

骆驼刺茎（黄红娟提供）

骆驼刺花（黄红娟提供）

骆驼刺为害棉田（张仁福提供）

13. 蒺藜

蒺藜（*Tribulus terrestris* L.）属蒺藜科蒺藜属，又称白蒺藜、蒺藜狗。

分布与危害

广泛分布于全国各棉区，在局部地区为害较重。

形态特征

一年生草本。植株平卧，茎由基部分枝，枝长20～60cm，偶数羽状复叶互生，叶长1.5～5.0cm；小叶6～16片，对生，长圆形或斜短圆形，长5～10mm，宽2～5mm，先端锐尖或较钝，基部稍偏斜，全缘。花单生于叶腋，黄色，花梗短于叶；萼片5，宿存；花瓣5；雄蕊10，生于花盘基部；子房具5棱，花柱单一，柱头5裂，每室具3～4胚珠。蒴果分果瓣5，硬，扁球形，长4～6mm，中部边缘有锐刺1对，下部常有小锐刺1对，其余部位常有短硬毛及小瘤体。种子2～3粒，之间有隔膜。花期为5—8月，果期为6—9月。

防治要点

参见“骆驼刺”。

蒺藜幼苗（黄红娟提供）

蒺藜花（黄红娟提供）

蒺藜成株（黄红娟提供）

蒺藜果（黄红娟提供）

棉田蒺藜（张仁福提供）

14. 骆驼蓬

骆驼蓬（*Peganum harmala* L.）属蒺藜科（APG IV：白刺科）骆驼蓬属，又称臭古朵、臭骨朵。

分布与危害

分布于西北内陆棉区，局部地区为害较重。

形态特征

多年生草本，以种子或根蘖繁殖。高30 ~ 70cm，无毛。根多数，粗达2cm。茎直立或开展，有棱，由基部多分枝，全株密被短硬毛。叶肉质，互生，二回或三回羽状全裂，裂片披针状条形，长1.0 ~ 3.5cm，宽1.5 ~ 3.0mm，先端锐尖。花单生于枝端，与叶对生；萼片5，略长于花瓣，裂片条形，长1.5 ~ 2.0cm；花瓣黄白色，倒卵状长圆形，长1.5 ~ 2.0cm，宽6 ~ 9mm；雄蕊15，花丝近基部增宽；子房3室，花柱3。蒴果近球形，黄褐色，种子三棱形，稍弯，黑褐色，有小瘤状突起。花期为5—6月，果期为7—9月。

防治要点

参见“骆驼刺”。

骆驼蓬植株（黄红娟提供）

骆驼蓬花（黄红娟提供）

骆驼蓬蒴果（黄红娟提供）

骆驼蓬种子（黄红娟提供）

15. 驼蹄瓣

驼蹄瓣（*Zygophyllum fabago* L.）属蒺藜科驼蹄瓣属，又称骆驼蹄瓣、短果驼蹄瓣。

分布与危害

分布于西北内陆棉区，整体为害较轻。

形态特征

多年生灌木状草本，以种子繁殖。高30 ~ 80cm，光滑无毛。根粗壮。茎多分枝，开展或铺散，基部木质化。托叶革质，长4 ~ 10mm，绿色，茎中部以下托叶合生，上部托叶较小，分离；叶柄显著短于小叶；叶对生，小叶2片，肉质，倒卵形、倒卵状长圆形。花生于叶腋；花梗长4 ~ 10mm；萼片4，卵形或椭圆形，长6 ~ 8mm，宽3 ~ 4mm，先端钝，边缘为白色膜质；花瓣倒卵形，与萼片近等长，先端近白色，下部橘红色；雄蕊8，长于花瓣，鳞片长为雄蕊的一半。蒴果长圆形或圆柱形，长2.0 ~ 3.5cm，宽4 ~ 5mm，5棱，成熟期下垂。种子多数，长约3mm，宽约2mm，褐色，无光泽。花期为5—6月，果期为6—9月。

防治要点

参见“骆驼刺”。

驼蹄瓣幼苗（朱玉永提供）

驼蹄瓣花果期植株（朱玉永提供）

驼蹄瓣果期植株（朱玉永提供）

驼蹄瓣蒴果（朱玉永提供）

驼蹄瓣雄蕊（黄红娟提供）

驼蹄瓣花（黄红娟提供）

棉田驼蹄瓣（①张仁福提供，②黄红娟提供）

16. 苘麻

苘麻（*Abutilon theophrasti* Medik.）属锦葵科苘麻属，又称车轮草、白麻、青麻。

分布与危害

广泛分布于全国棉区，是棉田难治杂草之一，为害严重。

形态特征

一年生亚灌木状草本，以种子繁殖。株高1～2m，茎枝被柔毛。叶互生，圆心形，长5～10cm，先端尖，基部心形，边缘具细圆锯齿，两面密生星状柔毛；叶柄被星状细柔毛；托叶早落。花单生于叶腋，花梗被柔毛，近顶端具节；花萼杯状，5裂，密被短绒毛，长约6mm；花黄色，花瓣倒卵形，长约1cm；雄蕊柱平滑无毛，心皮15～20，长1.0～1.5cm，顶端平截，具扩展、被软毛的长芒2，排列成轮状。蒴果半球形，直径约2cm，长约1.2cm，分果瓣15～20，有粗毛，具喙，顶端具2长芒。种子肾形，被星状柔毛，褐色。花期为7—8月。

防治要点

生态调控：在移栽或播种前进行深翻、覆膜等处理，降低苘麻的出苗率；及时清除棉田地边的苘麻，减少种子进入棉田；结合中耕进行人工或机械防除，减少种子产生。

科学用药：结合苗前土壤封闭处理和苗后茎叶喷雾处理进行防治。苗前采用二甲戊灵、乙氧氟草醚、噁草酮或扑草净进行土壤封闭处理；苗后采用草铵膦或草甘膦加防护罩进行定向茎叶喷雾，施药时应避免大风天气，且尽量压低喷头，防止药液飘移到棉花茎叶上产生药害。

苘麻幼苗（黄红娟提供）

苘麻幼株（黄红娟提供）

苘麻花果期植株（黄红娟提供）

苘麻花（黄红娟提供）

苘麻花果（黄红娟提供）

苘麻未成熟蒴果（黄红娟提供）

苘麻成熟蒴果（黄红娟提供）

苘麻为害棉田（①黄红娟提供，②～④张仁福提供）

17. 野西瓜苗

野西瓜苗（*Hibiscus trionum* L.）属锦葵科木槿属，又称小秋葵、灯笼花、香铃草。

分布与危害

广泛分布于全国棉区，为棉田难治杂草之一，为害较重。

形态特征

一年生直立或平卧草本，以种子繁殖。株高25～70cm。茎柔软，被白色星状粗毛。叶互生，二型，下部的叶圆形，不分裂或5浅裂，上部的叶掌状3～5深裂，中裂片较长，两侧裂片较短，边缘具齿，裂片倒卵形至长圆形，通常羽状全裂；叶柄细长，两面被星状粗硬毛或星状柔毛；托叶线形，被星状粗硬毛。花单生于叶腋，花梗在结果时延长，可达4cm，被星状粗硬毛；小苞片12，线形，被粗长硬毛，基部合生；花萼钟形，被粗长硬毛或星状粗长硬毛，裂片5，三角形，膜质，有紫色条纹，中部以上合生；花淡黄色，内面基部紫色，花瓣5；雄蕊柱长约5mm，花丝纤细，花药黄色；花柱上端5裂，柱头头状。蒴果长圆状球形，分果瓣5，果皮薄，黑色。种子肾形，黑色，表面具细颗粒状尖头瘤状突起。花期为7—10月。

防治要点

参见“苘麻”。

野西瓜苗幼苗（黄红娟提供）

野西瓜苗成株（黄红娟提供）

野西瓜苗果期植株（黄红娟提供）

野西瓜苗花（黄红娟提供）

野西瓜苗果（黄红娟提供）

野西瓜苗为害棉田（①黄红娟提供，②、③张仁福提供）

18. 刺儿菜

刺儿菜（*Cirsium arvense* var. *integrifolium* C. Wimm. et Grabowski）属菊科蓟属，又称小蓟、大小蓟、野红花。

分布与危害

广泛分布于全国各棉区，为棉田难治杂草，为害严重。

形态特征

多年生草本，以水平根产生不定芽繁殖或种子繁殖。除有直根外，还有水平生长产生不定芽的根，茎直立，上部有分枝，花序分枝无毛或被薄绒毛。单叶互生，基生叶和中部茎叶椭圆形、长椭圆形或椭圆状倒披针形；全部茎叶两面绿色或下表面色淡，两面无毛。头状花序单生茎顶，或少数至多数头状花序在茎枝顶端呈伞房花序；总苞卵形、长卵形或卵圆形，总苞片覆瓦状，约6层；小花紫红色或白色，雌花花冠长约2.4cm。瘦果椭圆形，淡黄色，扁平，长约3mm，宽约1.5mm；冠毛污白色，冠毛刚毛长羽毛状。花果期为5—9月。

防治要点

生态调控：棉花移栽前或收获后进行机械深翻，切断多年生地下根茎并将根茎带出棉田，减小发生基数；中耕时进行人工拔除或机械铲除，减少种子量。

科学用药：在苗期用草甘膦、草铵膦等灭生性除草剂进行定向喷雾，喷雾时需加保护罩，避免药液喷到棉花茎叶上产生药害。

刺儿菜幼苗（黄红娟提供）

刺儿菜植株（黄红娟提供）

刺儿菜头状花序（黄红娟提供）

刺儿菜瘦果（黄红娟提供）

刺儿菜为害棉苗（黄红娟提供）

19. 藏蓟

藏蓟（*Cirsium arvense* var. *alpestre* auct. non al.: Ling）属菊科蓟属。

分布与危害

主要分布于西北内陆棉区，在部分棉田为害较重。

形态特征

一年生草本，以种子繁殖。株高40 ~ 80cm。茎直立，全部茎枝均为灰白色，被稠密的蛛丝状绒毛或稀毛。下部茎叶羽状浅裂或半裂；侧裂片3 ~ 5对，边缘具3 ~ 5个长硬针刺或刺齿，齿缘有缘毛状针刺；上部叶与下部茎叶同形并具相同的长硬针刺和缘毛状针刺。叶质地均较厚，两面异色，上面绿色且无毛，下面灰白色，被密厚绒毛，或两面灰白色，均被绒毛。头状花序多数在茎枝顶端呈伞房花序或少数作总状花序式排列；总苞卵形或卵状长圆形；小花紫红色。瘦果楔状；冠毛污白色至浅褐色，冠毛刚毛长羽毛状。花果期为6—9月。

防治要点

参见“刺儿菜”。

藏蓟幼苗（黄红娟提供）

藏蓟植株（黄红娟提供）

藏蓟叶片背面绒毛（黄红娟提供）

藏蓟头状花序（黄红娟提供）

藏蓟瘦果（黄红娟提供）

藏蓟为害棉田（①、②黄红娟提供，③郭世俭提供）

20. 乳苣

乳苣［*Lactuca tatarica*（L.）C. A. Mey.］属菊科乳苣属（APG IV：莴苣属），又称苦苦菜、苦菜、紫花山莴苣、蒙山莴苣。

分布与危害

分布于黄河流域棉区和西北内陆棉区，为棉田难治杂草，为害严重。

形态特征

多年生草本，以根芽和种子繁殖。全株含乳汁。茎直立，光滑无毛。基生叶簇生，具柄，茎生叶互生，无柄；中下部茎叶长圆状披针形，基部渐狭成短柄，倒向羽状浅裂或半裂或边缘有少数或多数大锯齿，叶缘及裂齿先端具小刺状尖，顶端钝或急尖；上部的叶片全缘或仅具小刺状尖，无柄；叶质地稍肥厚，光滑无毛。头状花序约含20枚小花，在茎枝顶端排成狭或宽圆锥花序；总苞圆柱形或楔形，总苞片4层，带紫红色；花全部为舌状花，紫色或紫蓝色，管部有白色短柔毛。瘦果长圆状披针形，稍扁平，灰黑色，长约5mm，宽约1mm，顶端具1mm的喙；冠毛2层，同形，纤细，白色。花果期为6—9月。

乳苣幼苗期（黄红娟提供）

防治要点

参见“刺儿菜”。

乳苣植株（黄红娟提供）

乳苣花序（黄红娟提供）

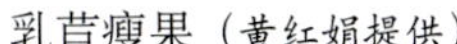
乳苣瘦果（黄红娟提供）

乳苣为害棉田（黄红娟提供）

21. 鳢肠

鳢肠［*Eclipta prostrata* (L.) L.］属菊科鳢肠属，又称凉粉草、墨汁草、墨旱莲、旱莲草。

分布与危害

分布于全国各棉区，为棉田常见杂草，局部地区为害较重。

形态特征

一年生草本，以种子繁殖。茎直立，斜升或平卧，通常自基部分枝。叶对生，叶长圆状披针形或披针形，基部渐狭而无柄，边缘有细锯齿或呈波状。头状花序有梗，直径6～8mm；总苞球状钟形，总苞片5～6层；外围的雌花2层，舌状，中央的两性花多数，管状，4裂；花柱分枝钝；花托凸，有托片。全株干后常变成黑褐色。瘦果黑褐色，顶端截形，雌花的瘦果三棱形，较狭窄；两性花的瘦果扁四棱形，较肥短。花期为6—9月。

防治要点

生态调控：播种前进行深翻、覆膜，降低发生率；结合中耕等农耕措施进行人工拔除或机械铲除；合理密植，提高棉苗竞争力，抑制鳢肠生长。

科学用药：苗前采用丙炔氟草胺、敌草隆、氟啶草酮进行土壤封闭；苗后采用草铵膦、草甘膦加保护罩进行定向喷雾防治，施药时应避免大风天气，且尽量压低喷头，防止药液飘移到棉花茎叶上产生药害。

鳢肠幼苗（魏守辉提供）

鳢肠成株（①张谦提供，②黄红娟提供）

鳢肠果（黄红娟提供）

鳢肠花序（黄红娟提供）

棉田鳢肠（①黄红娟提供，②张谦提供）

鳢肠为害棉田（郭世俭提供）

22. 牛膝菊

牛膝菊（*Galinsoga parviflora* Cav.）属菊科牛膝菊属，又称铜锤草、珍珠草、向阳花、辣子草。

分布与危害

广泛分布于全国各棉区，为棉田常见杂草，局部地区为害较重。

形态特征

一年生草本，以种子繁殖。茎纤细，单一或自基部分枝，分枝斜升，被长柔毛状伏毛，嫩茎较密。叶对生，基出三脉或不明显五脉；花序下部的叶渐小；全部茎叶两面粗涩，边缘具钝锯齿或疏锯齿，花序下部的叶有时全缘或近全缘。头状花序半球形至宽钟形，有长花梗，多数在茎枝顶端排成疏松的伞房花序；总苞半球形或宽钟形，总苞片1～2层；舌状花4～5个，舌片白色，顶端3齿裂，舌状花冠毛毛状；管状花冠黄色，长约1mm，先端5裂，下部被稠密的白色短柔毛，管状花冠毛边缘流苏状，宿存。瘦果楔形，扁平，长1.0～1.5mm，三棱形或中央的瘦果具4～5棱，黑色或黑褐色，被白色微毛。花果期为7—10月。

防治要点

参见“鳢肠”。

牛膝菊植株（黄红娟提供）

牛膝菊花期植株（黄红娟提供）

牛膝菊花序（黄红娟提供）

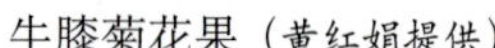
牛膝菊花果（黄红娟提供）

牛膝菊为害棉田（黄红娟提供）

23. 苍耳

苍耳（*Xanthium strumarium* L.）属菊科苍耳属，又称苍耳子、粘头婆、老苍子。

分布与危害

广泛分布于全国各棉区，为棉田难治杂草，为害较重。

形态特征

一年生草本，以种子繁殖。根呈纺锤形。茎直立，不分枝或少有分枝。叶互生，三角状卵形或心形，近全缘，或有3～5不明显浅裂，基三出脉，侧脉弧形，直达叶缘；叶柄长3～11cm。头状花序腋生或顶生，花单性，雌雄同株；雄性的头状花序球形，有或无花序梗，黄绿色，总苞片长圆状披针形，花冠钟形；花药长圆状线形；雌性的头状花序生于叶腋，椭圆形，外层总苞片小，披针形，在瘦果成熟时变坚硬，连同喙部长12～15mm，宽4～7mm，外面有疏生的具钩的刺，刺极细；喙坚硬，锥形，上端略呈镰刀状。聚花果内有2个瘦果，灰黑色，倒卵形。花期为7—8月，果期为9—10月。

防治要点

生态调控：播种前或收获后进行土壤深翻，将种子深埋，降低发芽率；中耕时进行人工拔除或机械防除，减少种子数量，并将植株带出棉田集中处理；及时清理棉田周围的苍耳植株，防止种子侵入棉田。

科学用药：苗前采用扑草净、乙氧氟草醚、丙炔氟草胺、敌草隆进行土壤封闭；苗后采用乙羧氟草醚、草甘膦进行定向茎叶喷雾，施药时加保护罩，避免在大风天气进行，防止药液飘移到棉花茎叶上产生药害。

苍耳幼苗（黄红娟提供）

苍耳花序（黄红娟提供）

苍耳未成熟果（黄红娟提供）

苍耳成熟果（卢屹提供）

苍耳为害棉田（①、②黄红娟提供，③张仁福提供）

24. 苣荬菜

苣荬菜（*Sonchus wightianus* DC.）属菊科苦苣菜属，又称南苦苣菜。

分布与危害

广泛分布于全国棉区，为害较重。

形态特征

多年生草本，以种子或根茎繁殖。根有分枝。茎直立，单生，上部有伞房花序状分枝，绿色或带紫红色。基生叶簇生，无柄，基部抱茎，边缘有锯齿或不明显锯齿；中下部茎叶与基生叶同形，基部半抱茎。头状花序顶生，在茎枝顶端排成伞房状花序；总苞宽钟形，总苞片3层，外层长披针形，短于内层，基部被白色绒毛；舌状小花多数，黄色。瘦果长椭圆形，淡褐色，无光泽，稍扁平，每面有5条细肋，肋间有横皱纹，顶端无喙；冠毛白色，长约7mm。花果期为7—10月。

苣荬菜植株（张谦提供）

防治要点

参见“苍耳”。

苣荬菜花序（黄红娟提供）

苣荬菜花果（黄红娟提供）

苣荬菜为害棉田（①房锋提供，②黄红娟提供）

25. 花花柴

花花柴［*Karelinia caspia* (Pall.) Less.］属菊科花花柴属，又称胖姑娘娘、卵叶花花柴。

分布与危害

分布于西北内陆棉区，为棉田难治杂草，为害较重。

形态特征

多年生草本，以根芽和种子繁殖。株高50 ~ 100cm。茎粗壮，直立，中空，多分枝，幼枝密被糙毛或柔毛，老枝除有疣状突起外，几乎无毛。叶互生，无柄，基部有圆形或戟形的小耳；叶卵圆形、长卵圆形或长椭圆形，全缘或具不规则短齿。头状花序长13 ~ 15mm，3 ~ 7个生于枝端，呈伞房状；花序梗长5 ~ 25mm；总苞卵圆形或短圆柱形，总苞片约5层，外层短于内层；小花黄色或紫红色；外围花雌性，花冠丝状，长7 ~ 9mm；花柱分枝细长；中央两性花花冠细管状，花药超出花冠；冠毛白色，长7 ~ 9mm，雌花冠毛有纤细的微糙毛，雄花冠毛顶端较粗厚。瘦果圆柱形，长约1.5mm，深褐色，冠毛白色。花期为7—9月，果期为9—10月。

防治要点

参见“苍耳”。

花花柴植株（黄红娟提供）

花花柴花期植株（黄红娟提供）

花花柴花序（黄红娟提供）

花花柴为害棉田（①张帅提供，②赵冰梅提供，③黄红娟提供）

26. 顶羽菊

顶羽菊［*Rhaponticum repens*（L.）Hidalgo］属菊科顶羽菊属（APG IV：漏芦属）。

分布与危害

主要分布于西北内陆棉区，在局部地区为害较重。

形态特征

多年生草本，以根芽和种子繁殖。根直伸。茎直立，自基部分枝，被淡灰色蛛丝毛。叶互生，稠密，近无柄；茎叶长椭圆形、匙形或线形，顶端有小尖头，全缘或羽状半裂，两面灰绿色，被稀疏蛛丝毛或无毛。头状花序多数在茎枝顶端排成伞房花序或伞房圆锥花序；总苞片数层，覆瓦状排列，外层总苞片卵形或椭圆状卵形；小花两性，均为管状，花冠红紫色。瘦果倒长卵形，白色，无果缘；冠毛白色，不脱落或分散脱落，向内层渐长，短羽毛状。花果期为5—9月。

防治要点

生态调控：播种前进行深翻，降低种子萌发率；愈蚊萤叶甲以顶羽菊叶片和芽为食，可用于顶羽菊生物防治；结合中耕等农耕措施进行人工拔除或机械铲除；合理密植，提高棉苗竞争力，抑制顶羽菊生长；及时清理棉田周围的顶羽菊植株，防止种子扩散到棉田。

科学用药：苗前采用丙炔氟草胺、敌草隆、氟啶草酮进行土壤封闭；苗后采用草铵膦、草甘膦加保护罩进行定向喷雾防治。

顶羽菊植株（卢屹提供）

顶羽菊花序（黄红娟提供）

顶羽菊花期（黄红娟提供）

27. 刺苍耳

刺苍耳（*Xanthium spinosum* L.）属菊科苍耳属，为归化种。

分布与危害

主要分布于西北内陆棉区，部分地区为害较重。

形态特征

一年生直立草本，以种子繁殖。茎上部多分枝，节上具三叉状棘刺，刺长1 ~ 3cm。叶狭卵状披针形或阔披针形，长3 ~ 8cm，宽6 ~ 30mm，边缘3 ~ 6 浅裂或不裂，下表面密被灰白色毛；叶柄细，被绒毛。花单性，雌雄同株；雄花花序生于上部，球形，总苞片1层，雄花管状，顶端裂，雄蕊5；雌花花序生于雄花花序下部，卵形，总苞囊状，具钩刺，先端具2喙，内有2朵无花冠的花，花柱线形，柱头2深裂；总苞内分2室，每室具1枚长椭圆形瘦果；种皮膜质，灰黑色。花果期为7—11月。

防治要点

参见“苍耳”。

刺苍耳植株（黄红娟提供）

刺苍耳花序（黄红娟提供）

刺苍耳雄花（黄红娟提供）

刺苍耳雌花（黄红娟提供）

刺苍耳叶片背面（黄红娟提供）

刺苍耳果（①黄红娟提供，②卢屹提供）

28. 拐轴鸦葱

拐轴鸦葱［*Lipschitzia divaricata*（Turcz.）Zaika, Sukhor. & N.Kilian］属菊科拐轴鸦葱属，又称叉枝鸦葱。

分布与危害

主要分布在西北内陆棉区，整体为害较轻。

形态特征

多年生草本，以种子或根芽繁殖。成株高20 ～ 70cm。根直伸。茎直立，自基部多分枝，分枝铺散或直立或斜升，茎枝纤细，灰绿色。叶呈线形或丝状，先端长，渐尖，常卷曲呈钩状，植株上部的茎叶短小。头状花序单生于茎枝顶端，呈疏松的伞房状花序，具4 ～ 5枚舌状小花，舌状小花黄色；总苞狭圆柱形，总苞片约4层，外层短于中内层。瘦果圆柱形，黄褐色，长约8.5mm，有纵肋，无毛；冠毛污黄色，羽毛状。花果期为5—9月。

防治要点

参见“苍耳”。

拐轴鸦葱幼苗（黄红娟提供）

拐轴鸦葱植株（黄红娟提供）

拐轴鸦葱花果期植株（黄红娟提供）

拐轴鸦葱花果（黄红娟提供）

拐轴鸦葱为害棉田（黄红娟提供）

29. 黄花蒿

黄花蒿（*Artemisia annua* L.）属菊科蒿属，又称香蒿。

分布与危害

广泛分布于全国棉区，整体为害较重。

形态特征

一年生草本，以种子繁殖。植株有香味。根单生，垂直，纺锤形。茎单生，直立，有纵棱，幼时绿色，后变褐色或红褐色，上部多分枝；茎、枝、叶两面及总苞片背面无毛或初时有极稀疏短柔毛。叶纸质；下部叶无柄，宽卵形或三角状卵形，三（至四）回羽状深裂；中部叶二（至三）回羽状深裂；上部叶与苞片叶一（至二）回羽状深裂，近无柄。叶轴无小裂片，无毛或略有细软毛。头状花序球形，淡黄色，多数头状花序排列呈圆锥形，直径1.5 ~ 2.5mm，下垂或倾斜；总苞片3 ~ 4层；花深黄色，外层花雌性，内层花两性，雌花10 ~ 18朵，两性花10 ~ 30朵。瘦果小。花果期为8—11月。

棉田黄花蒿（黄红娟提供）

防治要点

生态调控：播种前进行深翻、覆膜，降低发生率；结合中耕等农耕措施进行人工拔除或机械铲除；合理密植，提高棉苗竞争力，抑制杂草生长。

科学用药：苗前采用丙炔氟草胺、敌草隆、氟啶草酮进行土壤封闭；苗后采用草铵膦、草甘膦加保护罩进行定向喷雾防治，施药时应避免大风天气，且尽量压低喷头，防止药液飘移到棉花茎叶上产生药害。

黄花蒿植株（①黄红娟提供，②卢屹提供）

黄花蒿头状花序（黄红娟提供）

30. 苦苣菜

苦苣菜（*Sonchus oleraceus* L.）属菊科苦苣菜属，又称滇苦荬菜。

分布与危害

广泛分布于全国棉区，为棉田常见杂草，为害较重。

形态特征

一年生或二年生草本，以种子繁殖。根圆锥形，有须根。茎直立，单生，中空，不分枝或上部有花序式分枝，下部光滑，中部及上部有稀疏腺毛。叶片柔软光滑，基生叶羽状深裂；中下部茎叶羽状深裂或大头羽状深裂；全部叶或裂片边缘及抱茎小耳边缘有急尖锯齿。头状花序直径约2cm，在茎枝顶端排成紧密的伞房花序或总状花序，花序梗常有腺毛；总苞宽钟形，外层长披针形或长三角形，草质，绿色；舌状小花黄色。瘦果褐色，长椭圆形，两端截形，红褐色，扁平，每面各有3条细脉，肋间有横皱纹，无喙；冠毛白色，彼此纠缠，脱落后有冠毛环。花果期为5—12月。

防治要点

参见“黄花蒿”。

苦苣菜植株（黄红娟提供）

苦苣菜头状花序（黄红娟提供）

苦苣菜瘦果（黄红娟提供）

棉田苦苣菜（黄红娟提供）

31. 豨莶

豨莶（*Sigesbeckia orientalis* L.）属菊科豨莶属，又称粘糊菜、虾柑草。

分布与危害

分布于黄河流域棉区和长江流域棉区，为棉田常见杂草，在部分地区为害较重。

形态特征

一年生草本，以种子繁殖。茎直立，细弱，通常上部分枝呈复二歧状；全部分枝被灰白色短柔毛。基部叶花期枯萎；中部叶三角状卵圆形或卵状披针形，顶端渐尖，边缘有规则的齿，具腺点，三出基脉；上部叶渐小，全部叶两面被柔毛。头状花序直径15～20mm，于枝端排列成圆锥花序；花梗密生短柔毛；总苞阔钟形，总苞片2层，背面被紫褐色腺毛；外层苞片5～6枚，线状匙形或匙形；内层苞片卵状长圆形或卵圆形；外层托片长圆形，内弯，内层托片倒卵状长圆形；花黄色，顶端常3裂。瘦果倒卵圆形，具四棱，黑色，有光泽。花期为4—9月，果期为6—11月。

豨莶苗期（黄红娟提供）

防治要点

参见“黄花蒿”。

豨莶花序（黄红娟提供）

32. 苦荬菜

苦荬菜（*Ixeris polycephala* Cass.）属菊科苦荬菜属，又称多头苦荬菜、多头莴苣、深裂苦荬菜。

分布与危害

广泛分布于全国棉区，是棉田常见杂草，发生为害较轻。

形态特征

一年生草本。根垂直直伸，具须根。茎直立，常自基部分枝，或上部伞房花序状分枝，全部茎枝无毛。基生叶线形或线状披针形，全缘或少有羽状分裂；中下部茎叶披针形或线形，基部箭头状半抱茎；向上叶渐小，基部箭头状半抱茎或不呈箭头状半抱茎，通常全缘。头状花序在茎枝顶端密集排成伞房状花序，花序梗细；总苞圆柱形，果期扩大呈卵球形，总苞片3层；舌状小花黄色，极少白色，顶端5齿裂，10 ~ 25枚。瘦果扁平，褐色，纺锤形，有10条棱，顶端急尖，呈长1.5mm的喙，喙细；冠毛白色。花果期为3—6月。

苦荬菜幼苗（黄红娟提供）

防治要点

参见“黄花蒿”。

苦荬菜蕾期植株（黄红娟提供）

苦荬菜花期植株（黄红娟提供）

苦荬菜头状花序（黄红娟提供）

苦荬菜瘦果（黄红娟提供）

棉田苦荬菜（黄红娟提供）

33. 泥胡菜

泥胡菜［*Hemisteptia lyrata*（Bunge）Fischer & C. A. Meyer］属菊科泥胡菜属，又称猪兜菜、艾草。

分布与危害

广泛分布于全国棉区，为棉田常见杂草，为害较轻。

形态特征

一年生草本，以种子繁殖。株高30 ~ 100cm。茎单生，具纵棱，被稀疏蛛丝毛。基生叶莲座状，长椭圆形或倒披针形；中下部茎叶与基生叶同形，全部叶大头羽状深裂或几乎全裂。全部茎叶质地薄，两面异色，上表面绿色，无毛，下表面灰白色，被厚或薄绒毛，基生叶及下部茎叶有长叶柄，柄基扩大抱茎，上部茎叶的叶柄渐短，最上部茎叶无柄。头状花序多数，在茎枝顶端排成疏松伞房花序；总苞球形，总苞片5 ~ 8层，覆瓦状排列；小花紫色或红色，花冠管状，花冠裂片线形。瘦果小，深褐色，圆柱形略扁平，有13 ~ 16条粗细不等的突起的尖细肋；冠毛2层，白色，外层冠毛刚毛羽毛状，内层冠毛刚毛极短。

泥胡菜幼株（黄红娟提供）

防治要点

参见“黄花蒿”。

泥胡菜成株（黄红娟提供）

泥胡菜花期植株（黄红娟提供）

泥胡菜花序（黄红娟提供）

泥胡菜叶片背面（黄红娟提供）

泥胡菜瘦果（黄红娟提供）

34. 蒲公英

蒲公英（*Taraxacum mongolicum* Hand.-Mazz.）属菊科蒲公英属，又称黄花地丁、婆婆丁、姑姑英。

分布与危害

广泛分布于全国棉区，为棉田常见杂草，为害较轻。

形态特征

多年生草本，以种子及地下芽繁殖。根圆柱形。叶根生，莲座状，倒卵状披针形、倒披针形或长圆状披针形，叶缘有时呈波状，有时羽状深裂或大头羽状深裂，裂片三角形，顶端裂片较大，侧裂片3 ~ 5对，叶柄及主脉常带红紫色。花葶1个至数个，与叶等长或稍长；头状花序直径30 ~ 40mm；总苞钟形，总苞片2 ~ 3层，边缘宽膜质，内层总苞片线状披针形；舌状花黄色，边缘花舌片背面具紫红色条纹。瘦果椭圆形至倒卵形，暗褐色，具纵棱，上部具小刺，下部具成行排列的小瘤，顶端具细长的喙，喙长6 ~ 10mm，纤细；冠毛白色，长约6mm。花期为4—9月，果期为5—10月。

防治要点

参见“黄花蒿”。

蒲公英植株（黄红娟提供）

蒲公英瘦果（黄红娟提供）

35.小蓬草

小蓬草（*Erigeron canadensis* L.）属菊科白酒草属（APG IV：飞蓬属），又称飞蓬、小飞蓬、加拿大蓬、小白酒草、蒿子草。

分布与危害

广泛分布于全国棉区，为棉田常见杂草，为害较轻。

形态特征

一年生草本，以种子繁殖。根纺锤形。茎直立，有条纹及脱落性疏长毛，上部多分枝。叶密集，基部叶常花期枯萎，基生叶呈匙形，下部叶呈倒披针形，顶端尖或渐尖，基部渐狭成柄，全缘或有齿裂；中部叶和上部叶近无柄或无柄，全缘或少数具1～2个齿。头状花序多数，排列成伞房状圆锥花序；总苞近圆柱形，总苞片2～3层，线状披针形或线形；头状花序外围雌花，先端有舌片，白色；两性花淡黄色，花冠管状，檐部4齿裂。瘦果线状披针形；冠毛污白色，1层，糙毛状。花期为5—9月。

防治要点

参见“刺儿菜”。

小蓬草幼株（黄红娟提供）

小蓬草叶片（黄红娟提供）

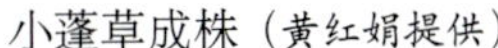
小蓬草成株（黄红娟提供）

小蓬草头状花序（黄红娟提供）

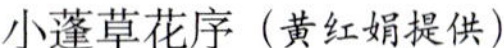
小蓬草花序（黄红娟提供）

小蓬草瘦果（黄红娟提供）

36. 灰绿藜

灰绿藜（*Oxybasis glauca* (L.) S. Fuentes, Uotila & Borsch）属藜科（APG IV：苋科）藜属（APG IV：红叶藜属）。

分布与危害

广泛分布于全国各棉区，是棉田恶性杂草，发生为害严重。

形态特征

一年生草本，以种子繁殖。株高20 ~ 40cm。茎自基部分枝，平卧或外倾，具绿色或紫红色条纹。叶互生，具短柄，叶片长圆状卵形至披针形，长2 ~ 4cm，宽6 ~ 20mm，叶片厚，先端急尖或钝，基部渐狭，叶缘呈波状，上表面深绿无粉，下表面密被粉粒；中脉明显，黄绿色。花两性或雌性，团伞花序排列成穗状或圆锥状花序；花被裂片3 ~ 4，浅绿色，稍肥厚，基部合生；雄蕊1 ~ 2，花丝不伸出花被，花药球形；柱头2。胞果顶端伸出花被外。种子扁球形，暗褐色或红褐色，有光泽。花果期为5—10月。

防治要点

生态调控：播种前或移栽前深翻土壤，降低种子萌发量；结合棉花中耕操作进行人工拔除或机械铲除，减少种子产生；覆盖薄膜或杀草膜，减少灰绿藜发生率；及时清理地边的杂草，防止种子进入棉田。

科学用药：棉花播种或移栽前，选择乙草胺、二甲戊灵、精异丙甲草胺、敌草隆、扑草净、乙氧氟草醚、丙炔氟草胺、敌草胺、氟啶草酮等进行土壤封闭处理；苗后进行茎叶处理，在适期选择乙羧氟草醚、草甘膦或草铵膦加保护罩于行间定向喷雾，施药时避免大风天气，防止药液飘移到棉花茎叶上。

灰绿藜幼苗（黄红娟提供）

灰绿藜植株（①、②黄红娟提供，③张仁福提供）

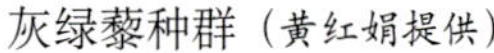

灰绿藜种群（黄红娟提供）

灰绿藜花序（黄红娟提供）

灰绿藜为害棉田（①黄红娟提供，②～④张仁福提供）

37. 藜

藜（*Chenopodium album* L.）属藜科（APG IV：苋科）藜属，又称灰菜、灰藋。

分布与危害

广泛分布于全国棉区，为棉田恶性杂草，发生为害严重。

形态特征

一年生草本，以种子繁殖。株高30～150cm。茎直立，粗壮，多分枝，具条棱及绿色或紫红色色条；枝条斜升或开展。叶片菱状卵形至宽披针形，长3～6cm，宽2.5～5.0cm，先端急尖或微钝，基部楔形至宽楔形，上表面通常无粉，有时嫩叶的上表面有紫红色粉，下表面生有粉粒，边缘具不整齐锯齿；叶柄与叶片近等长，或为叶片长度的1/2。花两性，数个集成团伞花簇，花簇排列成密集或疏散的圆锥状花序；花被裂片5，宽卵形至椭圆形，背面有粉，先端微凹，边缘膜质；雄蕊5，花药伸出花被，柱头2。胞果完全包于花被内或顶部稍外露，果皮与种子贴生，果皮薄。种子横生，双凸镜状，直径1.2～1.5mm，黑色，有光泽；胚环形。花果期为5—10月。

防治要点

参见“灰绿藜”。

藜幼苗（黄红娟提供）

藜植株（黄红娟提供）

藜幼苗叶片背面和正面（黄红娟提供）

藜花期植株（黄红娟提供）

藜花序（黄红娟提供）

藜为害棉田（①、②黄红娟提供，③张谦提供，④郭世俭提供）

38. 小藜

小藜（*Chenopodium ficifolium* Smith）属藜科（APG IV：苋科）藜属，又称灰菜。

分布与危害

广泛分布于全国棉区，为棉田常见杂草，发生为害严重。

形态特征

一年生草本，以种子繁殖。株高20 ~ 50cm。茎直立，具绿色纵条棱，幼茎密被粉粒。叶互生，有柄，叶片卵状长圆形，长2.5 ~ 5.0cm，宽1.0 ~ 3.5cm，通常三浅裂；中裂片两边近平行，先端钝或急尖并具短尖头，基部楔形。花两性，花被片5，数个团集，花序腋生或顶生，呈穗状或圆锥形；花被近球形，5深裂，裂片宽卵形，不开展，背面具微纵隆脊；雄蕊5，开花时外伸；柱头2，线形。胞果包在花被内，果皮与种子贴生。种子横生，双凸镜状，黑色，有光泽，直径约1mm，表面具明显的蜂窝状网纹；胚环形。开花期为4—5月。

防治要点

参见“灰绿藜”。

小藜幼苗（黄红娟提供）

小藜花序（黄红娟提供）

小藜植株（黄红娟提供）

小藜为害棉田（张仁福提供）

39. 地肤

地肤［*Bassia scoparia*（L.）A. J. Scott］属藜科（APG IV：苋科）地肤属（APG IV：沙冰藜属），又称扫帚苗、扫帚菜、观音菜。

分布与危害

广泛分布于全国各棉区，为棉田难治杂草，发生为害严重。

形态特征

一年生草本，以种子繁殖。株高50 ～ 100cm。根略呈纺锤形。茎直立，多分枝，枝斜上，淡绿色或带紫红色，有数条棱。叶近无柄，披针形或条状披针形，长2 ～ 5cm，宽3 ～ 7mm，先端短渐尖，近基三出脉；茎上部叶较小。花两性或雌性，通常1 ～ 3个生于上部叶腋，穗状圆锥花序；花被片基部合生，近球形，淡绿色，花被裂片近三角形；花丝丝状，花药淡黄色；雄蕊5；花柱极短，柱头2，线性，紫褐色。胞果扁球形，果皮膜质，与种子离生。种子卵形，黑褐色，长1.5 ～ 2.0mm，表面有小颗粒，无光泽；胚环形，胚乳块状。花果期为6—10月。

防治要点

参见“灰绿藜”。

地肤幼苗（黄红娟提供）

地肤植株（黄红娟提供）

地肤花序（黄红娟提供）

地肤胞果（黄红娟提供）

地肤为害棉田（黄红娟提供）

40. 碱蓬

碱蓬［*Suaeda glauca*（Bunge）Bunge］属藜科（APG IV：苋科）碱蓬属。

分布与危害

广泛分布于全国棉区，为棉田恶性杂草，发生为害严重。

形态特征

一年生草本，以种子繁殖。株高可达1 m。茎直立，圆柱形，淡绿色，上部多分枝，枝开展。叶呈丝状线形，通常长1.5 ~ 5.0cm，宽约1.5mm，灰绿色，光滑无毛，常稍向上弯曲，先端微尖。花两性或雌性，单生或2 ~ 5朵簇生，有短柄，大多着生于叶近基部处；两性花花被杯状，长1.0 ~ 1.5mm，黄绿色；雌花花被近球形，直径约0.7mm，灰绿色；花被片5，肥厚，绿色，花果期花被增厚呈五角星形，干后变黑色；雄蕊5，与花被片对生，花药宽卵形至长圆形，长约0.9mm；柱头2，伸直较长。胞果包在花被内，果皮膜质。种子横生或斜生，双凸镜形，有颗粒状点纹，黑色，直径约2mm，周边钝或锐。花果期为7—9月。

碱蓬幼苗（黄红娟提供）

防治要点

参见“灰绿藜”。

碱蓬植株（黄红娟提供）

碱蓬果（黄红娟提供）

碱蓬为害棉田（①黄红娟提供，②、③张谦提供，④郭世俭提供）

41. 猪毛菜

猪毛菜（*Salsola collina* Pall.）属藜科（APG IV：苋科）猪毛菜属。

分布与危害

广泛分布于全国各棉区，为棉田重要杂草，在局部地区为害严重。

形态特征

一年生草本，以种子繁殖。株高20 ~ 100cm。茎自基部分枝，枝互生，伸展，茎、枝绿色，有白色或紫红色条纹，生短硬毛或近无毛。叶无柄，叶片丝状圆柱形，长2 ~ 5cm，宽0.5 ~ 1.5mm，肉质，生短硬毛，先端有硬刺尖。花序穗状，生于枝条上部；苞片卵形；小苞片2，狭披针形，顶端有刺状尖，苞片及小苞片与花序轴紧贴；花被片卵状披针形，顶端尖，果期变硬；雄蕊5，花药长1.0 ~ 1.5mm；花柱2，柱头丝状，长为花柱的1.5 ~ 2.0倍。胞果倒卵形，果皮膜质，深灰褐色。种子横生或斜生，胚螺旋状，无胚乳。花期为7—9月，果期为9—10月。

防治要点

生态调控：播种前或移栽前深翻土壤，降低种子萌发量；结合棉花中耕操作进行人工拔除或机械铲除，减少种子产生；覆盖薄膜或杀草膜，减少猪毛菜发生率；及时清理地边的杂草，防止种子进入棉田。

科学用药：棉花播种或移栽前，选择乙草胺、二甲戊灵、精异丙甲草胺、敌草隆、扑草净、乙氧氟草醚、丙炔氟草胺、敌草胺、氟啶草酮等进行土壤封闭处理；苗后进行茎叶处理，在适期选择乙羧氟草醚、草甘膦或草铵膦加保护罩于行间定向喷雾，施药时避免大风天气，防止药液飘移到棉花茎叶上。

猪毛菜幼株（黄红娟提供）

猪毛菜成株（黄红娟提供）

猪毛菜植株（黄红娟提供）

猪毛菜茎叶（黄红娟提供）

猪毛菜花（朱玉永提供）

猪毛菜为害棉田（朱玉永提供）

42. 东亚市藜

东亚市藜［*Oxybasis micrantha*（Trautv.）Sukhor. & Uotila］属藜科（APG IV：苋科）藜属（APG IV：红叶藜属）。

分布与危害

主要分布于西北内陆棉区，是棉田常见杂草，在局部地区发生为害严重。

形态特征

一年生草本，以种子繁殖。株高1.0 ~ 1.5m。茎直立，光滑，有条纹，上部分枝。叶具柄，叶片稍肉质，菱形或菱状卵形，下部叶片较大，先端急尖，边缘有不整齐锯齿，近基部的锯齿较大，呈裂片状。花序以顶生穗状圆锥花序为主；花簇由多数花密集而成；花两性或雄性，花被裂片3 ~ 5，狭倒卵形，基部合生，果期开展；雄蕊5，内藏。胞果双凸镜状，果皮黑褐色。种子横生、斜生及直立，直径0.5 ~ 0.7mm，边缘锐，表面点纹清晰。花果期为7—10月。

东亚市藜植株（黄红娟提供）

防治要点

参见“猪毛菜”。

东亚市藜花序（黄红娟提供）

东亚市藜为害棉田（黄红娟提供）

43. 中亚滨藜

中亚滨藜（*Atriplex centralasiatica* Iljin）属藜科（APG IV：苋科）滨藜属。

分布与危害

主要分布于西北内陆棉区，发生为害较轻。

形态特征

一年生草本，以种子繁殖。株高15 ~ 30cm。茎直立，通常自基部分枝，分枝开展；枝钝四棱形，有粉或下部近无粉。叶互生，具短柄，枝上部的叶近无柄；叶片卵状三角形至菱状卵形，边缘具疏锯齿，先端微钝，基部圆形至宽楔形，下表面灰白色，被白粉；叶片近基部一对锯齿较大而呈裂片状。团伞花序生于叶腋；雄花花被5深裂，雄蕊5；雌花苞片2，扇形至扁钟形，果期膨大，表面具多数疣状或肉棘状附属物，边缘具不等大的三角形齿。胞果扁平，宽卵形或圆形，果皮膜质，表面光滑，一侧有喙状突起。种子圆形，扁平，红褐色或黄褐色，有光泽，直径2 ~ 3mm。花期为7—8月，果期为8—9月。

防治要点

参见“猪毛菜”。

中亚滨藜（黄红娟提供）

中亚滨藜花果（黄红娟提供）

中亚滨藜花序（黄红娟提供）

44. 盐生草

盐生草［*Halogeton glomeratus*（M.Bieb.）Ledeb.］属藜科（APG IV：苋科）盐生草属。

分布与危害

分布于西北内陆棉区，为棉田一般杂草，为害较轻。

形态特征

一年生草本，以种子繁殖。株高5 ～ 30cm。茎直立，多分枝；枝互生，基部的枝近对生，无毛，灰绿色。叶互生，叶片圆柱形，长4 ～ 12mm，宽1.5 ～ 2.0mm，顶端有长刺毛，有时长刺毛易脱落。花两性，腋生，通常4 ～ 6朵聚集成团伞花序，遍布于植株；花被片5，披针形，膜质，背面有1条粗脉，结果时自背面近顶部生翅；翅半圆形，膜质，有多数明显的脉，有时翅不发育而花被增厚成革质；雄蕊2。胞果卵形。种子直立，圆形。花果期为7—9月。

防治要点

参见“猪毛菜”。

盐生草植株（黄红娟提供）

盐生草花果期植株（黄红娟提供）

盐生草花果（黄红娟提供）

盐生草为害棉田
（张仁福提供）

45. 角果藜

角果藜（*Ceratocarpus arenarius* L.）属藜科（APG IV：苋科）角果藜属。

分布与危害

分布于西北内陆棉区，为棉田一般杂草，发生为害较轻。

形态特征

一年生草本，以种子繁殖。株高5 ~ 30cm，密被星状毛。茎直立，基部多分枝，分枝呈二歧式。叶互生，无柄，叶片线状披针形，全缘，先端渐尖，有短刺。花单性，雌雄同株，雄花长约1.5mm，黄色，膜质，花丝短，条形，花药近球形，纵裂；雌花单生于叶腋，苞片2，苞片愈合成管，密被星状毛，果时楔形或倒卵形，两角各具1针刺状附属物。胞果革质，种子与胞果同形，长0.5 ~ 1.0cm，宽0.2 ~ 0.5cm，后期脱落。花果期为4—7月。

防治要点

参见“猪毛菜”。

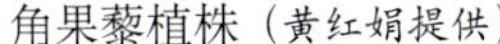
角果藜植株（黄红娟提供）

角果藜胞果（黄红娟提供）

46. 长刺猪毛菜

长刺猪毛菜（*Salsola paulsenii* Litv.）属苋科猪毛菜属。

分布与危害

主要分布于西北内陆棉区，发生为害较轻。

形态特征

一年生草本，以种子繁殖。株高15 ~ 40cm。茎自基部分枝，通常为淡红褐色，密生短硬毛。叶片半圆柱形，直伸而坚硬，生短刚毛，先端有刺状尖。花序穗状，花排列稀疏；苞片长卵形，顶端延伸，有刺状尖；小苞片宽披针形，微向外反折，比花被长；花被片宽披针形，有短硬毛，结果时变硬，自背面中下部生翅；翅3个，为肾形或半圆形，薄膜质，无色透明，2个较狭窄；花被片在翅以上部分密生短硬毛，顶端有硬的刺状尖；柱头丝状，比花柱长。种子横生。花期为7—8月，果期为9—10月。

长刺猪毛菜植株（黄红娟提供）

防治要点

参见“猪毛菜”。

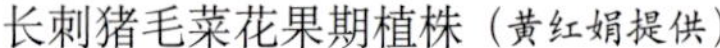
长刺猪毛菜花果期植株（黄红娟提供）

长刺猪毛菜花果（黄红娟提供）

47. 圆头藜

圆头藜（*Chenopodium strictum* Roth）属藜科（APG IV：苋科）藜属。

分布与危害

分布于黄河流域棉区和西北内陆棉区，为棉田一般杂草，发生为害较轻。

形态特征

一年生草本，以种子繁殖。株高20 ～ 50cm。茎直立或外展，具绿色条棱。叶片卵状长圆形至长圆形，通常长1.5 ～ 3.0cm，宽8 ～ 18mm，先端圆形或近圆形，有时有短凸尖，基部宽楔形，两面异色，上表面近无粉，下表面有灰白色密粉，基部以上边缘具锯齿，齿向先端逐渐变小以至消失；具叶柄，长为叶片长度的1/3 ～ 1/2。花两性，花簇生于枝上部，排列成穗状圆锥状花序；花被裂片5，倒卵形，边缘膜质；柱头2。种子扁卵形，宽约1mm，黑红色，有光泽，边缘具锐棱。花果期为7—9月。

圆头藜植株（黄红娟提供）

防治要点

参见“猪毛菜”。

48. 萹蓄

萹蓄（*Polygonum aviculare* L.）属蓼科萹蓄属，又称竹叶草、大蚂蚁草、扁竹。

分布与危害

广泛分布于全国各棉区，为棉田常见杂草，发生为害较轻。

形态特征

一年生草本，以种子繁殖。株高10～40cm。茎匍匐或斜展，自基部多分枝，有沟纹。叶互生，具短柄或近无柄，叶椭圆形、狭椭圆形或披针形，长1～4cm，宽3～12mm，先端钝或急尖，基部楔形，全缘，两面无毛，侧脉明显，叶基具关节；托叶鞘膜质，下部褐色，上部白色，脉纹明显。花生于叶腋，单生或数朵簇生，全露或半露于托叶鞘之处；苞片薄膜质；花梗短，顶部具关节；花被5深裂，裂片椭圆形，长2.0～2.5mm，绿色，边缘白色或淡红色；雄蕊8，短于花被片，花丝基部扩展；花柱3，柱头头状。瘦果卵状三棱形，长2.5～3.0mm，黑褐色，具细纹状小点，无光泽，与宿存花被近等长或稍长。花期为5—7月，果期为6—8月。

防治要点

生态调控：在移栽或播种前进行深翻、覆膜等处理，降低萹蓄的出苗率；及时清除棉田地周边的萹蓄，减少种子进入棉田；结合中耕进行人工或机械防除，减少种子产生。

科学用药：结合苗前土壤封闭处理和苗后茎叶喷雾处理进行防治。苗前采用二甲戊灵、乙氧氟草醚、噁草酮或扑草净进行土壤封闭处理；苗后采用草铵膦或草甘膦加防护罩进行定向茎叶喷雾，施药时应避免大风大气，且尽量压低喷头，防止药液飘移到棉花茎叶上产生药害。

萹蓄幼苗（黄红娟提供）

萹蓄植株（黄红娟提供）

萹蓄花序（黄红娟提供）

棉田萹蓄（张仁福提供）

49. 卷茎蓼

卷茎蓼［*Fallopia convolvulus* (Linnaeus)Á. Löve］属蓼科何首乌属（APG IV：藤蓼属），又称蔓首乌、卷旋蓼。

分布与危害

广泛分布于全国各棉区，为棉田常见杂草，发生为害较轻。

形态特征

一年生草本，以种子繁殖。茎缠绕，长1.0 ~ 1.5m，具条棱，自基部分枝，具小突起。叶有柄，卵形或心形，长2 ~ 6cm，宽1.5 ~ 4.0cm，先端渐尖，基部心形，两面无毛，下表面沿叶脉具小突起，全缘；托叶鞘膜质，长3 ~ 4mm，斜截形，无缘毛。花序总状，腋生或顶生，花稀疏，有时成花簇，淡绿色，下部间断；苞片长卵形，顶端尖，每苞具花2 ~ 4；花梗细弱，比苞片长，中上部具关节；花被5深裂，淡绿色，边缘白色，裂片在果时稍增大，有时具突起的肋或狭翅；雄蕊8，短于花被；花柱3，极短，柱头头状。瘦果椭圆状三棱形，长3.0 ~ 3.5mm，黑色，密被小颗粒，无光泽，包于宿存花被内。花期为5—8月，果期为6—9月。

防治要点

参见“萹蓄”。

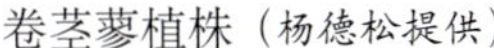

卷茎蓼植株（杨德松提供）

卷茎蓼花序（黄红娟提供）

50. 酸模叶蓼

酸模叶蓼［*Persicaria lapathifolia*（L.）S. F. Gray］属蓼科蓼属（APG IV：萹蓄属），又称大马蓼。

分布与危害

广泛分布于全国各棉区，为棉田常见杂草，发生为害较轻。

形态特征

一年生草本，以种子繁殖。株高40 ~ 90cm。茎直立，具分枝，无毛，节部膨大。叶互生，具柄，披针形或宽披针形，长5 ~ 15cm，宽1 ~ 3cm，绿色，全缘，顶端渐尖或急尖，基部楔形，常有一个大的黑褐色新月形斑点，两面沿中脉被短硬伏毛；叶柄短，具短硬伏毛；托叶鞘筒状，膜质，长1.5 ~ 3.0cm，淡褐色，无毛，具多数脉，顶端截形，无缘毛或具稀疏短缘毛。花序为数个花穗构成的圆锥状花序，花序梗被腺体；苞片漏斗形，边缘具稀疏短缘毛；花被4 ~ 5深裂，淡红色

酸模叶蓼幼株（黄红娟提供）

或白色，花被片椭圆形；雄蕊6，花柱2。瘦果宽卵形，两头双凹，扁平，长2 ~ 3mm，黑褐色，有光泽，包于宿存花被内。花期为6—8月，果期为7—9月。

防治要点

参见“萹蓄”。

酸模叶蓼成株（黄红娟提供）

酸模叶蓼叶鞘（黄红娟提供）

酸模叶蓼花序（黄红娟提供）

酸模叶蓼植株（杨德松提供）

51. 戟叶鹅绒藤

戟叶鹅绒藤［*Cynanchum acutum* subsp. *sibiricum*（Willdenow）K. H. Rechinger］属萝藦科（APG IV：夹竹桃科）鹅绒藤属，又称羊角子草。

分布与危害

广泛分布于西北内陆棉区，为棉田难治杂草，在局部地区为害较重。

形态特征

多年生缠绕藤本，以种子或地下芽繁殖。木质根，粗壮，灰黄色。茎缠绕，被柔毛，下部多分枝。叶对生，具长柄，纸质，三角状或长圆状戟形，顶端渐尖或急尖，基部心状戟形；基生脉5 ~ 7条。聚伞花序腋生；花萼外面被柔毛，花冠外面白色，内面紫色；副花冠双轮，外轮筒状，其顶端具有5条长短不同的丝状舌片，内轮5条裂片较短；花粉块长圆形，下垂；子房平滑，柱头隆起，先端微2裂。蓇葖果单生，狭披针形。种子长圆形，长约5mm，先端有白绢质长种毛，长约2cm。花期为5—8月，果期为6—10月。

防治要点

生态调控：结合中耕采取人工拔除或机械防除等措施，并将植株带出棉田；播种前或移栽前深翻土壤，将多年生根茎切断，降低发生率。

科学用药：在幼苗期可选择丙炔氟草胺、草甘膦、草铵膦加保护罩进行定向喷雾防治。

戟叶鹅绒藤幼苗（黄红娟提供）

戟叶鹅绒藤叶片（黄红娟提供）

戟叶鹅绒藤根（黄红娟提供）

戟叶鹅绒藤花（黄红娟提供）

戟叶鹅绒藤聚伞花序（黄红娟提供）

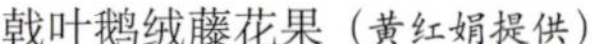
戟叶鹅绒藤花果（黄红娟提供）

棉田戟叶鹅绒藤（张仁福提供）

戟叶鹅绒藤为害棉田（张仁福提供）

52. 鹅绒藤

鹅绒藤（*Cynanchum chinense* R. Br.）属萝藦科（APG IV：夹竹桃科）鹅绒藤属。

分布与危害

广泛分布于全国棉区，为棉田常见杂草，在局部地区为害较重。

形态特征

多年生缠绕草本，以种子和根芽繁殖，全株具短柔毛。主根圆柱形，长约20cm，直径约5mm，干后灰黄色。叶对生，薄纸质，宽三角状心形，长4～9cm，宽4～7cm，先端急尖，基部心形，腹面深绿色，背面灰绿色，两面均被短柔毛；每边约10对侧脉，在叶背略隆起。二歧聚伞花序腋生，着花约20朵；花萼外面被柔毛；花冠白色，裂片5，长圆状披针形；副花冠杯状，上端裂成10个丝状体，分为2轮，外轮约与花冠裂片等长，内轮略短；花粉块长卵形，每室1枚，下垂；柱头略突起，先端2裂。蓇葖果双生或仅有1个发育，细圆柱形，向端部渐尖，长11cm，直径5mm。种子长圆形，顶端有白色绢毛。花期为6—8月，果期为8—10月。

防治要点

参见“戟叶鹅绒藤”。

鹅绒藤花（黄红娟提供）

鹅绒藤果（①黄红娟提供，②张谦提供）

鹅绒藤为害棉田
（张谦提供）

53. 萝藦

萝藦［*Cynanchum rostellatum*（Turcz.）Liede & Khanum］属萝藦科（APG IV：夹竹桃科）萝藦属（APG IV：鹅绒藤属），又称老鸹瓢。

分布与危害

广泛分布于黄河流域棉区和西北内陆棉区，为棉田常见杂草，在局部地区发生为害较重。

形态特征

多年生草质藤本，以种子和根芽繁殖，全株含乳汁。茎圆柱形，缠绕。叶对生，膜质，卵状心形，背面粉绿色或灰绿色，两面无毛；具叶柄。总状式聚伞花序腋生或腋外生，总花梗长6 ~ 12cm，被短柔毛，小苞片膜质，顶端渐尖；花蕾圆锥形，萼片5裂，顶端反折；花冠白色，有淡紫红色斑纹，近辐状；副花冠环状，5短裂，着生于合蕊冠上；雄蕊连生，呈圆锥形，并将雌蕊包围；柱头延伸成长喙，顶端2裂；子房无毛。蓇葖果纺锤形，顶端急尖。种子褐色，扁平，卵圆形，长约5mm，宽约3mm，有膜质边缘，顶端具白色绢质种毛，种毛长约1.5cm。花期为7—8月，果期为9—12月。

防治要点

参见“戟叶鹅绒藤。

萝藦幼苗（黄红娟提供）

萝藦花期植株（黄红娟提供）

萝藦花序（黄红娟提供）

萝藦果（黄红娟提供）

萝藦种子（黄红娟提供）

棉田萝藦（黄红娟提供）

54. 马齿苋

马齿苋（*Portulaca oleracea* L.）属马齿苋科马齿苋属，又称胖娃娃菜、蚂蚁菜、马齿菜、马苋菜。

分布与危害

广泛分布于全国各棉区，为棉田难治杂草，发生为害严重。

形态特征

一年生草本，以种子繁殖。全株光滑。茎伏地铺散，肉质，常带暗红色，多分枝，圆柱形。单叶互生或近对生，叶片扁平，肥厚，似马齿状，顶端钝圆、微凹或平截，全缘；叶柄粗短。花无梗，直径4～5mm，常3～5朵簇生枝端，午时盛开；花萼2，对生；苞片2～6，近轮生；花瓣5，黄色，先端凹，倒卵形；雄蕊8；花柱顶端4～6裂，线形；子房无毛，特立中央胎座。蒴果卵球形，盖裂。种子多数，细小，偏斜球形，黑褐色，有光泽，表面具细小疣状突起。花期为5—8月，果期为6—9月。

防治要点

生态调控：播种前或移栽前深翻土壤，降低种子发芽率；结合中耕采取人工拔除或机械防除等措施，并将植株带出棉田集中处理。

科学用药：苗前或移栽前采用二甲戊灵、丙炔氟草胺、乙氧氟草醚、精异丙甲草胺、敌草隆、扑草净、敌草胺等进行土壤封闭处理；苗后在适期采用乙羧氟草醚、草甘膦或草铵膦在行间定向喷雾，茎叶喷雾应加防护罩且压低喷头，避免将药液喷到棉花茎叶上产生药害。

马齿苋幼苗（黄红娟提供）

马齿苋植株（黄红娟提供）

马齿苋花期（卢屹提供）

马齿苋花（黄红娟提供）

马齿苋蒴果（黄红娟提供）

马齿苋种子（黄红娟提供）

马齿苋为害棉田（①、②黄红娟提供，③耿亭提供，④、⑤张仁福提供）

55. 朝天委陵菜

朝天委陵菜（*Potentilla supina* L.）属蔷薇科委陵菜属，又称鸡毛菜、铺地委陵菜、伏萎陵菜。

分布与危害

广泛分布于全国各棉区，为棉田一般杂草，发生为害较轻。

形态特征

一年生或二年生草本，以种子繁殖。株高10 ~ 50cm。主根细长。茎平铺或倾斜伸展，疏生柔毛或几乎无毛。基生叶为羽状复叶，有小叶2 ~ 5对；小叶互生或对生，小叶片长圆形或倒卵状长圆形，边缘圆钝或有缺刻状锯齿，两面绿色，上表面无毛，下表面微生柔毛；茎生叶与基生叶相似，向上小叶对数逐渐减少，叶柄较短或近无柄；基生叶托叶膜质，褐色，茎生叶托叶草质，绿色，三浅裂。花单生于叶腋，花梗被柔毛；花瓣黄色，倒卵形，顶端微凹，与萼片近等长或稍短。瘦果长圆形，先端尖，黄褐色。花果期为3—10月。

防治要点

参见“马齿苋”。

朝天委陵菜植株（黄红娟提供）

朝天委陵菜花期（黄红娟提供）

朝天委陵菜果（黄红娟提供）

朝天委陵菜果期（黄红娟提供）

56. 龙葵

龙葵（*Solanum nigrum* L.）属茄科茄属，又称野辣虎、山辣椒。

分布与危害

广泛分布于全国各棉区，是棉田难治杂草，发生为害严重。

形态特征

一年生直立草本，以种子繁殖。株高25～100cm。茎直立，多分枝，绿色或紫色，近无毛或被微柔毛。叶卵形，长2.5～10.0cm，宽1.5～5.5cm，全缘或具不规则的波状粗齿，先端短尖；叶柄长1～2cm。蝎尾状花序腋外生，由3～6（12）花组成，花萼杯状，5浅裂；花冠白色，5深裂，筒部隐于萼内；花丝短，花药黄色，长约1.2mm；子房卵形，花柱长约1.5mm，中部以下被白色绒毛，柱头头状。浆果球形，直径约8mm，成熟时黑色。种子近卵形，多数，淡黄色，直径1.5～2.0mm，两侧扁平，表面具细网纹及小凹穴。

防治要点

生态调控：在棉花中耕时采取人工拔除或机械防除等措施，并将植株带出棉田集中销毁，防止种子落入棉田；播种前或收获后深翻土壤，抑制出苗率；覆膜可抑制部分龙葵种子萌发或杀死龙葵幼苗。

科学用药：在苗前采用二甲戊灵、氟啶草酮、丙炔氟草胺、扑草净、敌草隆、乙氧氟草醚进行土壤封闭防治；苗后采用草甘膦、草铵膦或乙羧氟草醚进行定向保护性喷雾防治，施药时应加防护罩且尽量压低喷头，防止药液喷洒到棉花茎叶上而产生药害。

龙葵幼苗（黄红娟提供）

龙葵植株（黄红娟提供）

龙葵花序（黄红娟提供）

龙葵未成熟浆果（黄红娟提供）

龙葵成熟浆果（黄红娟提供）

龙葵为害棉田（①～④黄红娟提供，⑤～⑦魏守辉提供，⑧鹿秀云提供，⑨郭世俭提供）

57. 红果龙葵

红果龙葵（*Solanum villosum* Miller）属茄科茄属，又称红葵。

分布与危害

主要分布在西北内陆棉区，在局部地区发生为害较重。

形态特征

一年生草本，以种子繁殖。株高约40cm。茎直立，多分枝，被糙伏毛状短柔毛。叶互生，具长柄，卵形至椭圆形，长2.0～5.5cm，宽1～3cm，全缘或具不规则的波状粗齿；叶柄具狭翅，长5～8mm。花序近伞形，腋外生，总花梗长约1cm，花梗下垂；花萼杯状，裂片5；花冠白色，辐状，5裂，花冠筒隐于萼内；雄蕊5，花丝长约0.5mm，花药黄色，长约1.5mm；子房近圆形，直径约0.5mm，花柱丝状，长约3mm，中部以下被白色绒毛。浆果球形，成熟时朱红色，直径约6mm。种子近卵形，两侧扁平，直径约1mm。

防治要点

参见“龙葵”。

红果龙葵花序（黄红娟提供）

红果龙葵花果期植株（黄红娟提供）

红果龙葵浆果（黄红娟提供）

红果龙葵为害棉田（刘政提供）

58. 曼陀罗

曼陀罗（*Datura stramonium* L.）属茄科曼陀罗属，又称闹羊花、赛斯哈塔肯（维吾尔族语）、沙斯哈多那（哈萨克族语）。

分布与危害

广泛分布于全国各棉区，为棉田一般杂草，发生为害较轻。

形态特征

一年生草本或半灌木状。株高0.5 ～ 1.5m，全体近于平滑。茎圆柱形，下部木质化。叶宽卵形，基部为不对称楔形，叶缘有不规则浅裂，裂片三角形，每边3 ～ 5条侧脉；叶柄长3 ～ 5cm。花单直立于枝杈间或叶腋，具短梗；花萼筒状，筒部有5棱角，花后自基部断裂；花冠漏斗状，5浅裂；雄蕊5，不伸出花冠，花丝长约3cm；子房卵形，密生柔针毛，花柱长约6cm。蒴果卵状直立生，表面生有坚硬针刺，或有时仅粗糙而无刺，成熟后规则4瓣裂。种子黑色，卵圆形，稍扁，表面具粗网纹和小凹穴，长约4mm。

防治要点

参见“龙葵”。

曼陀罗幼苗（黄红娟提供）

曼陀罗花（黄红娟提供）

曼陀罗植株（黄红娟提供）

曼陀罗蒴果（黄红娟提供）

曼陀罗未成熟种子（黄红娟提供）

曼陀罗成熟种子（黄红娟提供）

59. 苦蘵

苦蘵（*Physalis angulata* L.）属茄科酸浆属（APG IV：洋酸浆属），又称灯笼泡、灯笼草。

分布与危害

主要分布在长江流域棉区，发生为害较轻。

形态特征

一年生草本，以种子繁殖。株高30～50cm。茎直立，多分枝。叶片卵状椭圆形，全缘或有不等大的牙齿，两面近无毛，长3～6cm，宽2～4cm；叶柄长1～5cm。花梗长5～12mm，纤细，生短柔毛；花冠淡黄色，喉部常有紫色斑纹，花较小，长4～6mm，直径6～8mm；花萼具短柔毛，5裂，裂片披针形；花药蓝紫色或有时黄色，长约1.5mm。果萼卵球形，直径1.5～2.5cm，薄纸质；浆果球形，直径约1.2cm，包藏在膨大的草绿色宿存花萼内。种子圆盘形，长约2mm，淡棕褐色，表面具细网状纹。花果期为5—12月。

防治要点

参见“龙葵”。

苦蘵幼苗（黄红娟提供）

苦蘵花（黄红娟提供）

苦蘵果（黄红娟提供）

苦蘵植株（①、②黄红娟提供，③张谦提供）

苦蘵花果（黄红娟提供）

60. 群心菜

群心菜（*Lepidium draba* L.）属十字花科群心菜属（APG IV：独行菜属）。

分布与危害

主要分布于西北内陆棉区，为棉田一般杂草，发生为害较轻。

形态特征

多年生草本，以种子或不定芽进行繁殖。主根可垂直深入土壤数米，主根上产生水平生长的侧根，侧根上产生不定芽。株高20～50cm，被弯曲短单毛，以基部最多，向上渐减少；茎直立，多分枝。基生叶有柄，倒卵状匙形，边缘有波状齿，开花时枯萎；茎生叶倒卵形、长圆形至披针形，顶端钝或有小锐尖头，基部心形，抱茎，边缘疏生尖锐波状齿或近全缘。总状花序排列成圆锥状，多分枝；萼片长圆形，长约2mm；花柱长约1.5mm；果梗长5 ~ 10mm；花瓣白色，倒卵状匙形，顶端微缺。短角果卵形或近球形，果瓣无毛。种子1粒，宽卵形或椭圆形，棕色，稍扁片，种脐白色，无翅。花期为5—6月，果期为7—8月。

防治要点

生态调控：播种前或收获后深翻土壤，降低种子出苗率；覆膜可抑制部分杂草种子萌发或杀死杂草幼苗；在棉花中耕时采取人工拔除或机械防除等措施，减少种子形成。

科学用药：在苗前采用二甲戊灵、氟啶草酮、丙炔氟草胺、扑草净、敌草隆、乙氧氟草醚进行土壤封闭处理；苗后采用草甘膦、草铵膦或乙羧氟草醚进行定向保护性喷雾防治，施药时应加防护罩且尽量压低喷头，防止药液喷洒到棉花茎叶上而产生药害。

群心菜植株（黄红娟提供）

群心菜花期植株（黄红娟提供）

群心菜角果（黄红娟提供）

61. 离子芥

离子芥［*Chorispora tenella*（Pall.）DC.］属十字花科离子芥属，又称离子草、红花荠菜。

分布与危害

主要分布于黄河流域棉区和西北内陆棉区，发生为害较轻。

形态特征

一年生草本，以种子繁殖。株高5 ~ 30cm，全体疏生短腺毛。根纤细，侧根很少。茎自基部分枝，斜向上或呈铺散状，基生叶丛生，宽披针形，边缘具疏齿或呈羽状分裂；茎生叶披针形，较基

离子芥植株（卢屹提供）

生叶小，边缘具数对波状浅齿或近全缘，上部叶近无柄。总状花序顶生，花梗极短，花淡紫色或淡蓝色；萼片4，直立，披针形，具白色膜质边缘；花瓣长7 ~ 10mm，宽约1mm，顶端钝圆，下部具细爪。长角果圆柱形，长1.5 ~ 3.0cm，略向上弯曲，具横节，节片长方形，喙长1.0 ~ 1.5cm，向上渐尖，与果实顶端的界限不明显；果梗粗壮，长3 ~ 4mm。种子长椭圆形，褐色。花果期为4—8月。

防治要点

参见“群心菜”。

62. 独行菜

独行菜（*Lepidium apetalum* Willd.）属十字花科独行菜属，又称腺茎独行菜、拉拉罐子。

分布与危害

广泛分布于各棉区，为棉田常见杂草，发生为害较轻。

形态特征

一年或二年生草本，以种子繁殖。株高5 ~ 30cm。茎直立，有分枝，无毛或具乳头状腺毛。基生叶窄匙形，一回羽状浅裂或深裂，长3 ~ 5cm，宽1.0 ~ 1.5cm；叶柄长1 ~ 2cm；茎上部叶线形，无柄，有疏齿或全缘。总状花序顶生，在果期可延长至5cm；花极小，排列疏松；萼片卵形，早落，长约0.8mm，外面被柔毛；花瓣无或退化成丝状，比萼片短；雄蕊2或4，蜜腺4。短角果近圆形或宽椭圆形，扁平，长2 ~ 3mm，宽约2mm，先端微缺，上部具极狭翅，隔膜宽不到1mm；果梗弧形，长约3mm。种子椭圆形，长约1mm，平滑，棕红色。花果期为5—7月。

防治要点

参见“群心菜”。

独行菜幼苗（黄红娟提供）

独行菜花期植株（黄红娟提供）

独行菜果期植株（黄红娟提供）

独行菜角果（黄红娟提供）

63. 风花菜

风花菜［*Rorippa globosa* (Turcz.) Hayek］属十字花科蔊菜属，又称球果蔊菜、圆果蔊菜。

分布与危害

广泛分布于全国各棉区，是棉田常见杂草，为害较轻。

形态特征

一年生或二年生直立粗壮草本，以种子繁殖。株高20～80cm，植株被白色硬毛或近无毛。茎单一，基部木质化。茎下部叶具柄，上部叶无柄，叶片长圆形至倒卵状披针形，长5～15cm，宽1.0～2.5cm，基部渐狭，下延成短耳状而半抱茎，边缘呈不整齐齿裂，无毛。总状花序顶生，呈圆锥花序式排列，果期伸长；花小，直径约1mm，黄色，具细梗，长4～5mm；萼片4，长卵形，长约1.5mm，边缘膜质；花瓣4，倒卵形；雄蕊6。短角果近球形，直径约2mm，果瓣隆起，先端具短喙；果梗纤细，呈水平开展或稍向下弯，长4～6mm。

风花菜植株（黄红娟提供）

种子多数，淡褐色，细小，卵形，一端微凹。花期为4—6月，果期为7—9月。

防治要点

参见“群心菜”。

风花菜花果（黄红娟提供）

风花菜花（黄红娟提供）

风花菜角果（黄红娟提供）

64. 沼生蔊菜

沼生蔊菜［*Rorippa palustris* (L.) Besser］属十字花科蔊菜属。

分布与危害

广泛分布于全国各棉区，为棉田常见杂草，为害较轻。

形态特征

一年生或二年生草本，以种子繁殖。株高20～50cm，光滑无毛或稀有单毛。茎直立，上部有分枝，下部常带紫色，具棱。基生叶多数，具柄；叶片羽状深裂或大头羽状深裂，裂片3～7对，边缘不规则浅裂或呈深波状，基部耳状抱茎；茎生叶近无柄，叶片羽状深裂，基部耳状抱茎。总状花序顶生或腋生，多数，无苞片，花梗纤细，花小，黄色或淡黄色；花瓣长倒卵形至楔形；雄蕊6，近等长，花丝线状。短角果椭圆形或近圆柱形，有时稍弯曲，果梗斜向开展。种子每室2行，近卵形且扁平，一端微凹，表面具细网纹。花期为4—7月，果期为6—8月。

防治要点

参见“群心菜”。

沼生蔊菜植株（黄红娟提供）

沼生蔊菜花果（黄红娟提供）

沼生蔊菜角果（黄红娟提供）

棉田沼生蔊菜（黄红娟提供）

65. 反枝苋

反枝苋（*Amaranthus retroflexus* L.）属苋科苋属，又称西风谷、野苋菜。

分布与危害

广泛分布于全国各地棉区，为棉田重要杂草，为害严重。

形态特征

一年生草本，以种子繁殖。株高20～80cm。茎直立，粗壮，密生短柔毛。叶片菱状卵形或椭圆状卵形，长5～12cm，宽2～5cm，先端锐尖或微凹，有小芒尖，叶缘全缘或波状，两面及边缘有柔毛；叶柄长1.5～5.5cm，有柔毛。圆锥花序较粗壮，顶生或腋生，直立，由多数穗状花序形成；苞片及小苞片钻形，干膜质，长4～6mm，白色；花被片5，长圆形或长圆状倒卵形，薄膜质，白色，具凸尖；雄蕊5；柱头3，有时2，长刺锥状。胞果扁卵形，包于宿存的花被内，长约1.5mm，果实成熟时环状横裂。种子近球形，直径约1mm，棕色或黑色。花果期为7—9月。

防治要点

生态调控：播种前或收获后可深翻土壤，将种子深埋，降低种子萌发量；棉花中耕时采取人工拔除或机械防除等措施，并带出棉田集中处理，减少种子产生量；覆盖薄膜减少反枝苋存活量；及时清理棉田周围的杂草，防止种子扩散进入棉田。

科学用药：在苗前选择精异丙甲草胺、乙氧氟草醚、二甲戊灵、乙草胺、丙炔氟草胺、敌草隆、扑草净、氟啶草酮、敌草胺等土壤处理剂进行早期防治；苗后可采用草甘膦、草铵膦或乙羧氟草醚加保护罩进行定向茎叶喷雾，施药时应注意尽量压低喷头，避免大风天气用药，防止药液喷到棉花茎叶上，并注意轮换用药，防止产生抗药性。

反枝苋幼苗（黄红娟提供）

反枝苋成株（黄红娟提供）

反枝苋花序（黄红娟提供）

反枝苋为害棉田（①、③黄红娟提供，②张仁福提供）

66. 凹头苋

凹头苋（*Amaranthus blitum* L.）属苋科苋属，又称野苋。

分布与危害

广泛分布于全国各棉区，为棉田常见杂草，在局部地区为害较重。

形态特征

一年生草本，以种子繁殖。株高10～30cm，全体无毛。茎伏卧而上升，从基部分枝。叶片卵形或菱状卵形，长1.5～4.5cm，宽1～3cm，顶端钝圆而有凹缺，基部楔形，叶缘全缘或呈波状；叶柄长1.0～3.5cm。花簇大部分腋生，于茎端和枝端呈直立穗状花序或圆锥花序；苞片及小苞片长圆形；花被片3，长圆形或披针形，长1.2～1.5mm，淡绿色，顶端急尖，边缘内曲；雄蕊3，稍短于花被片；柱头3或2，果实成熟时脱落。胞果扁卵形，长约3mm，不裂，微皱缩而近平滑。种子扁球形，直径约12mm，黑色至黑褐色，边缘具环状边。花果期为7—9月。

防治要点

参见“反枝苋”。

凹头苋幼苗（黄红娟提供）

凹头苋植株（黄红娟提供）

凹头苋花序（黄红娟提供）

凹头苋为害棉田（张仁福提供）

67. 绿穗苋

绿穗苋（*Amaranthus hybridus* L.）属苋科苋属。

分布与危害

分布于黄河流域棉田和长江流域棉田，在局部地区发生为害较重。

形态特征

一年生草本，以种子繁殖。株高30～50cm。茎直立，分枝上部近弯曲，有柔毛。单叶互生，叶片卵形或菱状卵形，上表面近无毛，下表面疏生柔毛，长3.0～4.5cm，宽1.5～2.5cm，顶端急尖或微凹，具凸尖，基部楔形，叶缘波状或有不明显锯齿；叶柄长1.0～2.5cm，有柔毛。圆锥花序顶生，绿色，较细长，上升稍弯曲，有分枝，由穗状花序排列而成，中间花穗最长；苞片及小苞片绿色，钻状披针形，长3.5～4.0mm，中脉向前伸出成芒尖；花被片5，长圆状披针形，长约2mm，先端凸尖；柱头3。胞果卵形，长2mm，成熟后环状横裂，超出宿存花被片。种子近球形，直径约1mm，黑色。花期为7—8月，果期为9—10月。

绿穗苋与反枝苋形态极相近，但绿穗苋花序较细长，苞片较短，胞果超出宿存花被片，可以区别。

绿穗苋花果（黄红娟提供）

防治要点

参见“反枝苋”。

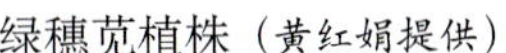

绿穗苋植株（黄红娟提供）

绿穗苋花序（黄红娟提供）

68. 皱果苋

皱果苋（*Amaranthus viridis* L.）属苋科苋属，又称绿苋、野苋。

分布与危害

主要分布于黄河流域棉区和长江流域棉区，在局部地区为害较重。

形态特征

一年生草本，以种子繁殖。株高40 ~ 80cm，全体无毛。茎直立，稍有分枝。叶片卵形、卵状长圆形或卵状椭圆形，长3 ~ 9cm，宽2.5 ~ 6.0cm，顶端凹缺，少数钝圆，基部宽楔形或近截形，全缘或微呈波状缘；叶柄长3 ~ 6cm。花小，排列成细长腋生的穗状花序，或于茎顶再形成圆锥花序，长6 ~ 12cm，宽1.5 ~ 3.0cm，有分枝；苞片及小苞片披针形，干膜质，顶端具凸尖；花被片3，长圆形或宽倒披针形，长1.2 ~ 1.5mm，有芒尖，背部有绿色隆起中脉；雄蕊3，比花被片短；柱头3或2。胞果扁球形，直径约2mm，绿色，不裂，表面极皱缩，超出宿存花被。种子近球形，凸透镜状，直径约1mm，黑色或黑褐色，具光泽。花果期为6—10月。

防治要点

参见“反枝苋”。

皱果苋植株（黄红娟提供）

皱果苋花序（黄红娟提供）

皱果苋为害棉田（黄红娟提供）

69. 刺苋

刺苋（*Amaranthus spinosus* L.）属苋科苋属，又称勒苋菜、竻苋菜。

分布与危害

主要分布于黄河流域棉区和长江流域棉区，为棉田常见杂草，在局部地区为害较重。

形态特征

一年生草本，以种子繁殖。株高30 ～ 100cm。茎直立，多分枝，有纵条纹，绿色或带紫色。叶片菱状卵形或卵状披针形，先端常有细刺，长3 ～ 12cm，宽1.0 ～ 5.5cm，基部楔形，全缘；叶柄长1 ～ 8cm，两侧有刺，刺长5 ～ 10mm。花单性或杂性，雌花簇生于叶腋，雄花密集成顶生的圆锥花序；腋生花簇及顶生花穗的苞片变成尖锐直刺；花被片顶端急尖，边缘透明；雄蕊5，花丝和花被片等长或略短；柱头3，有时2。胞果长圆形，长1.0 ~ 1.2mm，中部以下不规则横裂，包裹在宿存花被片内。种子近球形，略扁，凸透镜状，直径约1mm，黑色或带棕黑色，有光泽。花果期为7—11月。

防治要点

参见“反枝苋”。

刺苋植株（黄红娟提供）

刺苋叶片（黄红娟提供）

刺苋茎（黄红娟提供）

刺苋叶柄及刺（黄红娟提供）

刺苋腋生花序（黄红娟提供）

刺苋顶生花序（黄红娟提供）

刺苋为害棉田（黄红娟提供）

70. 喜旱莲子草

喜旱莲子草［*Alternanthera philoxeroides*（Mart.）Griseb.］属苋科莲子草属，又称空心莲子草、水花生、革命草、长梗满天星。

分布与危害

主要分布于长江流域棉区，为棉田常见杂草，为害严重。

形态特征

多年生草本，以根茎进行繁殖。茎基部匍匐，常呈粉色，上部上升或平卧，中空，具分枝，着地生根，幼茎及叶腋有白色或锈色柔毛。叶片长圆形、长圆状倒卵形或倒卵状披针形，长2.5 ~ 5.0cm，宽7 ~ 20mm，顶端急尖或圆钝，具短尖，全缘；叶柄长3 ~ 10mm。花密生，头状花序单生于叶腋，球形；具总花梗，长1.5 ~ 3.0cm；苞片及小苞片白色，宿存，顶端渐尖，苞片卵形，小苞片披针形；花被片5，长圆形；雄蕊5，花丝长2.5 ~ 3.0mm，基部连合呈杯状；花柱粗短，柱头头状，子房倒卵形，具短柄。胞果扁平，种皮革质。花期为5—10月。

防治要点

生态调控：选择莲草直胸跳甲进行生物防治；棉花移栽前采取人工拔除或机械防除等措施，将根茎切断，带出棉田集中晒干或销毁，防止根茎扩散到棉田。

科学用药：可在棉田移栽前选择草甘膦进行茎叶喷雾防治，可在免耕棉田行间进行保护性茎叶喷雾防治，须在药后一星期以上再移栽棉苗，多雨季节避免使用草甘膦，防止产生药害；棉花蕾铃期可选择草甘膦加保护罩进行行间定向喷雾，应选择无风天气，将喷头尽量压低，防止药液喷洒到棉花茎叶上。

喜旱莲子草植株（黄红娟提供）

喜旱莲子草头状花序（黄红娟提供）

喜旱莲子花（黄红娟提供）

71. 白苋

白苋（*Amaranthus albus* L.）属苋科苋属，又称细枝苋。

分布与危害

分布于黄河流域棉区和西北内陆棉区，为棉田常见杂草，在局部地区为害较重。

形态特征

一年生草本，以种子繁殖。株高30 ~ 50cm。根圆锥形，直根系。茎常匍匐，从基部分枝，绿白色，无毛或具糙毛。叶对生，具短柄，叶片倒卵形或匙形，长5 ~ 20mm，宽3 ~ 6mm，顶端圆钝或微凹，边缘微波状，无毛。花簇腋生，或呈穗状花序顶生；苞片及小苞片钻形，长2.0 ~ 2.5mm，向外反曲，背面具龙骨状突起；花被片3，长约1mm，比苞片短，稍呈薄膜质；雄蕊3，伸出花外；柱头3。胞果扁平，倒卵形，长1.2 ~ 1.5mm，黑褐色，皱缩，环状横裂。种子近球形，双凸透镜状，直径约1mm，黑色至黑棕色。花果期为7—9月。

防治要点

生态调控：播种前或收获后可深翻土壤，将种子深埋，降低种子萌发量；棉花中耕时采取人工拔除或机械防除等措施，并将杂草带出棉田集中处理，减少种子产生量；覆盖薄膜，减少杂草存活量；及时清理棉田周围的杂草，防止种子扩散进入棉田。

科学用药：在苗前选择精异丙甲草胺、乙氧氟草醚、二甲戊灵、乙草胺、丙炔氟草胺、敌草隆、扑草净、氟啶草酮、敌草胺等土壤处理剂进行早期防治；苗后可选用草甘膦、草铵膦或乙羧氟草醚加保护罩进行定向茎叶喷雾，施药时应注意尽量压低喷头，避免大风天气用药，防止药液喷到棉花茎叶上，并注意轮换用药，防止产生抗药性。

白苋植株（张帅提供）

白苋叶片（黄红娟提供）

白苋花序（黄红娟提供）

白苋为害棉田（①郭世俭提供，②黄红娟提供）

72. 北美苋

北美苋（*Amaranthus blitoides* S. Watson）属苋科苋属。

分布与危害

分布于黄河流域棉区，为害较轻。

形态特征

一年生草本，以种子繁殖。株高15～50cm。茎大部分伏卧，从基部分枝，绿白色，全株光滑无毛或近无毛。叶密生，倒卵形、匙形至长圆状倒披针形，长5～25mm，宽3～10mm，先端圆钝或急尖，具细凸尖，基部楔形，全缘；叶柄长5～15mm。花成花簇，比叶柄短，腋生；苞片及小苞片披针形，顶端急尖，具芒尖；花被片4或5，卵状披针形至长圆状披针形，长1.0～2.5mm，顶端渐尖，具芒尖；柱头3，顶端卷曲。胞果椭圆形，长约2mm，环状横裂。种子卵形，直径约1.5mm，黑色，有光泽。花果期为8—10月。

防治要点

参见“白苋”。

北美苋植株（黄红娟提供）

北美苋花序（黄红娟提供）

北美苋成片植株（黄红娟提供）

73. 腋花苋

腋花苋［*Amaranthus graecizans* subsp. *thellungianus*（Nevski ex Vassilcz.）Gusev］属苋科苋属，又称罗氏苋。

分布与危害

主要分布于黄河流域棉区和西北内陆棉区，为棉田一般杂草，为害较轻。

形态特征

一年生草本，以种子繁殖。株高30 ~ 65cm。茎直立，多分枝，淡绿色，全部光滑无毛。叶片菱状卵形、倒卵形或长圆形，长2 ~ 5cm，宽1.0 ~ 2.5cm，顶端微凹，基部楔形，叶全缘或略呈波状；叶柄纤细，长1.0 ~ 2.5cm。花簇生于叶腋，花少数；苞片及小苞片钻形，长约2mm，背面有绿色隆起中脉，顶端具芒尖；花被片3，披针形，较苞片略长或等长，顶端渐尖，具芒尖；雄蕊3，短于花被片；柱头3。胞果卵形，长约3mm，成熟时环状横裂，和宿存花被等长。种子近球形，直径约1mm，边缘加厚，黑棕色。花期为7—8月，果期为8—9月。

防治要点

参见“白苋”。

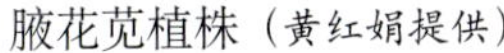
腋花苋植株（黄红娟提供）

腋花苋花序（黄红娟提供）

74. 青葙

青葙（*Celosia argentea* L.）属苋科青葙属，又称狗尾草、百日红、野鸡冠花、指天笔。

分布与危害

主要分布在黄河流域棉区和长江流域棉区，为害较轻。

形态特征

一年生草本，以种子繁殖。株高0.3 ~ 1.0m，全株无毛。茎直立，有分枝，具明显条纹。叶互生，叶片披针形，绿色常带红色，顶端急尖或渐尖，全缘。花多数，密生，在茎端或枝端呈单一、无分枝的塔形或圆柱形穗状花序，初开时淡红色，后变白色；苞片1，小苞片2，披针形，先端延长成细芒；花被片5，长圆状披针形；雄蕊5，花丝下部合生呈环状，花丝长5 ~ 6mm，花药紫色；花柱细长，紫红色，柱头2 ~ 3裂。胞果卵形。种子凸透镜状肾形，黑色，有光泽。花期为5—8月，果期为6—10月。

青葙植株（黄红娟提供）

防治要点

参见“白苋”。

青葙花序（黄红娟提供）

青葙花序及胞果（黄红娟提供）

75. 地黄

地黄［*Rehmannia glutinosa*（Gaert.）Libosch. ex Fisch. et Mey.］属玄参科（APG IV：列当科）地黄属，又称怀庆地黄、生地。

分布与危害

广泛分布于黄河流域棉区和长江流域棉区，为棉田常见杂草，为害较轻。

形态特征

多年生草本植物。株体高10～30cm，全株密被灰白色长柔毛和腺毛。根茎肉质，粗壮，新鲜时黄色。茎单一或自基部分枝，紫红色。茎生叶少而小，叶多在茎基部集成莲座状；叶片卵形至长椭圆形，边缘具不规则圆齿或钝锯齿；基部渐狭成柄，叶面有皱纹，上表面绿色，下表面淡紫色。花具梗，在茎顶部排列成总状花序，密被腺毛；花萼密被长柔毛和白色长毛，萼齿5；花冠筒外面紫红色，被长柔毛；花冠裂片5枚，先端钝或微凹，内面黄紫色，外面紫红色，两面均被长柔毛，先端二唇形；雄蕊4；花柱细长，柱头2裂，子房无毛。蒴果卵形至长卵形，先端具喙。种子黑褐色，表面有蜂窝状网眼。花果期为4—7月。

地黄幼苗（黄红娟提供）

防治要点

参见“白苋”。

地黄植株（黄红娟提供）

地黄花果期植株（黄红娟提供）

地黄花（黄红娟提供）

地黄蒴果（黄红娟提供）

地黄花序（黄红娟提供）

76. 野胡麻

野胡麻（*Dodartia orientalis* L.）属玄参科（APG IV：通泉草科）野胡麻属。

分布与危害

主要分布于西北内陆棉区，棉田一般杂草，为害较轻。

形态特征

多年生直立草本，以种子和根芽繁殖。株高15 ~ 50cm。根肉质，粗壮。茎单一或丛生，茎多回分枝，扫帚状，基部被鳞片。叶疏生，茎下部的叶对生或近对生，上部的叶常互生，全缘或有疏齿。总状花序顶生，花常3 ~ 7朵，疏离；花梗短，长0.5 ~ 1.0mm；花萼钟形，近革质，裂齿5，三角形；花冠紫色或深紫红色，花冠筒长筒状，上唇短而直，先端2浅裂，下唇宽圆形，3裂，喉部有2条着生腺毛的纵皱褶，侧裂片近圆形，中裂片突出，舌状；雄蕊4，花药紫色；子房卵圆形。蒴果圆球形，直径约5mm，具短尖头。种子卵形，黑色。花果期为5—9月。

防治要点

参见“白苋”。

野胡麻开花种群（黄红娟提供）

野胡麻植株（黄红娟提供）

野胡麻结果植株（黄红娟提供）

野胡麻花（黄红娟提供）

野胡麻果（黄红娟提供）

棉田野胡麻（张仁福提供）

77. 田旋花

田旋花（*Convolvulus arvensis* L.）属旋花科旋花属，又称小旋花、白花藤、箭叶旋花。

分布与危害

广泛分布于全国各棉区，为棉田恶性杂草，为害严重。

形态特征

多年生缠绕草本，以地下茎及种子繁殖。根状茎横走，茎平卧或缠绕。叶互生，叶卵状长圆形至披针形，基部大多为戟形、箭形或心形，全缘或3裂，中裂片较大；叶柄约为叶片的1/3；叶脉羽状。花序腋生，花梗总长3～8cm，花柄比花萼长得多；苞片2，线形，远离萼片；萼片5，有毛，边缘膜质；花冠宽漏斗形，长15～26mm，白色或粉红色，5浅裂；雄蕊5，花丝基部具鳞毛，稍不等长，较花冠短一半；雌蕊较雄蕊稍长，子房有毛，2室，每室2胚珠，柱头2裂，线形。蒴果卵状球形或圆锥形，无毛。种子卵圆形，无毛，长3～4mm，黑褐色。

防治要点

生态调控：播前或收获后深翻土壤，将地下根茎切断并带出棉田集中销毁，降低杂草基数；结合中耕采取人工拔除或机械防除等措施，减少田旋花种子量；采用水旱轮作的方式，如通过稻棉轮作、麦棉倒茬控制田旋花的发生为害；精选种子，施用腐熟的有机肥料。

科学用药：苗前用乙氧氟草醚、精异丙甲草胺、扑草净、丙炔氟草胺等进行土壤封闭处理，后期若仍有田旋花发生，可在棉花4叶期之后选择丙炔氟草胺、8叶期之后选择扑草净随水滴施防治；棉花现蕾期选择草甘膦、草铵膦加保护罩在行间进行定向茎叶喷雾或涂抹，发生严重的棉田在棉花收获期喷洒草甘膦防治，以抑制田旋花地下根茎的生长，减少翌年发生量。

田旋花幼苗（黄红娟提供）

田旋花植株（黄红娟提供）

田旋花花序（黄红娟提供）

田旋花雄蕊和雄蕊（黄红娟提供）

田旋花花果（黄红娟提供）

田旋花为害棉田（① ~ ④黄红娟提供，⑤郭世俭提供）

78. 打碗花

打碗花（*Calystegia hederacea* Wall.）属旋花科打碗花属，又称老母猪草、旋花苦蔓、狗儿秧、小旋花、喇叭花、篱打碗花。

分布与危害

广泛分布于全国各棉区，在局部棉田为害严重。

形态特征

多年生蔓性草本，以地下茎茎芽和种子繁殖，以无性繁殖为主。全体不被毛，植株通常矮小，常自基部分枝，地下具白色横走根茎。茎细，平卧，蔓生。叶互生，具长柄，基部叶片长圆形，全缘，顶端圆，基部戟形；上部叶片3裂，中裂片长圆形或长圆状披针形，侧裂片近三角形。花单生于叶腋，花梗有角棱，长于叶柄；苞片2，宽卵形，宿存；萼片5，长圆形，具小短尖头；花冠漏斗形，淡紫色或淡红色，长2 ~ 4cm，冠檐近截形或微裂；雄蕊5，近等长，花丝基部扩大，具小鳞毛，贴生花冠管基部；子房无毛，柱头2裂，裂片长圆形，扁平。蒴果卵球形，光滑，长约1cm，与宿存萼片等长。种子黑褐色，卵圆形，长4 ~ 5mm，表面有小疣。

防治要点

参见“田旋花”。

打碗花幼苗（黄红娟提供）

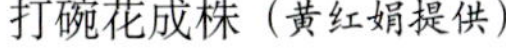

打碗花成株（黄红娟提供）

打碗花花序（黄红娟提供）

打碗花雌蕊和雄蕊（黄红娟提供）

打碗花花果（黄红娟提供）

打碗花果（黄红娟提供）

打碗花为害棉田
（黄红娟提供）

79. 圆叶牵牛

圆叶牵牛（*Ipomoea purpurea* Lam.）属旋花科牵牛属（APG IV：番薯属），又称紫花牵牛、打碗花、心叶牵牛。

分布与危害

广泛分布于全国各地棉田，为棉田常见杂草，在局部地区为害严重。

形态特征

一年生缠绕草本，以种子繁殖。全株被粗硬毛，茎多分枝。叶互生，圆心形或宽卵状心形，长4 ~ 18cm，宽3.5 ~ 16.5cm，全缘或偶有3裂，基部钝圆，呈心形，顶端锐尖、骤尖或渐尖；叶柄长2 ~ 12cm。花腋生，1 ~ 5朵花生于花序梗顶端呈伞形聚伞花序，总花梗与叶柄近等长；苞片2，线形，被开展的长硬毛；萼片5，近等长，外面3片长椭圆

圆叶牵牛幼苗（黄红娟提供）

形，先端锐尖，内面2片线状披针形；花梗被倒向短柔毛及长硬毛；花冠漏斗形，长4 ~ 6cm，紫红色、红色或白色，先端5浅裂，花冠管通常白色；雄蕊5，不等长，与花柱内藏，花丝基部被柔毛；子房无毛，3室，每室2胚珠，柱头头状，3裂；花盘环状。蒴果近球形，3瓣裂。种子卵状三棱形，表面粗糙，黑褐色。

防治要点

参见“田旋花”。

圆叶牵牛植株（黄红娟提供）

圆叶牵牛花（黄红娟提供）

圆叶牵牛花苞片（黄红娟提供）

圆叶牵牛为害棉田（黄红娟提供）

80. 牵牛

牵牛［*Ipomoea nil*（L.）Roth］属旋花科牵牛属（APG IV：番薯属），又称裂叶牵牛、大牵牛花、喇叭花。

分布与危害

广泛分布于各棉区，在局部棉田为害严重。

形态特征

一年生缠绕草本，以种子繁殖。全株被硬粗毛，多分枝。茎上被倒向的短柔毛及倒向或开展的长硬毛。叶互生，宽卵形或近圆形，常深或浅3裂，偶5裂，基部心形；具叶柄，叶柄长2～15cm。花序有1～3朵花，总花梗略短于叶柄，花腋生，单一或通常2朵着生于花序梗顶；萼片5，披针形，先端尾长尖，不向外反曲，基部密被粗硬毛；苞片线形或叶状，被开展的微硬毛；小苞片线形；花冠漏斗形，长5～8（～10）cm，蓝紫色或紫红色，花冠管色淡；雄蕊及花柱内藏；雄蕊5，不等长，花丝基部被柔毛；子房3，无毛，柱头头状。蒴果近球形，直径0.8～1.3cm，3瓣裂。种子5～6个，卵状三棱形，长约6mm，黑褐色或米黄色，被褐色短绒毛。

防治要点

参见“田旋花”。

牵牛幼苗（黄红娟提供）

牵牛植株（黄红娟提供）

牵牛花（黄红娟提供）

牵牛花苞片（黄红娟提供）

牵牛蒴果（黄红娟提供）

牵牛为害棉田（黄红娟提供）

81. 菟丝子

菟丝子（*Cuscuta chinensis* Lam.）属旋花科菟丝子属，又称无根藤、黄丝藤、无根草、豆寄生。

分布与危害

广泛分布于全国各棉区，为害较轻。

形态特征

一年生寄生草本，以种子繁殖为主，也能以断茎进行营养繁殖。茎缠绕，黄色，纤细，无叶，多分枝。花多簇生成团伞花序，花序侧生，近于无总花序梗；苞片及小苞片鳞片状；花萼杯状，中部以下连合，裂片背面具脊；花冠白色或略带黄色，钟形，4～5裂，裂片三角状卵形，向外反折；花冠内面近基部着生长圆形鳞片，鳞片较大，边缘具长流苏；雄蕊着生于花冠裂片弯缺处稍下方：子房近球形，柱头球形，花柱2，等长或不等长。蒴果球形，直径约3mm，几乎全被宿存的花冠包围，成熟时周裂。种子有喙，卵圆形，长约1mm，淡褐色，表面粗糙。

菟丝子植株（姚永生提供）

防治要点

生态调控：棉花收获后深翻土壤，机械深翻25cm以上，将种子深埋，阻止菟丝子种子萌发；混杂有菟丝子种子的农家肥经过高温发酵处理，彻底腐熟后才能使用；覆盖黑膜，降低菟丝子萌发率；已经发生菟丝子的地块应及时中耕，将缠绕在棉株上的菟丝子人工摘除或机械处理，并将菟丝子茎带出棉田集中销毁或深埋，不可随意丢弃田间，防止进一步扩散。

科学用药：苗前采用精异丙甲草胺、氟乐灵、仲丁灵进行土壤处理，降低菟丝子发生数量；苗后需要及时发现及时处理，非常严重的田块，采用草甘膦涂抹防治，但这种方式容易对棉花造成药害，涂抹时应避免药液接触到棉花茎叶，并在菟丝子种子未形成之前完成，降低菟丝子种子量。

菟丝子花蕾（黄红娟提供）

菟丝子花（黄红娟提供）

菟丝子吸器（黄红娟提供）

82. 椭圆叶天芥菜

椭圆叶天芥菜（*Heliotropium ellipticum* Ledeb.）属紫草科天芥菜属。

分布与危害

分布于西北内陆棉区，为棉田一般杂草，发生为害较轻。

形态特征

多年生草本，以种子繁殖。茎直立或斜升，自基部分枝，被向上反曲的白色糙伏毛或短硬毛。叶具长柄，无狭翅；叶椭圆形或椭圆状卵形，先端钝或尖，基部渐狭，全缘，上表面绿色，下表面灰绿色，两面均有毛，叶背脉微突出。聚伞花序顶生及腋生，先端常呈蝎尾状；花无梗，在花序枝上排为二列；花萼5深裂，密被短柔毛；花冠白色，5浅裂；雄蕊5，无花丝，花药卵状长圆形，长约1mm；子房圆球形，直径0.5 ~ 0.7mm，柱头长圆锥形，长1.2 ~ 1.5mm，下部膨大的环状部分无毛。核果直径2.5 ~ 3.0mm，具不明显的皱纹及细密的疣状突起。花果期为7—9月。

椭圆叶天芥菜植株（黄红娟提供）

防治要点

参见“田旋花”。

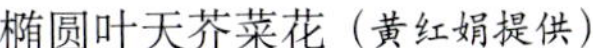
椭圆叶天芥菜花（黄红娟提供）

椭圆叶天芥菜花序（黄红娟提供）

83.鹤虱

鹤虱（*Lappula myosotis* Moench）属紫草科鹤虱属。

分布与危害

分布于黄河流域棉区和西北内陆棉区，为棉田常见杂草，为害较轻。

形态特征

一年生或二年生草本，以种子繁殖。株高20 ~ 40cm，被糙毛。茎直立，多分枝。基生叶长圆状匙形，基部有长柄，全缘，先端钝；茎生叶较短而狭，披针形或线形，扁平或沿中肋纵折，先端尖，无叶柄。聚伞花序顶生，果期伸长；苞片披针形至线形；花梗果期伸长；花萼5深裂，裂片线形，急尖，有毛，果期开展呈狭披针形；花冠淡蓝色，漏斗形至钟形，比萼片稍长，喉部具5个长圆形附属物。雄蕊5，内藏；柱头扁球形。小坚果4，卵形，长3 ~ 4mm，具小颗粒状疣突，沿棱有2行近等长的锚状刺。花果期为6—9月。

防治要点

参见“田旋花”。

鹤虱植株（黄红娟提供）

鹤虱花序（黄红娟提供）

鹤虱果（黄红娟提供）

第三节 单子叶植物杂草

84. 芦苇

芦苇［*Phragmites australis* (Cav.) Trin. ex Steud.］属禾本科芦苇属。

分布与危害

广泛分布于各地棉区，为棉田恶性杂草，为害严重。

形态特征

多年生草本植物，以种子和根茎繁殖。根状茎粗壮，匍匐生长，黄白色，节间中空。秆直立，高1～3（～8）m，节下常有白粉。叶鞘圆筒形，下部者短于上部者，长于芦苇茎节间，无毛或具细毛；叶舌边缘密生短纤毛，易脱落；叶片披针状线形，无毛，光滑或边缘粗糙。圆锥花序顶生，棕紫色，稠密，大型，长20～40cm，宽约10cm，分枝多数，长5～20cm，微向下垂头；小穗柄长2～4mm，无毛；小穗长约12mm，含4～7花；颖具3脉，第一颖长约4mm；第二颖长约7mm；第一花通常为雄性，外稃无毛，长约12mm，第二花外稃长约11mm，具3脉，成熟后易自关节脱落；内稃长约3mm；雄蕊3，花药长1.5～2.0mm，黄色。颖果椭圆形，长约1.5mm，与内稃和外稃分离。

防治要点

生态防治：棉花收获后进行土壤深翻（25～35cm），将芦苇多年生根茎切断翻出后带出棉田，集中销毁。

科学用药：叶龄小时采用精喹禾灵、精吡氟禾草灵、高效氟吡甲禾灵、精噁唑禾草灵等均匀喷雾；也可采用剪断芦苇涂抹草甘膦的方式进行防治。

芦苇幼株（①黄红娟提供，②张帅提供）

芦苇成株（姚永生提供）

芦苇成片发生（黄红娟提供）

芦苇为害棉田（①雷斌提供，②黄红娟提供，③房锋提供，④张仁福提供）

85. 稗

稗［*Echinochloa crus-galli*（L.）P. Beauv.］属禾本科稗属，俗称旱稗。

分布与危害

广泛分布于全国各棉区，为棉田恶性杂草，为害严重。

形态特征

一年生草本，以种子繁殖。秆高50～150cm，光滑无毛。叶条形，无叶舌，边缘粗糙，叶鞘平滑无毛。圆锥花序近尖塔形，较开展，粗壮，直立，长6～20cm；小穗卵形，长3～4mm，脉上密被疣基刺毛，具短柄或近无柄；第一颖三角形，长为小穗的1/3～1/2，具3脉或5脉，基部包卷小穗，先端尖；第二颖与小穗等长，有长尖头，具5脉，脉上具疣基毛；第一小花通常中性，其外稃具5～7脉，脉上具疣基刺毛，顶端延伸成0.5～3.0cm的芒，内稃与外稃近等长，薄膜质，狭窄，具2脊；第二外稃椭圆形，平滑，光亮，成熟后变硬，顶端具小尖头，尖头上有一圈细毛，边缘内卷，紧包同质的内稃，顶端露出。花果期在夏秋季。

防治要点

生态调控：播前或移栽前深翻土壤，降低稗草种子萌发率；中耕时采取人工拔除或机械防治等措施；施用腐熟的农家肥，及时清除田边的稗草，防止种子扩散到棉田。

科学用药：播前或移栽前用二甲戊灵、氟乐灵、仲丁灵、扑草净、乙氧氟草醚、乙草胺、精异丙甲草胺等进行土壤封闭；苗后用高效氟吡甲禾灵、精吡氟禾草灵、精噁唑禾草灵或精喹禾灵进行茎叶喷雾处理。

稗幼苗（黄红娟提供）

稗植株（黄红娟提供）

稗叶片（黄红娟提供）

稗圆锥花序（黄红娟提供）

稗成熟种子（黄红娟提供）

稗为害棉苗（鹿秀云提供）

稗为害棉田（①、②黄红娟提供，③鹿秀云提供）

86. 牛筋草

牛筋草［*Eleusine indica*（L.）Gaertn.］属禾本科䅟属，又称蟋蟀草。

分布与危害

广泛分布于黄河流域棉区和长江流域棉区，为棉田难治杂草，为害严重。

形态特征

一年生草本，以种子繁殖。根系极发达，须根较细而稠密，为深根性植物。秆丛生，基部倾斜向四周开展。叶鞘两侧压扁而具脊，无毛或疏生疣毛，鞘口常有柔毛；叶舌长约1mm；叶片扁平或卷折，线形，长10 ~ 15cm，宽3 ~ 5mm，无毛或上表面被疣基柔毛。2 ~ 7个穗状花序簇生于秆顶，呈指状，长3 ~ 10cm，宽3 ~ 5mm；小穗含3 ~ 6小花，长4 ~ 7mm，宽2 ~ 3mm；颖披针形，具脊，脊上粗糙；第一颖长1.5 ~ 2.0mm；第二颖长2 ~ 3mm，革质，具5脉；第一外稃长3 ~ 4mm，有脊，脊上有狭翼，卵形，膜质，内稃短于外稃；鳞被2，折叠，具5脉。囊果卵形，果皮薄膜质，内包1粒种子，长约1.5mm，基部下凹，具明显的波状皱纹。种子三棱状长卵形或近椭圆形，黑褐色，表面具波状皱纹。花果期为6—10月。

防治要点

参见“稗”。

牛筋草植株（黄红娟提供）

牛筋草花序（黄红娟提供）

牛筋草开花小穗（黄红娟提供）

牛筋草为害棉田（①、②黄红娟提供，③李彩红提供）

87. 马唐

马唐［*Digitaria sanguinalis* (L.) Scop.］属禾本科马唐属，又称蹲倒驴。

分布与危害

广泛分布于各棉区，为棉田恶性杂草，为害严重。

形态特征

一年生草本，以种子繁殖。秆丛生，直立或基部倾斜，光滑无毛或节生柔毛。叶鞘松弛，短于节间，无毛或散生疣基柔毛；叶舌膜质，先端钝圆，长1～3mm；叶片线状披针形，两面疏生软毛或无毛，边缘较厚，微粗糙。总状花序4～12个，长5～18cm，呈指状排列于茎顶；穗轴中肋白色，直伸或开展；小穗椭圆状披针形，通常孪生；第一颖小，短三角形，无脉；第二颖长为小穗的1/2左右，具3脉，披针形，脉间及边缘大多具柔毛；第一外稃与小穗等长，具7脉，中脉明显，两侧的脉间距离较宽而无毛，其余脉间及边缘生柔毛；第二外稃近革质，灰绿色，顶端渐尖，与第一外稃等长。颖果椭圆形，淡黄色或白色。花果期为6—9月。

防治要点

参见“稗”。

马唐幼苗（黄红娟提供）

马唐植株（黄红娟提供）

马唐花序（黄红娟提供）

马唐小穗（黄红娟提供）

马唐为害棉田（黄红娟提供）

88. 狗尾草

狗尾草［*Setaria viridis*（L.）P. Beauv.］属禾本科狗尾草属。

分布与危害

广泛分布于全国各棉区，为害严重。

形态特征

一年生草本植物，以种子繁殖。根为须状。秆丛生，直立或基部膝曲，基部偶有分枝。叶鞘松弛；叶舌膜质，极短，具1 ~ 2mm的毛环；叶片扁平，边缘粗糙。圆锥花序紧密，呈圆柱形或基部稍疏离，直立或稍倾斜；小穗2 ~ 5个簇生于缩短的分枝上；第一颖长为小穗的1/3，具1 ~ 3脉，卵形、宽卵形；第二颖几乎与小穗等长，具5 ~ 7脉，椭圆形；第一外稃与小穗等长，具5 ~ 7脉，其内稃短小狭窄；第二外稃椭圆形，顶端钝，边缘内卷抱内稃，狭窄；鳞被楔形，顶端微凹；花柱基分离。颖果近卵形，腹面扁平，灰白色。花果期为5—10月。

狗尾草幼苗（黄红娟提供）

防治要点

参见“稗”。

狗尾草植株（黄红娟提供）

狗尾草果穗（未成熟）（黄红娟提供）

狗尾草果穗（成熟）（黄红娟提供）

狗尾草为害棉田（①、②张仁福提供，③黄红娟提供）

89. 狗牙根

狗牙根［*Cynodon dactylon* (L.) Pers.］属禾本科狗牙根属，又称百慕达草。

分布与危害

主要分布于长江流域棉区，在局部棉田为害较重。

形态特征

多年生草本，具地下根茎，多以根茎或匍匐茎繁殖，种子亦可繁殖。秆细而坚韧，下部匍匐地面蔓延甚长，上部及着花枝斜向上，节上常生不定根；秆壁厚，光滑无毛。叶鞘有脊，无毛或有被疏柔毛，鞘口常具柔毛；叶舌短，仅为一轮纤毛；叶片互生，线形，通常两面无毛。穗状花序2～6枚呈指状簇生于秆顶；小穗灰绿色或带紫色，长2.0～2.5mm，仅含1小花；颖长1.5～2.0mm，第二颖稍长，均具1脉，背部有膜质边缘；外稃草质，舟形，具3脉，背部明显呈脊，脊上被柔毛；内稃与外稃近等长，具2脉；花药淡紫色或黄色；子房无毛，柱头紫红色。颖果长圆柱形。花果期为5—10月。

防治要点

生态调控：播前或移栽前深翻土壤，减少狗牙根种子萌发；中耕时采取人工拔除或机械防治等措施，并将根茎带出棉田集中销毁；施用腐熟的农家肥，及时清除田边的狗牙根，防止种子扩散到棉田。

科学用药：播前或移栽前采用二甲戊灵、氟乐灵、仲丁灵、扑草净、乙氧氟草醚、乙草胺、精异丙甲草胺等进行土壤封闭处理；苗后用高效氟吡甲禾灵、精吡氟禾草灵、精噁唑禾草灵或精喹禾灵进行茎叶喷雾处理。

狗牙根植株（房锋提供）

棉田狗牙根（房锋提供）

狗牙根花序（黄红娟提供）

90. 虎尾草

虎尾草（*Chloris virgata* Sw.）属禾本科虎尾草属。

分布与危害

分布于全国各棉区，在局部棉田为害较重。

形态特征

一年生草本，以种子繁殖。丛生，秆高20 ~ 60cm，直立或基部膝曲，光滑无毛，淡紫红色。叶鞘无毛，背部具脊；叶舌无毛或具纤毛，长约1mm，；叶片线形。穗状花序5 ~ 10枚簇生茎顶，呈指状排列，常直立且并拢呈毛刷状，成熟时常带紫色；小穗含2小花，无柄，长约3mm；颖膜质，1脉；第一小花两性，外稃纸质，顶端尖或有时具2微齿，芒自背部顶端稍下方伸出，内稃膜质，略短于外稃，具2脊，脊上被微毛；基盘具长约0.5mm的毛；第二小花不孕并较小，长楔形，顶端截平或略凹，芒长4 ~ 8mm，自背部边缘稍下方伸出。颖果纺锤形或狭椭圆形，淡黄色，具光泽，透明。花果期为6—10月。

防治要点

生态调控：播前或移栽前深翻土壤，减少种子萌发量；中耕时采取人工拔除或机械防治等措施；施用腐熟的农家肥，及时清除田边的虎尾草，防止种子扩散到棉田。

科学用药：播前或移栽前采用二甲戊灵、氟乐灵、仲丁灵、扑草净、乙氧氟草醚、乙草胺、精异丙甲草胺等进行土壤封闭；苗后用高效氟吡甲禾灵、精吡氟禾草灵、精噁唑禾草灵或精喹禾灵进行茎叶喷雾处理。

虎尾草植株（黄红娟提供）

虎尾草穗状花序（黄红娟提供）

虎尾草果（黄红娟提供）

91. 千金子

千金子［*Leptochloa chinensis*（L.）Nees］属禾本科千金子属。

分布与危害

主要分布于长江流域棉区和黄河流域棉区；为棉田常见杂草，在局部棉田为害较重。

形态特征

一年生草本植物，以种子繁殖。根须状，秆丛生，直立，基部膝曲或倾斜，高30 ～ 90cm，平滑无毛，着土后节上易生不定根。叶鞘无毛，大多短于节间；叶舌膜质，长1 ～ 2mm，撕裂状；叶片扁平或卷折，先端渐尖，两面微粗糙或下表面平滑，长5 ～ 25cm，宽2 ～ 6mm。圆锥花序长10 ～ 30cm，分枝及主轴均微粗糙；小穗多呈紫色，长2 ～ 4mm，含3 ～ 7小花；颖具1脉，脊上粗糙，第一颖较短而狭窄，长1.0 ～ 1.5mm，第二颖长1.2 ～ 1.8mm；外稃先端钝，无毛或下部被微毛，第一外稃长约1.5cm；花药长约0.5cm。颖果长圆形，长约1cm。花果期为8—11月。

防治要点

参见“虎尾草”。

千金子幼苗（周振荣提供）

千金子花序（刘祥英提供）

千金子植株（周振荣提供）

92. 蔺状隐花草

蔺状隐花草［*Crypsis schoenoides* (L.) Lam.］属禾本科隐花草属。

分布与危害

主要分布于黄河流域棉区和西北内陆棉区，在局部棉田为害较严重。

形态特征

一年生草本，以种子繁殖。须根细弱。秆丛生，向上斜升或平卧，平滑，具分枝，有3 ~ 5节。叶鞘松弛而微肿胀；叶舌短小，质硬，呈一圈纤毛状；叶片上表面被微毛或柔毛，下表面无毛或有稀疏的柔毛，先端常内卷，如针刺状。圆锥花序紧密，呈穗状、圆柱形或长圆形，其下托以一膨大的苞片状叶鞘；小穗淡绿色或紫红色；颖具1脉，脉上具微刺毛，膜质；第一颖长2.2 ~ 2.5mm，第二颖长2.5 ~ 2.8mm，外稃长约3mm，脉上生微刺毛；内稃略短于外稃或等长；雄蕊3，花药黄色，长1mm。囊果小，椭圆形。花果期为6—9月。

防治要点

参见“虎尾草”。

蔺状隐花草花序（黄红娟提供）

蔺状隐花草植株（黄红娟提供）

93. 白草

白草［*Pennisetum flaccidum*（Griseb.）Morrone］属于禾本科狼尾草属。

分布与危害

主要分布于黄河流域棉区和西北内陆棉区，为棉田常见杂草，在局部棉田为害较严重。

形态特征

多年生杂草，以根茎和种子繁殖。根系发达，具横走根茎。秆单生或丛生，直立，高20 ~ 90cm。叶鞘光滑近无毛，或于鞘口边缘有纤毛，叶舌短，具长1 ~ 2mm的纤毛；叶片光滑，两面无毛。圆锥花序直立或稍弯曲，长5 ~ 15cm，宽约1cm，小穗簇总梗极短，长0.5 ~ 1.0mm；小穗常单生，长3 ~ 8mm；第一颖微小，脉不明显；第二颖长为小穗的1/4 ~ 1/3，先端芒尖，具1 ~ 3脉；第一小花雄性，罕为中性；第一外稃与小穗等长，先端芒尖，第二小花两性，第二外稃具5脉；鳞被2，先端微凹；雄蕊3，花柱近基部联合。颖果长圆形，约2.5mm。花果期7—10月。

防治要点

参见“虎尾草”。

白草植株（魏守辉提供）

白草为害棉田（张仁福提供）

94. 画眉草

画眉草［*Eragrostis pilosa*（L.）P. Beauv.］属禾本科画眉草属。

分布与危害

广泛分布于全国各棉区，发生为害较轻。

形态特征

一年生草本，以种子繁殖。秆丛生，直立或基部膝曲上升，高15～60cm，通常具4节，光滑。叶鞘疏松裹茎，鞘口有长柔毛；叶舌纤毛状，长约0.5mm；叶片线形扁平或内卷，长6～20cm，宽2～3mm，无毛。圆锥花序较开展或紧缩，长10～25cm，宽2～10cm，分枝多直立向上，单生、簇生或轮生，腋间有长柔毛，小穗具柄，长3～10mm，宽1.0～1.5mm；颖披针形，先端渐尖，膜质；第一颖长约1mm，无脉，第二颖长约1.5mm，具1脉；第一外稃广卵形，长约1.8mm，具3脉；内稃长约1.5mm，稍作弓形弯曲，脊上有纤毛；雄蕊3，花药长约0.3mm。颖果长圆形。花果期为8—11月。

防治要点

参见“虎尾草”。

画眉草植株（黄红娟提供）

画眉草花序（黄红娟提供）

棉田画眉草（黄红娟提供）

95. 金色狗尾草

金色狗尾草［*Setaria pumila*（Poir.）Roem. & Schult.］属禾本科狗尾草属。

分布与危害

广泛分布于全国棉区，为害较轻。

形态特征

一年生草本，以种子繁殖，单生或丛生。秆直立，或基部倾斜或膝曲。叶片线状披针形或狭披针形，两面无毛或腹面被长柔毛，叶舌退化为一圈长约1mm的柔毛，叶鞘无毛。圆锥花序紧密，呈圆柱形或狭圆锥形，直立，主轴被微柔毛，刚毛粗糙，金黄色或稍带褐色，通常在一簇中仅具1个发育的小穗；第一颖宽卵形或卵形，长为小穗的1/3；第二颖宽卵形，长为小穗的1/2～2/3，具5～7脉，顶端钝；第一小花雄性或中性，有雄蕊3或无；第一外稃与小穗等长或微短，具5脉，其内稃膜质，等长且等宽于第二小花，具2脉；第二小花两性，外稃与第一小花的长度相等，背部具明显的横皱纹，成熟时与颖一起脱落。颖果宽卵形，暗灰色或灰绿色，腹面扁平。花果期为6—10月。

防治要点

参见“虎尾草”。

金色狗尾草开花植株（黄红娟提供）

金色狗尾草植株（黄红娟提供）

金色狗尾草果穗（黄红娟提供）

96. 扁秆荆三棱

扁秆荆三棱［*Bolboschoenus planiculmis*（F. Schmidt）T. V. Egorova］属莎草科藨草属（APG IV：三棱草属）。

分布与危害

主要分布于西北内陆棉区，在局部棉田为害严重。

形态特征

多年生草本，具匍匐根状茎和块茎，以种子及块茎繁殖。秆单一，高60～100cm，扁三棱形，基部膨大，具多数秆生叶。叶扁平细长，具长叶鞘。苞片叶状，1～3枚，常长于花序，边缘粗糙；长侧枝聚伞花序短缩呈头状，或有时具少数辐射枝，通常具1～6个小穗；小穗卵形或长圆状卵形，锈褐色或黄褐色；鳞片膜质，顶端延伸为芒尖，长圆形或椭圆形，褐色或深褐色，外面被稀少的柔毛，背面具一条稍宽的中肋；下位刚毛4～6条，具倒刺，长为小坚果的1/2～2/3；雄蕊3，花药黄色，线形，长约3mm；花柱长，柱头2。小坚果宽倒卵形或倒卵形，扁，两面稍凹或稍凸，淡褐色，长3.0～3.5mm。花期为5—6月，果期为7—9月。

防治要点

生态调控：播种或移栽前深翻土壤，将种子埋入土中20cm以下可以减少种子萌发量，并将棉田中的扁秆荆三棱块茎和根状茎带出集中销毁，降低杂草基数；覆盖地膜或秸秆可降低杂草的发生。

科学用药：苗前采用氟啶草酮、二甲戊灵、扑草净、仲丁灵、氟乐灵、乙草胺进行土壤封闭；对于前期土壤封闭效果较差的地块，可在出苗后选用草甘膦、草铵膦进行定向喷雾。

扁秆荆三棱幼苗（黄红娟提供）

扁秆荆三棱花序（黄红娟提供）

扁秆荆三棱块茎（黄红娟提供）

扁秆荆三棱为害棉苗（①隋标峰提供，②、③黄红娟提供）

97. 碎米莎草

碎米莎草（*Cyperus iria* L.）属莎草科莎草属。

分布与危害

广泛分布于全国各棉区，在局部棉田为害较重。

形态特征

一年生草本，以种子繁殖。无根状茎，具须根。秆丛生，扁三棱形，叶基生，基部具少数叶，叶鞘红棕色或棕紫色。叶状苞片3～5枚，下面的常较花序长；长侧枝聚伞花序复出，具辐射枝4～9个，辐射枝最长达12cm，每枝具5～10个穗状花序；穗状花序松散，卵形或长圆状卵形；小穗斜展开，长圆形、披针形或线状披针形，小穗轴上近于无翅；鳞片排列疏松；雄蕊3，花药短，椭圆形，药隔不突出于花药顶端；花柱短，柱头3。小坚果倒卵形或椭圆形，具3锐棱，与鳞片等长，褐色，密生突起细点。花柱残留物短柱状，色深。花果期为6—10月。

防治要点

参见“扁秆荆三棱”。

碎米莎草植株（张谦提供）

碎米莎草穗状花序（黄红娟提供）

碎米莎草聚伞花序（黄红娟提供）

98. 香附子

香附子（*Cyperus rotundus* L.）属莎草科莎草属，又称香附、香头草、梭梭草。

分布与危害

主要分布在黄河流域棉区和长江流域棉区，在局部棉田为害严重。

形态特征

多年生草本，匍匐根状茎长，具椭圆形块茎，多以块茎繁殖。秆稍细弱，直立，散生，高15 ~ 95cm，锐三棱形。叶基生，叶鞘棕色。叶状苞片2 ~ 3（~ 5）枚，常长于花序；长侧枝聚伞花序简单或复出，具(2 ~)3 ~ 10个开展的辐射枝；辐射枝末端的穗状花序有小穗3 ~ 10，小穗斜展开，线性，具8 ~ 28朵花，小穗轴具白色透明的宽翅；穗状花序轮廓为陀螺形，稍疏松；鳞片卵形或长圆状卵形，稍密地覆瓦状排列，膜质，中间绿色，两侧紫红色或红棕色，具5 ~ 7条脉；雄蕊3，花药长，线形，暗血红色，药隔突出于花药顶端；花柱细长，柱头3，伸出鳞片外。小坚果三棱状，横切面三角形，两边相等，另一边较宽（指三角形横切面的三个边），小坚果长为鳞片的1/3 ~ 2/5，表面灰褐色，具细点。花果期为5—11月。

防治要点

参见“扁秆荆三棱”。

香附子幼苗（魏守辉提供）

香附子花期植株（魏守辉提供）

香附子花序（黄红娟提供）

香附子小花（魏守辉提供）

香附子为害棉田（房锋提供）

后 记

基于农田生态系统的棉花有害生物区域治理

农田生态系统由作物生境与非作物生境组成，我国主产棉区农作物丰富多样，作物生境周边常有杂草、灌木、乔木等多种其他植物。不少种类有害生物的寄主范围广泛，能在不同作物、非作物上发生并频繁转移扩散，从而形成区域性的、复杂的“源库”关系，很多有益天敌亦是如此。

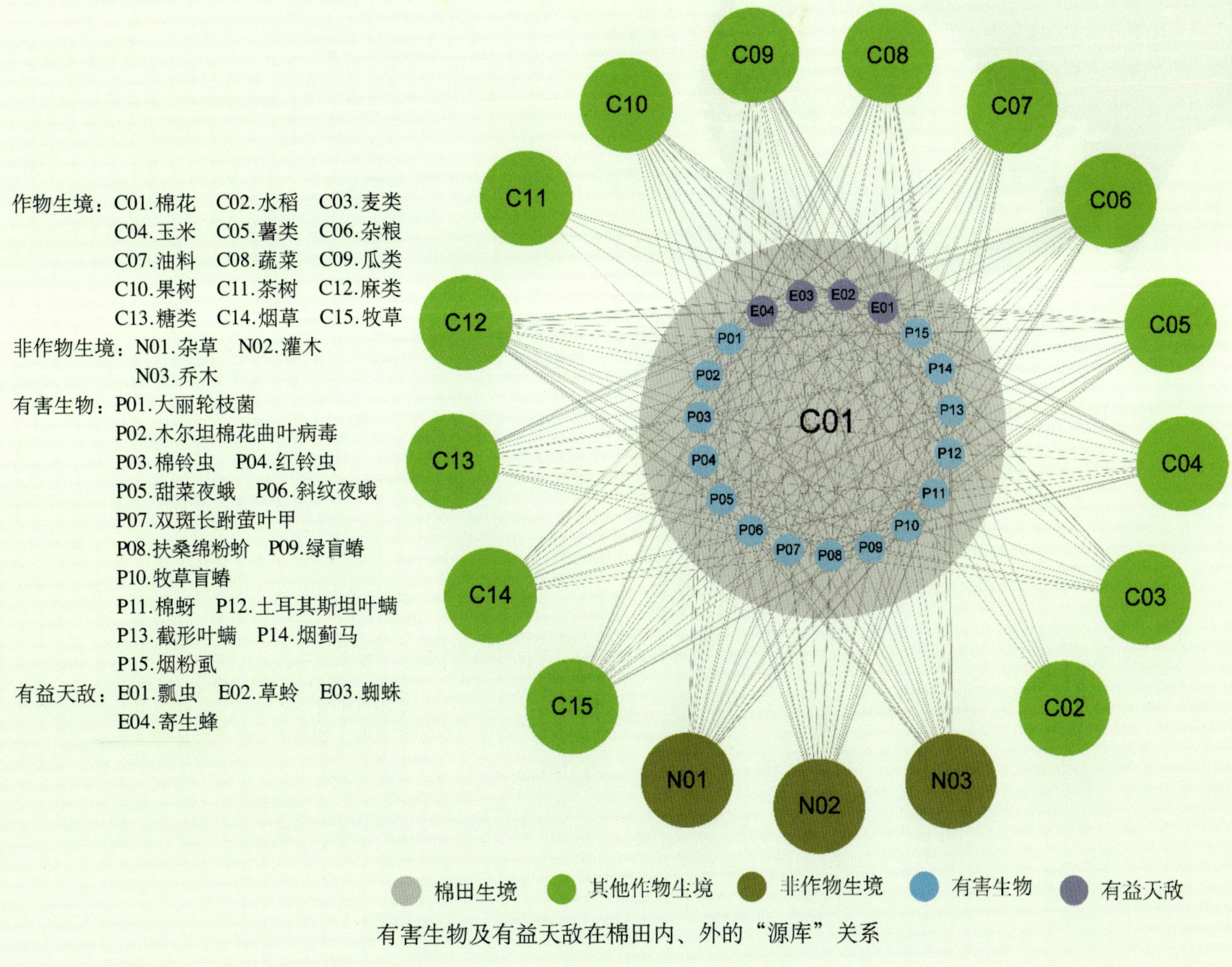

有害生物及有益天敌在棉田内、外的“源库”关系

因此，棉花有害生物治理不能仅局限于棉田内，而应着眼于农田生态系统整体性与系统性，基于寄主植物—有害生物—有益天敌种内、种间关联网络以及棉田内、外有害生物种群的“源库”关系，创新发展区域治理对策与技术体系。其中重点包括以下三个方面。

（一）多寄主有害生物的源头常在棉田外，有效治理的关键就是控制棉田外有害生物源头、阻断或减少棉田外有害生物向棉田内的扩散传播。有待深入研究重大有害生物区域性“源库”关系及其动态变化规律，解析时空寄主转换链，明确棉田外有害生物的主要源头及其监测防治的关键时间节点与技术措施，有效压低种群基数。创新有害生物行为调控、生态阻截等防治新技术，构建以切断寄主转换链为核心的棉花有害生物区域治理技术体系。

（二）大量有益天敌同样来自棉田外，对蚜虫等棉田有害生物有着明显的控制作用。因此保育棉田外天敌资源、促进天敌向棉田及时转移、提升棉田内天敌丰富度是充分发挥有益天敌生物控害功能的有效途径。亟需系统解析棉田外天敌资源时空分布规律及其生态学机制、天敌空间转移驱动因素及化学通讯内在机理、棉田食物网结构与功能，创新天敌生态保育、行为调控等对策与技术产品，集成以有益天敌区域性保育为核心的棉田有害生物生态调控技术体系。

（三）新疆棉区不同农区往往被一望无际的戈壁、荒漠或高山阻隔，呈岛屿状分布，具有独特的农田生态系统。棉花是新疆最主要也是分布最广的农作物，棉花有害生物综合治理必将辐射和带动整个区域的农业生态系统。由于独特的农区布局和作物结构，新疆无疑是践行和推进以生态区为单位的多作物有害生物综合治理技术的优选之地，这也是新疆棉花有害生物治理特殊而重要的使命。需要系统解析农田生态系统中不同作物-有害生物-有益天敌之间的食物网结构及其动态变化规律，集成重大有害生物源头控制、重要有益天敌系统保育、大区生态调控、局部精准防治等技术对策，创新棉区多作物有害生物系统治理技术体系。

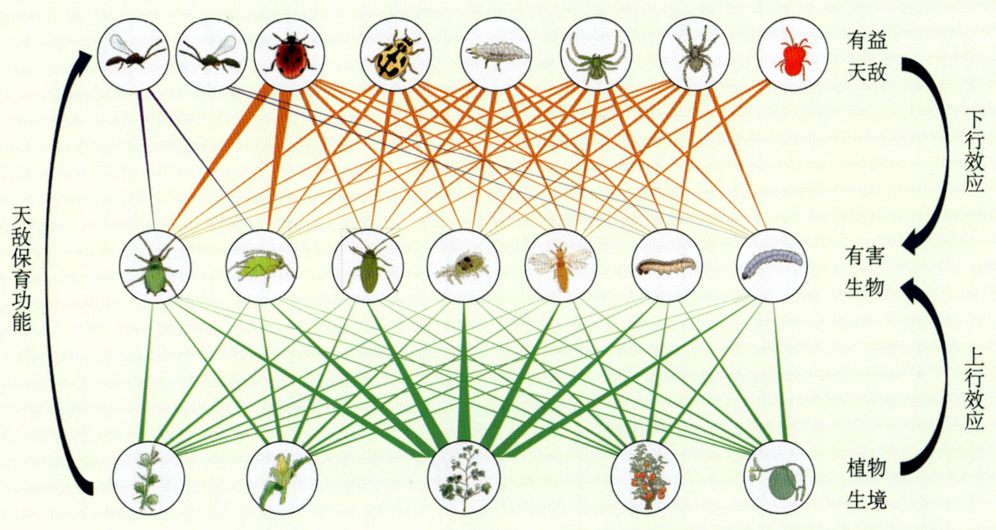

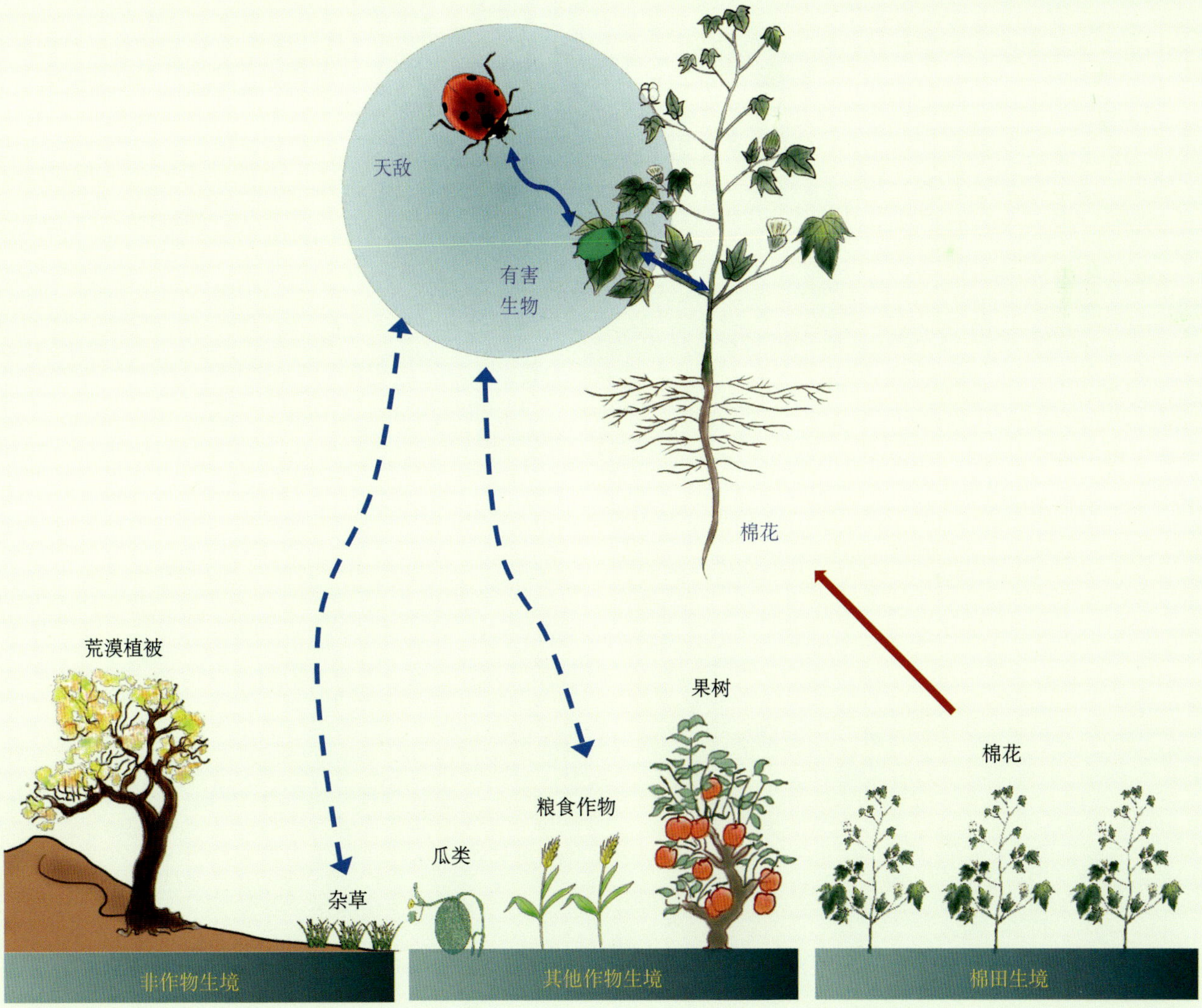

天敌

有害
生物

棉花

荒漠植被

果树

棉花

粮食作物

瓜类

杂草

非作物生境

其他作物生境

棉田生境

长期以来，棉花有害生物的监测与防治以田块水平为单元，并常局限于棉田。随着近些年景观生态学等基础理论进步、卫星遥感等信息技术发展、植保无人机等防控科技创新，使基于大尺度农田生态系统的棉花有害生物发生机制解析、区域治理科技创新成为了可能。棉花植保科技工作者应紧跟时代发展脚步、立足国际科技前沿，不断创新提升棉花有害生物治理的理论对策与技术体系，更好服务于国家棉花种植安全与产业的高质量发展。

陆宴辉

2022年7月5日

图书在版编目（CIP）数据

中国棉花有害生物图鉴/陆宴辉主编．—北京：中国农业出版社，2024.9
ISBN 978-7-109-31840-3

Ⅰ.①中… Ⅱ.①陆… Ⅲ.①棉花－病虫害防治－中国－图谱 Ⅳ.①S435.62-64

中国国家版本馆CIP数据核字（2024）第059567号

中国农业出版社出版
地址：北京市朝阳区麦子店街18号楼
邮编：100125
责任编辑：阎莎莎　杨彦君　张洪光
版式设计：王　晨　　责任校对：张雯婷　　责任印制：王　宏
印刷：北京中科印刷有限公司
版次：2024年9月第1版
印次：2024年9月北京第1次印刷
发行：新华书店北京发行所
开本：880mm × 1230mm　1/16
印张：29.5
字数：955千字
定价：288.00元
